Burgstaller
Praktische Rinderfütterung

Tierzuchtbücherei

Herausgegeben von Prof. Dr. H. Kräußlich, München

Praktische Rinderfütterung

Prof. Dr. Gustav Burgstaller
Professur für Tierernährung
im Fachbereich Landwirtschaft
der Gesamthochschule Kassel · Universität
in Witzenhausen

Vierte, überarbeitete Auflage
66 Abbildungen
und 69 Tabellen

E.U.
VERLAG
EUGEN
ULMER

CIP-Kurztitelaufnahme der Deutschen Bibliothek

Burgstaller, Gustav:
Praktische Rinderfütterung / Gustav Burgstaller. –
4., überarb. Aufl. – Stuttgart: Ulmer, 1986.
(Tierzuchtbücherei)
ISBN 3-8001-4358-5

Wollgrasweg 41, 7000 Stuttgart 70 (Hohenheim)
Printed in Germany
Umschlaggestaltung: A. Krugmann, Stuttgart
Satz und Druck: Voralpendruck Sulzberg, 8961 Sulzberg im Allgäu

Zum Geleit

Die von Prof. Dr. Dr. h.c. Dr. h.c. W. Zorn begründete Tierzuchtbücherei hat der optimalen Ernährung unserer Haustiere immer den ihr gebührenden breiten Raum gegeben. So haben die in fortlaufenden Auflagen erschienenen Bücher, die sich mit den einzelnen Tierarten befassen – Pferdezucht, Rinderzucht, Schweinezucht und Schafzucht –, stets einen Abschnitt über ernährungsphysiologische Grundlagen, Futtermittelkunde und praktische Fütterungshinweise enthalten. Daneben verfaßte Prof. Dr. K. Richter erstmals 1938 das Buch „Praktische Viehfütterung". Dieser bedeutsame Titel der Buchreihe erreichte in 30 Jahren 31 Auflagen! Der hochgeschätzte Autor hat über die Jahrzehnte hin Grundlagen der Tierernährung vermittelt und Fütterungsanweisungen gegeben, die entsprechend der seinerzeitigen Struktur der landwirtschaftlichen Betriebe alle Tierarten einschlossen.

Die starke Spezialisierung auf zumeist nur eine Tierart hat nunmehr das Interesse für ein derartiges umfassendes Buch zurückgedrängt. Der moderne landwirtschaftliche Betrieb mit nur einer, aber zahlenmäßig stark vertretenen Tierart verlangt, eingehend über den neuesten Stand der Erkenntnisse und Erfahrungen für diese Tiergruppe informiert zu werden, und fordert umfangreiche Fütterungsunterlagen, wissenschaftlich fundiert und praktisch erprobt. Die genannten Tierartenbücher enthalten die Grundlagen der Ernährung sowie auch praktische Fütterungsanweisungen. Der vielseitige Inhalt und Umfang dieser Werke lassen jedoch nur eine gedrängte Wiedergabe zu. So entstand der Entschluß, als Ergänzung und Vervollkommnung eigenständige Titel entstehen zu lassen.

Dr. Gustav Burgstaller, Grub, hat sich bereit gefunden, hierzu einen Band „Rinderfütterung" zu bearbeiten. Seine umfassenden Kenntnisse in Theorie und Praxis sind die Gewähr, daß eine Ausarbeitung vorliegt, die, von wissenschaftlicher Basis ausgehend, zu praktischen Hinweisen für die verschiedenen Zweige der Rinderfütterung führt. Herausgeber und Verlag hoffen, daß dieses Buch den Zweck erfüllt, die während der letzten Jahrzehnte in der Rinderfütterung gewonnenen umfangreichen Erkenntnisse an Praxis, Beratung wie auch Lehre weiterzugeben. Es möge damit zu einem Förderer dieses Zweiges der landwirtschaftlichen Tierzucht werden.

G. Comberg

Vorwort zur 4. Auflage

Das Buch „Praktische Rinderfütterung" erschien erstmals 1979 und erfreut sich einer regen Nachfrage. Dies ist ein Zeichen dafür, daß der Bedarf vorhanden ist und der Autor es versteht, dem Leser die notwendige Information in anschaulicher Weise zu bieten.

Die Gliederung hat sich gegenüber der vorhergehenden Auflage kaum geändert. Kleine Änderungen, z.B. das Einfügen des Abschnittes „Aufzucht mit Vollmilch", zeigen, wie der Autor den Inhalt an die aktuelle Situation anpaßt. Während bereits in der 3. Auflage das Energiebewertungssystem für Milchkühe und Aufzuchtrinder „Nettoenergie-Laktation" dargestellt und in den Tabellen berücksichtigt wurde, enthält nun die 4. Auflage erstmals den von der Gesellschaft für Ernährungsphysiologie für Rinder beschlossenen neuen Bewertungsmaßstab für den Proteingehalt von Futtermitteln, das „Rohprotein". Die Futterwerttabellen und Futterrationen wurden entsprechend korrigiert. Besonders zu erwähnen ist noch die Berücksichtigung der neuesten Versuchsergebnisse über die Grundfutteraufnahme, insbesondere von Maissilage und von Heu. Die durch die Milchkontingentierung veränderten ökonomischen Bedingungen in der Rinderhaltung erfordern einen sparsameren Einsatz von Kraftfutter und eine erhöhte Grundfutteraufnahme. Das Buch enthält die neuesten Erkenntnisse auf diesem Gebiet und praktische Anregungen. Selbstverständlich wurde der gesamte Inhalt gründlich durchgesehen und, sofern neue Erkenntnisse oder praktische Erfahrungen vorlagen, aktualisiert. Auch das Literaturverzeichnis ist wieder auf dem neuesten Stand.

Wie bei den vorhergehenden Auflagen haben sich Autor und Verlag bemüht, das Buch aktuell und anschaulich zu gestalten. Verlag und Herausgeber hoffen auch diesmal eine informative und nützliche Arbeitsunterlage für Praxis, Beratung und Lehre bieten zu können.

München, Winter 1986 H. Kräußlich

Inhaltsverzeichnis

Einführung

Wir leben in einer Zeit rascher wissenschaftlich-technischer Entwicklungen. Die Anwendung moderner Untersuchungsmethoden in der Tierernährungsforschung bringt laufend eine Fülle von neuen Erkenntnissen zur richtigen Ernährung unserer Haustiere, insbesondere der Wiederkäuer. Die Verständigung zwischen Wissenschaft und Praxis wird aber immer schwieriger. Diese Situation veranlaßt, auf den Grundlagen der Verdauung und des Stoffwechsels beim Wiederkäuer aufbauend, den Versuch zu unternehmen, praxisgerechte Aussagen und Hinweise zur Rinderfütterung zu geben. Dabei werden insbesondere folgende Bereiche zu berücksichtigen sein:

1. Die Vielseitigkeit der Futtergrundlage im landwirtschaftlichen Betrieb und ihre ernährungsphysiologisch richtige und leistungsgerechte Ergänzung.
2. Die Erhaltung der Gesundheit und der Leistungsfähigkeit der Nutztiere.
3. Die Erzeugung von tierischen Veredelungsprodukten für die menschliche Ernährung, die dem zunehmenden Qualitätsbewußtsein des Verbrauchers gerecht bleiben.

Die Zusammensetzung der Futterration hat sich an diesen Anforderungen zu orientieren. Je vielseitiger jedoch das Futterangebot und dessen Einsatzmöglichkeiten sind, um so weniger können rezeptartige Beispiele und allgemein gültige Fütterungsanleitungen verwendet werden. Fütterungsberater und Tierhalter müssen ihre Empfehlungen und Rationsgestaltungen, den praktischen Gegebenheiten angepaßt, auf den verdauungs- und ernährungsphysiologischen Grundlagen aufbauen und sie auf die erwartete Leistung abstimmen. Dadurch wird es auch unter extremen Bedingungen möglich sein, Fütterungsfehler zu vermeiden.

Gerade in der Wiederkäuerfütterung führt Unkenntnis oder grobe Mißachtung grundlegender Zusammenhänge beim Verdauungsablauf immer wieder zu schweren wirtschaftlichen Einbußen. *Zwei Leitsätze* möchte ich deshalb dieser „Praktischen Rinderfütterung" voranstellen:

- **Wir füttern zwar den Wiederkäuer, ernährt wird er aber in erster Linie durch die Produkte, die bei der ununterbrochenen Arbeit der unzähligen Kleinlebewesen in den Vormägen laufend gebildet werden.**
- **Die ernährungsbedingte Gesundheit der Wiederkäuer und damit deren Leistungsfähigkeit ist neben der bedarfsgerechten Versorgung mit Nähr- und Wirkstoffen davon abhängig, wie wir mit dem Futter, d.h. mit der Zusammensetzung der Futterration, den Verdauungsablauf in den Vormägen beeinflussen und steuern.**

In der Rinderfütterung bestimmt der Bauer selbst durch sein Wissen und Können das *Fütterungsmanagement*, während ihm dieses in der Schweinefütterung in zunehmendem Maße und in der Geflügelfütterung beinahe vollständig von außen vorgegeben wird.

1 Verdauung und Stoffwechsel beim Wiederkäuer

In den Futtermitteln liegen die Rohnährstoffe in unterschiedlicher Form und chemischer Bindung vor. Sie müssen durch den Verdauungsablauf in eine für das Nutztier verwertbare Form gebracht werden. Nur was verdaut wird, ist schließlich im Stoffwechsel verfügbar. Für einen normalen Verdauungsablauf des Wiederkäuers sind Menge und Beschaffenheit der Gerüstsubstanzen pflanzlicher Futtermittel von besonderer Bedeutung. Nur mit Hilfe der Mikroorganismen in den Vormägen ist er in der Lage, die große Masse der *Zellwandkohlenhydrate* (Zellulose, Hemizellulose, Pektine u. a.) aufzuschließen und zu verdauen. Das ist ein wirtschaftlich sehr bedeutender Vorgang. Die Stoffwechselprodukte dieses mikrobiellen Abbaues sind kurzkettige Fettsäuren, die durch die Pansenwand in das Blut und zu den Verbrauchsstellen im Wiederkäuer gelangen. Sie stellen wichtige Grundstubstanzen für die Energieversorgung und für den Aufbau tierischer Produkte dar. Ein Nachteil dieser mikrobiellen Aktivität ist, daß dabei auch solche *Reservekohlenhydrate* (Stärke, Zukker) sowie Futterproteine mit Verlust abgebaut und verwertet werden, die durch tiereigene Enzyme verdaut werden könnten. Durch technische Maßnahmen wird deshalb seit längerer Zeit versucht, wertvolles Futterprotein, wie Soja-, Fischprotein u. a., vor diesem Abbau im Pansen teilweise zu schützen = „geschütztes" Protein (protected protein).

Beim Wiederkäuer ist die mikrobielle Verdauung in den Vormägen der Wirkung tiereigener Enzyme im Dünndarm vorgeschaltet. Dies ist für die Verwertung der laufend im Pansen wachsenden Kleinlebewesen und für die Eiweißversorgung des Wiederkäuers entscheidend. Bakterien bestehen in erster Linie aus Eiweiß mit hoher biologischer Wertigkeit, d. h., dieses Eiweiß ist in seinen Aminosäuren so zusammengesetzt, daß es weitgehend dem Bedarf des Rindes angepaßt ist. Durch die Verdauung des Bakterieneiweißes im Dünndarm ist damit auch die Versorgung mit essentiellen Aminosäuren sichergestellt. Zudem können nicht-eiweißartige Stickstoffverbindungen (**N**on **P**rotein **N**itrogen = NPN) für die Eiweißversorgung des Rindes nutzbar gemacht werden.

Die Tätigkeit der Mikroorganismen in den Vormägen ist für die Verdauung der Futterstoffe und für die Nährstoffversorgung des Wiederkäuers von grundlegender Bedeutung. Es ist deshalb unerläßlich, daß auch der Praktiker weiß, was in den Vormägen geschieht und welche Voraussetzungen erfüllt werden müssen, damit Störungen vermieden werden. Aus diesem Grunde soll der folgende Abschnitt wesentlich ausführlicher, als dies sonst in einem „Praktikerbuch" der Fall ist, behandelt werden, wobei auf eine enge Verbindung mit dem praktischen Teil geachtet wird.

1.1 Entwicklung der Vormägen und Verdauungsablauf

Für den Wiederkäuer ist der drüsenlose Vormagenbereich des Verdauungstraktes charakteristisch. In ihm findet eine ausgeprägte Symbiose zwischen Wirtstier und Mikroorganismen statt. Wesentlichste Voraussetzung für die Funktion der Vormägen ist daher ein ständiges biologisches Fließgleichgewicht.

1.1.1 Aufbau und Entwicklung der Vormägen

Die Vormägen bilden einen großen Fermentationsraum („Gärbottich"), der sich in Pansen, Haube oder Netzmagen und Psalter oder Blättermagen gliedert. Erst der Labmagen ist mit Drüsen besetzt. In Abb. 1 sind die Magenbereiche des Wiederkäuers im Vergleich zum Magen des Schweines vereinfacht und schematisch dargestellt.

Der Pansen hat das weitaus größte Volumen. Er füllt fast die ganze linke Bauchhöhlenhälfte aus und ist durch Muskelanordnung in zwei Pansensäcke mit jeweils zugehörigen Pansenblindsäcken unterteilt. Mit der Haube ist er durch eine weite Öffnung zu einer funktionalen Einheit, dem Pansen-Haube-Raum, verbunden. Die Haube liegt am Zwerchfell an. An der Einmündung des Schlundes liegt zwischen Pansen und Haube der Pansenvorhof, auch als Schleudermagen bezeichnet. Das Bindeglied zwischen Haube und dem drüsenbesetzten Labmagen stellt der Psalter dar. Als „Fortsetzung des Schlundes" kann die mit muskulösen Lippen eingefaßte Vormagen- oder Schlundrinne bezeichnet werden. Sie verläuft entlang der Haubenwand und setzt sich am Psalterboden bis zur Labmagenöffnung fort. Durch Reflexe des Saugaktes ausgelöst, schließt sie sich und leitet beim flüssig ernährten Kalb die Tränke in den Labmagen. Später geht dieser „Schlundrinnenreflex" verloren.

Die mittleren Größenverhältnisse des gesamten Verdauungstraktes eines ausgewachsenen Rindes sind in Tab. 1 den Verhältnissen beim Schwein gegenübergestellt.

Der Vormagenbereich ist – wie der gesamte Verdauungstrakt – mit starker Wandmuskulatur versehen, die vorwiegend durch Nerven aktiviert wird. Dadurch wird der Futterbrei laufend durchmischt, mit der Schleimhaut in engen Kontakt gebracht und transportiert.

Beim neugeborenen Kalb sind die Vormägen zwar anatomisch vorgebildet, ihre Funktionsfähigkeit tritt jedoch erst während der ersten Lebensmonate ein. Mit Ausnahme des Mastkalbes, bei dem der Pansen weitgehend inaktiv bleiben soll, sind beim Aufzuchtkalb die Fütterungsmaßnahmen auf eine möglichst rasche Pansenentwicklung abzustimmen. Frühzeitige Beifütterung fester Nahrungsstoffe zur anfänglich alleinigen Milchnahrung beschleunigt die Ausbildung der Vormagenabteilung und ihre Funktionsfähigkeit. Anatomische, physiologische und mikrobiologische Vorgänge laufen nebeneinander ab und greifen ineinander über. Sie können nach GÜRTLER (1971) etwa in folgende Bereiche aufgegliedert werden:

Tab. 1. Mittlere Größenverhältnisse des Verdauungstraktes von Rind und Schwein (in Liter)

		Rind	Schwein
gesamter	Verdauungstrakt	350	27
davon	Vormägen	230	–
	Labmagen	20	8
	Dünndarm	60	9
	Dickdarm	40	10

- Vergrößerung des Volumens und Verstärkung der Wandmuskulatur.
- Ausbildung der Pansenschleimhaut und ihrer Fähigkeit, bakterielle Stoffwechselprodukte in den Blutstrom zu transportieren.
- Besiedelung des Pansens mit Mikroorganismen und beginnende Verdauung der Futternährstoffe durch bakterielle Enzyme.
- Einsetzen des Ruktus und der Wiederkäutätigkeit.

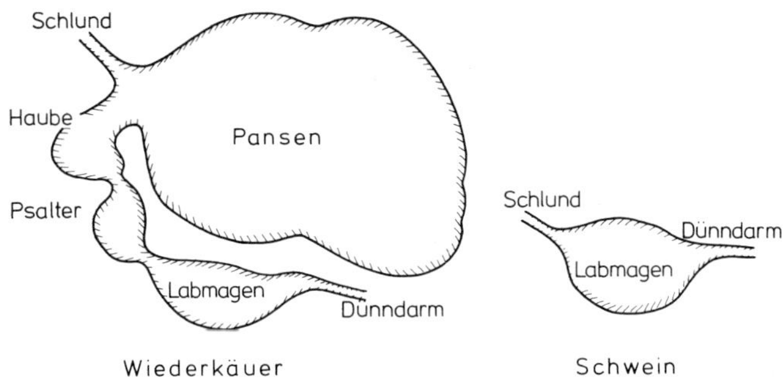

Abb. 1. Vergleichende Darstellung von Wiederkäuer- und Schweinemagen (schematisiert).

Die erstgenannte Veränderung wird am auffälligsten durch einen Vergleich der Leergewichte der einzelnen Magenabteilungen bei der Geburt und nach einer 16wöchigen Aufzuchtperiode: Pansen und Haube nehmen etwa um das 30fache, der Psalter etwa um das 12fache zu. Der Anteil des Labmagens am Gesamtgewicht des Magens fällt während dieser Zeit von knapp der Hälfte zur Zeit der Geburt auf 15% ab.

Die Funktionsfähigkeit der Pansenschleimhaut entwickelt sich vorwiegend durch Vergrößerung der aktiven Innenfläche (Pansenzotten), durch gesteigerte mikrobielle Stoffwechselaktivität und durch stärkere Durchblutung der Pansenwand. Gleichzeitig entfaltet sich der Eigenstoffwechsel der Pansenschleimhaut, und die Absorption der im Pansen entstehenden flüchtigen Fettsäuren wird möglich. Rauhfutter und Kraftfutter scheinen in dieser Hinsicht vergleichbare Wirkungen zu haben. Kraftfutter als alleiniges Trockenfutter kann allerdings nachteilig wirken, da es die Pansenkeratose (Verhornung der Panseninnenwand) begünstigen kann.

1.1.2 Die mikrobielle Besiedelung der Vormägen

Zur Zeit der Geburt ist der Pansen frei von Mikroorganismen. Mit der Milchtränke kommen zwar Bakterien in den Pansen, aber sie sind unbedeutend. *Die typische Pansenflora siedelt sich erst mit der Aufnahme von Rauhfutter und Kraftfutter an.* Sie besteht vorwiegend aus Bakterien, aber auch aus Hefen und Protozoen. Für die Protozoenbesiedelung ist anscheinend der Kontakt mit älteren Wiederkäuern erforderlich.

Die Zusammensetzung der Bakterien und ihre Dichte wird sehr stark von der Zusammensetzung der Futterration geprägt. Ist die Einstellung auf eine bestimmte Futterration erst einmal vollzogen, so hält sich die Bakterienpopulation in einem erstaunlich guten dynamischen Gleichgewicht. Dazu tragen ein weitgehend konstantes Milieu, wie z.B. Temperatur, pH-Wert, laufende Durchmischung des vielseitig zusammengesetzten Futtersubstrates, bei.

Die Vielzahl der Pansenbakterien kann nach charakteristischen Arbeitsleistungen in funktionale Gruppen unterteilt werden: Zahlenmäßig und funktionell sind die zellulose-, hemizellulose- und pektinvergärenden Bakterien am bedeutendsten, die mit ihren Enzymen die Zellwandkohlenhydrate (β-glykosidische Bindung) lösen können und damit diese wichtige Stoffgruppe der Ernährung des Wiederkäuers zuführen. Amylolytische Bakterien sind bei stärkereichen Rationen in hoher Dichte anzutreffen. Saccharolytische Bakterien sind normalerweise nur in geringer Zahl vorhanden. Laktolytische Bakterien bauen die Milchsäure zu kurzkettigen Fettsäuren, Kohlendioxid und Wasserstoff ab. Lipolytische Bakterien vergären das bei der Fettspaltung freigesetzte Glyzerin vorwiegend zu Propionat, und sie sind an der biologischen Hydrierung von ungesättigten Fettsäuren beteiligt. Methanogene Bakterien reduzieren Kohlendioxid zu Methan. Eine große Verschiedenartigkeit weisen die proteinspaltenden (proteolytischen und desaminierenden) Bakterien auf, deren Stoffwechselprodukte nicht nur Aminosäuren, sondern die bei der Desaminierung der Aminosäuren entstehenden Verbindungen, wie Ammoniak, flüchtige Fettsäuren, Kohlendioxid und Wasserstoff, sind. Eine Vielzahl von Bakterienstämmen weist Ureaseaktivität auf, die den Harnstoff zu Kohlendioxid und Ammoniak spaltet und diesen für die Bakterienproteinsynthese zugängig macht.

Neben den Bakterien spielen Protozoen eine bedeutende Rolle. Ihre Konzentration im Pansen schwankt sehr stark; sie liegt nach HARMEYER (1973) vorwiegend bei 0,5–3 Mio./g Panseninhalt. Konzentration und Zusammensetzung dieser Protozoen sind in erster Linie von der Fütterung abhängig. Durch Futterwechsel bedingte Veränderungen sind gewöhnlich innerhalb von 10–14 Tagen ausgeglichen. Protozoen sind aber äußerst empfindlich gegenüber Schwankungen des pH-Wertes: bei Werten unter pH 6 wird ihr Wachstum stark eingeschränkt, bei pH 5 sterben sie ab (ROSSOW u. a. 1980).

Protozoen haben die Fähigkeit, schnell und reichlich Kohlenhydrate in Form zelleigener Polysaccharide zu speichern. Dadurch reduzieren sie die Substratmenge für schnell wachsende Bakterien und wirken somit stabilisierend auf das Pansenmilieu. Die Kohlenhydrate werden also gewissermaßen vor dem bakteriellen Abbau geschützt und der Darmverdauung zugeführt. Als Proteinquelle dienen ihnen auch Bakterien. Protozoen sind zwar für den Wiederkäuer nicht lebensnotwendig; ihre Nützlichkeit bei der Verdauung in den Vormägen ist jedoch erwiesen. 20–50% der mikrobiellen Aktivität in den Vormägen werden diesen Einzeller-Gruppen – in erster Linie Ziliaten – zugeordnet.

Die gesamte mikrobielle Frischmasse wird im Pansen-Haube-Raum je nach Futterzusammensetzung auf 2–6 kg geschätzt. Rohfaserreiche Rationen bedingen eine geringere, stärkereiche Rationen eine hohe Dichte. Nach ORTH und KAUFMANN (1971) können folgende Keimzahlen (in Mrd./ml Pansensaft) angenommen werden: Fütterung von Stroh oder Heu 4–15, viel Rüben oder Rübenblatt 9–20, viel Kraftfutter 50–60.

Die funktionelle Vormagenentwicklung wird nicht so sehr durch das Alter des Tieres, sondern durch die Fütterung entscheidend beeinflußt.

Aufzuchtverfahren, die eine beschleunigte Vormagenentwicklung ermöglichen (z. B. Frühentwöhnung), sind meist mit geringerem Aufzuchtrisiko sowie hygienischen und arbeitswirtschaftlichen Vorteilen verbunden.

Dabei ist immer zu beachten, daß sich die funktionelle Entwicklung in wechselseitiger Anpassung von Mikroorganismen und Wirtstier vollzieht. Erst nach Monaten wird diese vollkommene Symbiose erreicht, und es gilt, einen ungestörten Ablauf durch eine diesem Zusammenwirken angepaßte Fütterung aufrecht zu erhalten.

1.1.3 Verdauungsvorgänge in den Vormägen

Die mikrobielle Verdauung findet im Pansen-Hauben-Raum statt, dessen Inhalt ein Gemisch aus aufgenommener fester und flüssiger Nahrung, Speichel, Mikroorganismen und deren Stoffwechselprodukten ist. Der Pansen-Hauben-Inhalt beträgt etwa 12–15% des Körpergewichtes des Wiederkäuers. Die flüssige Phase wird etwa zwei- bis dreimal pro Tag erneuert, die feste Phase dagegen nur einmal in 1½–2½ Tagen. Menge, Teilchengröße und Verdaulichkeit des Futters beeinflussen diese Vorgänge.

1.1.3.1 Wiederkäuen, Speichelfluß und pH-Wert

Grobfaseriges, „strukturiertes" Futter löst durch Reizung im Pansen den Wiederkäureflex aus. Mit dem Wiederkäuen steigt der Speichelfluß, wie die Zahlen nach KAUFMANN (1970a) in Tab. 2 deutlich zeigen.

Tab. 2. Mittlerer Speichelfluß aus einer Ohrspeicheldrüse

Abschnitt	Speichelfluß in ml/Min.
Fressen	33
1. Wiederkäuen	88
2. Wiederkäuen	61
Ruhezustand	27

Die tägliche Speichelmenge einer Kuh beträgt bis zu 180 Liter. Der Speichel wirkt quellend, Mukoproteine tragen zur besseren Gleitfähigkeit des Bissens bei. Außerdem wird durch den Speichelfluß eine optimale Flüssigkeitsmenge zum Weitertransport der Futterpartikel durch den Verdauungstrakt bereitgestellt. **Kraftfutterrationen oder gemahlene Rohfaser bedingen einen geringeren Speichelfluß**, und der T-Gehalt des Panseninhaltes steigt an. Psalteranschoppungen können die Folge sein.

Der Speichel enthält alkalische Substanzen (Na-Bikarbonat, Na- und K-Phosphat) mit hohem pH-Wert (8,1–8,3), die der Versäuerung des Panseninhaltes entgegenwirken. Speichel wirkt also pH-regulierend.

Dic Versäuerung (Azidität) des Panseninhaltes nimmt mit zunehmender Geschwindigkeit des bakteriellen Futterabbaues (Fermentationsrate) in den Vormägen zu, da sie die in der Zeiteinheit gebildeten Säuremengen (Essig-, Propion-, Buttersäure u.a.) bestimmt; sie ist von der Zusammensetzung des Futtersubstrates abhängig. Am stärksten nimmt die Azidität bei zuckerreicher Fütterung zu. Mit ansteigender Fütterungshäufigkeit (Fütterungsfrequenz) können bei großen täglichen Kraftfuttermengen stärkere pH-Schwankungen vermieden werden (s. Abb. 40, Seite 108).

Die Regulation des pH-Wertes im Vormagenbereich des Wiederkäuers geht aus nachfolgender schematischer Darstellung (nach KAUFMANN 1972) hervor (Seite 16).

Die Übergänge zwischen den beiden Rationstypen sind fließend. **Die kritische Grenze für eine „wiederkäuergerechte" Ration der Milchkuh liegt bei etwa 40% „Rauhfutteranteil"**, wobei Anwelksilage diesbezüglich gleichwertig zu beurteilen ist. Naßsilagen erfordern zusätzlich Heu oder Stroh. **Unter dieser Grenze nimmt das pH-Regulierungsvermögen ab, es setzt Milchsäureanreicherung im Pansen mit Azidose ein** (s. 4.8.2), **und der Milchfettgehalt fällt ab** (s. 4.3.2).

rohfaserreiche Ration
(über $^2/_3$ Rauhfutter, relativ viel Zellulose)

↓ längeres Wiederkäuen (40–50 Min./kg Futter-T)
↓ viel Speichel (ca. 13 l/kg Futter-T)
↓ hohe pH-Werte in den Vormägen (6,8–6,0) ← relativ geringe Konzentration an flüchtigen Fettsäuren in den Vormägen (bei hohen Essigsäureanteilen)
↓ günstiger pH-Bereich für zellulosespaltende Mikroben

kraftfutterreiche Ration
(40–60 % Rauhfutter, relativ viel Stärke)

↓ kürzeres Wiederkäuen (25–30 Min./kg Futter-T)
↓ wenig Speichel (ca. 11 l/kg Futter-T)
↓ niedrige pH-Werte in den Vormägen (6,0–5,4) ← relativ hohe Konzentration an flüchtigen Fettsäuren in den Vormägen (bei steigenden Propionsäureanteilen)
↓ günstiger pH-Bereich für stärkespaltende Mikroben

1.1.3.2 Veränderungen der Rohnährstoffe des Futters

Das Futter wird im Pansen-Hauben-Raum im wesentlichen durch Enzyme (= Fermente) bakteriellen Ursprungs verdaut. Die Verdauung durch tiereigene Fermente erfolgt erst im Dünndarm, nachdem sich im Zwölffingerdarm die Verdauungssekrete der Pankreasdrüse und der Gallensaft mit dem Verdauungsbrei vermischt haben.

Der Abbau der Nahrungsstoffe durch mikrobielle Umsetzungen geht wesentlich weiter als der durch tiereigene Enzyme. Beim Tier mit einhöhligem Magen, z. B. beim Schwein, werden vom verdaulichen Nahrungsanteil die α-glukosidisch abgebundenen Kohlenhydrate (z. B. Stärke) zu einfachen Zuckern (Monosaccharide), die Fette zu Glyzerin und Fettsäuren und die Proteine zu Aminosäuren abgebaut und durch die Mitwirkung der Schleimhaut im Dünndarm absorbiert. Beim Wiederkäuer gelangt dagegen nur ein relativ geringer Anteil der verdaubaren Futternährstoffe in den Einflußbereich der tiereigenen Enzyme. Der wesentlich größere Teil der einzelnen Nährstoffe wird durch die Einwirkung der Mikroorganismen über die genannten Grundformen hinaus abgebaut und teils als Ausgangsprodukte für das Bakterienwachstum im Pansen verwendet, teils von der Schleimhaut des Vormagenbereiches absorbiert und über das Blut zu den Verbrauchsstellen im Tierkörper gebracht. Diese Vorgänge sind stark vereinfacht in der Abb. 2 dargestellt.

Kohlenhydrate

Die Kohlenhydrate (Zellulose, Pektine, Stärke, Zucker u. a.) werden im Pansen zu flüchtigen Fettsäuren abgebaut. Es sind dies zum überwiegenden Anteil *Essigsäure, Propionsäure* und *Buttersäure*, auch kurzkettige Fettsäuren genannt, da sie nur 2, 3 bzw. 4 C-Atome im Molekül besitzen. Verbindungen mit 5 und 6 C-Atomen entstehen dagegen nur in geringen Mengen. Dieser Vorgang ermöglicht dem Wirtstier die Verwertung der sonst unverdaulichen Zellwandkohlenhydrate. Allerdings kann Li-

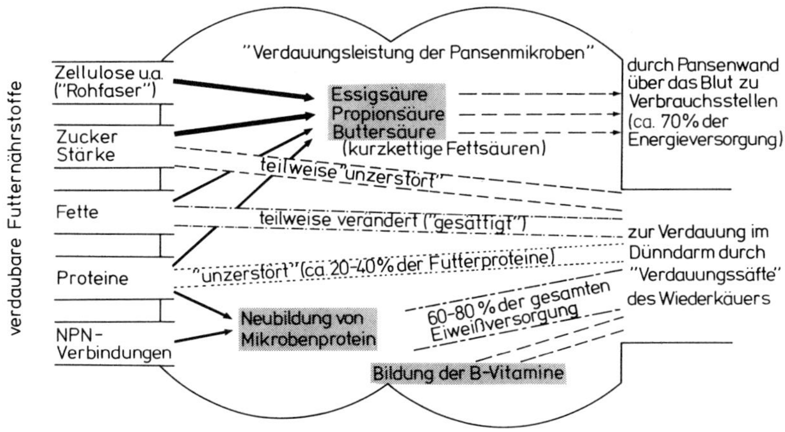

Abb. 2. Vereinfachtes Schema des Abbaues der verdaulichen Futternährstoffe und der mikrobiellen Neubildung im Pansen-Hauben-Raum.

gnin (Holzstoff) auch durch Bakterien nicht mehr verdaut werden. – Durch chemische Aufschlußverfahren (Natronlauge = NaOH, Ammoniak = NH_3 u. a.) kann dieser „Ligninverband“ teils aufgeschlossen werden, so daß der Zellinhalt der Verdauung zugänglich wird. Der Futterwert von Stroh kann auf diese Art wesentlich verbessert werden (s. 4.5.3). – Der gleichzeitige Abbau der α-glukosidisch abgebundenen Kohlenhydrate (z. B. Stärke oder Zucker) bringt energetische Verluste gegenüber ihrer Verdauung im Dünndarm. Dies ist auch der Grund dafür, daß die energetische Ausbeute von Getreideprodukten beim Schwein höher ist als beim Wiederkäuer.

Die Bildung flüchtiger Fettsäuren hängt in Menge und Verhältnis zueinander sehr stark von der Zusammensetzung der Futterration ab. Aus zellulosereichen (rohfaserreichen) Futterrationen wird relativ viel Essigsäure, aber nur verhältnismäßig wenig Propionsäure und Buttersäure gebildet, wobei die Keimaktivität insgesamt gering ist; bei stärkereichen Rationen steigt der Propionsäureanteil relativ stark an. Buttersäure wird verstärkt aus zuckerreichen Futtermitteln gebildet. In Tab. 3 sind nach GIESECKE (1973) einige Futtermittel in ihrer Wirkung auf die relative Bildung der flüchtigen Fettsäuren zusammengestellt.

Neben der nährstoffmäßigen Zusammensetzung der Futterration hat der Zustand des Futters insofern einen Einfluß auf die Bildung flüchtiger Fettsäuren, als gemahlenes Futter neben einer erhöhten Fermentationsrate eine Verengung im Essigsäure : Propionsäure-Verhältnis bringt.

Insbesondere bei der Fermentation der Kohlenhydrate fallen Gase an, die vom Wirtstier nicht verwertet werden können (ca. 2/3 Kohlendioxid, über 1/4 Methan neben Stickstoff, Wasserstoff, Sauerstoff und Spuren von Schwefelwasserstoff), die durch den Ruktus über Schlund und Maul ausgeschieden werden. Bei rohfaserreichen Rationen betragen die Verluste durch Methan nach KAUFMANN (1970) etwa 15% der verdaulichen Energie. Außerdem sind die ablaufenden Reaktionen mit Wärmeverlusten verbunden, die nach KOLB (1971) etwa 6% der Bruttoenergie der abgebauten Kohlenhydrate betragen.

Tab. 3. Einfluß einiger Futtermittel bzw. Rationen auf die Bildung flüchtiger Fettsäuren im Pansen (in Mol % der Gesamtsäure)

Futter	Essigsäure	Propionsäure	Buttersäure	Verhältnis Essigsäure : Propionsäure
Wiesengras	68	18	12	3,8 : 1
Weidegras	63	18	17	3,5
Wiesen- oder Luzerneheu	71	18	9	3,9
Ital. Raygras, jung	53	23	19	2,3
Ital. Raygras, älter	61	21	14	2,9
Maiskörner	51	39	7	1,3
Gehaltsrüben	52	26	21	2,0
Heu, lang und Kraftfutter, 1 : 3	59	27	12	2,2
Heu und Kraftfutter 1 : 1, gemahlen und pelletiert	59	28	11	2,1

Fette

Die Fette der Futtermittel werden ebenfalls im Pansen mikrobiell verändert. Folgende Umsetzungen können stattfinden:

- Aufspaltung von Fetten und Fett-Phosphor-Verbindungen (Phosphorlipide) durch bakterielle Lipasen zu Glyzerin und Fettsäuren.
- Abbau von Glyzerin und Galaktose zu kurzkettigen Fettsäuren.
- Hydrierung der ungesättigten Fettsäuren.
- Fettaufbau in den Mikroorganismen.

Die Hydrierung ungesättigter Fettsäuren, d.h. Lösen der Doppelbindung und Anlagerung von Wasserstoff an die freien Bindungen des C-Atoms, kann sich stark im geänderten Fettsäuremuster tierischer Fette niederschlagen. Wie sich bei intakten Pansenbedingungen das Fettsäuremuster des Weidegrasfettes von dem im Labmagen unterscheidet, hat GIESECKE (1978) mit C_{18}-Fettsäuren sehr deutlich gezeigt (Tab. 4). Weitere Veränderungen ergeben sich im Fettsäuremuster des Milchfettes durch den intermediären Stoffwechsel.

Die Fettsäuren werden adsorptiv (anhaftend) an Futterpartikeln des Verdauungsbreies weiter transportiert und im Dünndarm absorbiert (aufgenommen).

Ein stärkerer Einfluß auf die Beschaffenheit des Depotfettes kann beim Mastrind dann eintreten, wenn Futterfette als Bestandteil des Kraftfutters in größeren Mengen verfüttert werden. Den Fettzulagen sind bei Wiederkäuern jedoch sehr rasch Grenzen gesetzt, da Verdauungsdepressionen, insbesondere durch negative Auswirkung ungesättigter Fettsäuren auf die zellulosespaltenden Bakterien, eintreten. In umfassenden Untersuchungen von ROHR u.a. (1978) wurde erneut nachgewiesen, daß

Tab. 4. Transformation von C_{18}-Fettsäuren (Mol % C_{18}) im Stoffwechsel des Wiederkäuers

Fettsäuren	Weidegras	Labmageninhalt	Milch
Stearinsäure (gesättigt)	2,4	43,2	15,8
Ölsäure (einfach ungesättigt)	4,2	38,2	78,4
Linolsäure (zweifach ungesättigt)	16,4	6,3	4,6
Linolensäure (dreifach ungesättigt)	76,9	12,2	1,2

Futterfettzulagen von über 300 g je Kuh und Tag, die einschließlich des Fettgehaltes im übrigen Futter der Tagesration eine Gesamtfettmenge von 700–750 g ergaben, bei erhöhter Propionsäurebildung zu einem Abfall der Rohfaserverdaulichkeit, des Essigsäureanteils im Pansen und des Milchfettgehaltes führten.

In der Tagesration einer Milchkuh sollte deshalb der Fettgehalt nicht höher als 4% sein, für ein Mastrind sind noch 5% Fettanteil vertretbar.

Nur das nichtwiederkäuende Mastkalb verträgt bei entsprechender Aufbereitung der Fette wesentlich höhere Gehaltswerte in der Tränke.

Futtereiweiß (Proteine) und NPN-Verbindungen

Proteine werden im Pansen zum größeren Teil über Peptide zu Aminosäuren und überwiegend weiter zu Ammoniak abgebaut. Ammoniak (NH_3) ist eine wesentliche Grundsubstanz des Bakterieneiweißes.

In vielen Futtermitteln kommen NPN-Verbindungen vor: im Gras ca. 20–30%, in Silagen bis 50% vom Gesamtstickstoff; Melasse enthält z.B. das Betain der Zukkerrübe, so daß ihr NPN-Gehalt sehr hoch ist. Außerdem können stark wachsende, blattreiche Pflanzen im Herbst größere Nitratmengen enthalten (s. 4.4.2.3). Schließlich stehen industriell hergestellte synthetische NPN-Verbindungen zur Verfügung, von denen Futterharnstoff die bedeutendste ist. Von den zahlreichen synthetischen NPN-Verbindungen, die im Tierversuch geprüft wurden, werden von BERGNER und GÖRSCH (1974) 14 Substanzen als die wichtigsten für den Fütterungseinsatz angegeben.

Mit der Futterration gelangen Futtereiweiß, Amide und Futterharnstoff in den Pansen. Der physiologische Umsetzungsvorgang dieser Nährstoffgruppe, welcher der N-Gehalt gemeinsam ist, ist in Abb. 3 nach GABEL (1977) dargestellt.

Bei zu raschem Abbau im Pansen kann mehr Ammoniak frei werden (5–15 mg NH_3/100 ml Pansensaft sind optimal), als durch die mikrobielle Proteinsynthese gebunden werden kann. Dieses gelangt dann durch die Pansenwand in das Blut, wird in der Leber als Harnstoff abgebunden und kann als solcher wiederum über den peripheren Blutkreislauf und über den Speichel in den Pansen kommen. Dieser sog. rumino-hepatische N-Kreislauf reguliert teilweise bei stoßweiser NH_3-Freisetzung im Pansen die gleichmäßige N-Versorgung der Mikroorganismen und stellt bei knapper Eiweißzufuhr eine gut funktionierende N-Sparfunktion dar. Überschüssiger Harnstoff wird über Niere und Harn ausgeschieden.

Die Proteinsynthese der Pansenmikroorganismen ist durch die verfügbare Energie im Pansen begrenzt. Je 1000 g verd. org. Substanz werden ca. 150 g Mikroben-Rohprotein, bzw. je 1 MJ NEL 15,8 g gebildet, wobei der Aminosäuren-N im Mittel 75% vom Gesamt-N beträgt (KELLNER u.a. 1984).

Bei mangelhafter Energiezufuhr geht die N-Ausnutzung rasch zurück, eine Tatsache, die für die richtige Rationsgestaltung und Fütterung der hochleistenden Milch- und Mastrinder von größter Bedeutung ist.

Eiweißüberfütterung belastet insbesondere in Verbindung mit mangelnder Futteraufnahme bei hohen Leistungen den Stoffwechsel der Milchkuh (s. Seite 114), aber auch den des Mastrindes.

In Abhängigkeit von der Rationsgestaltung stammen von der gesamten Proteinmenge, die im Dünndarm ankommt, etwa 60–80% aus Mikrobenprotein (s. Abb. 2). Ihr Aminosäurenmuster ist relativ konstant, und die essentiellen Aminosäuren sind normalerweise ausreichend enthalten. *Der Wiederkäuer ist demnach weitgehend unabhängig von der Aminosäurenzusammensetzung des Futterproteins.*

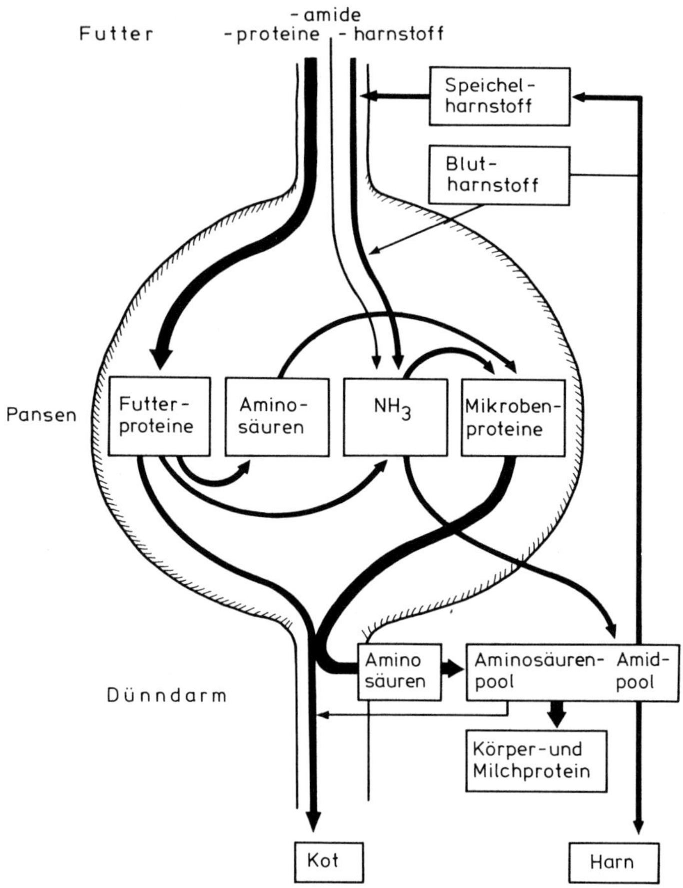

Abb. 3. Umsetzung der Proteine und anderer N-Verbindungen des Futters beim Wiederkäuer.

Diese bakterielle Leistungsfähigkeit kann vorteilhaft genutzt werden, wenn Futtereiweiß knapp oder teuer ist. Der Einsatz von Futterharnstoff – oder anderer synthetischer NPN-Verbindungen – kann unter diesen Bedingungen in begrenzten Mengen wirtschaftlich sinnvoll sein, da die Kenntnisse für den physiologisch richtigen Einsatz ausreichend sind, um eine gute Verwertung zu gewährleisten.

Grundsätze zum Harnstoffeinsatz in der praktischen Fütterung

Harnstoff wird durch Urease, ein in vielen Pansenbakterien und in Futtermitteln vorhandenes Ferment, zu Ammoniak und Kohlendioxid gespalten. Die chemische Strukturgleichung verdeutlicht die hohe NH_3-Bereitstellung:

$$\underset{\text{(Harnstoff)}}{C(=O)(NH_2)_2} + \underset{\text{(Wasser)}}{H_2O} \rightleftharpoons \underset{\text{(Ammoniak)}}{2\,NH_3} + \underset{\text{(Kohlendioxid)}}{CO_2}$$

Die Freisetzungsrate des Ammoniaks im Pansen ist im wesentlichen von der Futterration (insbesondere Menge und Art der Kohlenhydrate), der Zahl und Art der Mikrobenpopulation, dem pH-Wert und von der Gewöhnung (Adaptation) der Tiere an die Harnstoffgabe abhängig. Der optimale pH-Bereich für die Ureaseaktivität liegt über 6,4. Die Fermentation stärkereicher Rationen ergibt einen sinkenden pH-Wert und damit eine verlangsamte NH_3-Freisetzung. Das ist von Vorteil. Außerdem geht die NH_3-Absorption aus dem Pansen zurück. NH_3-Freisetzung und Verarbeitung des Ammoniaks in Bakterienprotein stimmen also gut überein. Rohfaserreiche Futterrationen haben entgegengesetzte Auswirkungen: Die Spaltung der Zellulose und anderer Zellwandkohlenhydrate verläuft zu langsam, der Speichelfluß wird durch verstärktes Wiederkäuen erhöht und damit der pH-Wert angehoben. Bei erhöhter Ureaseaktivität fehlen bei raschem Harnstoffabbau die Kohlenstoffgerüste und die Energie für die mikrobielle Proteinsynthese. Daraus folgt:

Harnstoffzugabe ist nur bei stärkereichen Futterrationen (körnerreiche Maissilage, hohe Kraftfuttergabe) **angebracht, nicht dagegen zu den relativ rohfaser- und eiweißreichen Grünlandprodukten.**

Neben der Futterration hat die *Fütterungstechnik* einen beachtlichen *Einfluß auf die Harnstoffverwertung.* Bei großen Fütterungsabständen und damit relativ großem Harnstoffangebot je Futterzeit ergeben sich im Pansen ungünstige NH_3-Spitzen, und die Bakterien können die freigesetzten NH_3-Mengen nicht ausreichend verarbeiten. Häufige Fütterung bzw. kontinuierliche Futteraufnahme bei Sattfütterung bieten dagegen bessere Voraussetzungen für eine gleichmäßige NH_3-Freisetzung im Pansen. Dies ist besonders bei Harnstoffgaben zu körnerreicher Maissilage und der dabei gebräuchlichen Sattfütterung in der intensiven Jungbullenmast der Fall. Auch die Verabreichungsform ist bedeutend: kleine Granulate (bis 1 mm) sind besser als größere, da sie gleichmäßiger mit dem Futter vermischt werden können. **Futterharnstoff darf nicht in flüssiger Form verfüttert werden.**

Harnstoffütterung verlangt eine ausgeglichene Mineralstoffversorgung (P, S, Cu, Mn), da diese Elemente für die Aminosäurenbildung und für die Eiweißsynthese der Bakterien unbedingt vorhanden sein müssen. Im folgenden Schema sind die wichtigsten Einflüsse auf die Harnstoffverwertung im Pansen aufgezeigt:

Spaltung zu NH_3

wird **beschleunigt** durch	wird **verlangsamt** durch
hohe Urease-Aktivität bei pH über 6,4 oder ureasehaltigen Futtermitteln, rohfaserreiche Futterrationen, plötzliche oder flüssige Harnstofffütterung	geringe Ureaseaktivität bei sinkendem pH-Wert, stärkereiche Futterrationen, Gewöhnung der Tiere, kontinuierliche Fütterung,

Verwertung von NH_3 zur Bakterienproteinsynthese

wird **gehemmt** durch	wird **gefördert** durch
plötzliche Futterumstellung, Mangel an Energie und C-Gerüst für Aminosäurebildung, Fehler in der Mineralstoffversorgung, Eiweißüberschuß	langsame Gewöhnung, kontinuierliche Harnstoffütterung, ausreichend stärkereiches Futter, ausgeglichene Mineralstoffversorgung

Bakteriell nicht abgebundenes Ammoniak gelangt vorerst in die Leber und wird zu Harnstoff abgebunden. Reicht die „Entgiftungskapazität“ der Leber nicht aus, kann Ammoniak in den peripheren Blutkreislauf kommen und als Zellgift (Nerven, Atmung) wirken.

Deshalb darf Harnstoff nicht ohne Gewöhnung, in zu großen Mengen, an ausgehungerte Tiere, bei ungünstigem Verhältnis zu leicht verdaulichen Kohlenhydraten und in wässriger Lösung verabreicht werden. Besonders empfindlich sind Rinder, die mit Weideparasiten verseucht sind.

Da in Abhängigkeit von der Abbaubarkeit der Futterproteine und von der Leistungshöhe dem NPN-Einsatz Grenzen gesetzt sind, werden nachstehend diese Zusammenhänge nach KELLNER u.a. (1984) verdeutlicht:

Milch/Tag (kg FCM)	g Rohprotein je MJ NEL	Abbaubarkeit des Futterproteins 65%	70%	75%
		max. Rohproteinersatz durch NPN		
10	19,5	35%	35%	25%
20	21,8	20%	10%	0
30	23,0	10%	0	0

Der Einsatz industriell hergestellter NPN-Träger muß überlegt und nach den Kosten für Eiweiß- und Energiefuttermittel erfolgen.

Harnstoff oder andere NPN-Verbindungen können in energiereichen Rationen für Milchkühe eingebracht werden, wenn diese nicht mehr als 15% Rohprotein enthalten. In der Rindermast sind sie nur sinnvoll, solange der Rohproteingehalt in der Trockensubstanz der Gesamtration nicht über 13% ansteigt.

Futterharnstoff oder andere NPN-Verbindungen beeinträchtigen nicht die Qualität des erzeugten Lebensmittels (Fleisch oder Milch), denn sie haben unter den genannten Bedingungen keine nachteiligen Einflüsse auf die Wachstumsfunktionen oder den biologischen Wert bzw. die Aminosäurenzusammensetzung des Muskel- und Milcheiweißes, wie mehrfach in langfristigen Versuchen nachgewiesen wurde.

1.1.3.3 Vitaminsynthese in den Vormägen

B-Vitamine und das Vitamin K sind „Nebenprodukte" der mikrobiellen Fermentationsvorgänge in den Vormägen der Wiederkäuer. Die B-Vitamine dienen zum einen als Wachstumsfaktoren für die Pansenmikroorganismen, zum anderen sind sie nach ihrer Absorption für die verschiedenen Stoffwechselvorgänge im Wirtstier von größter Bedeutung. *Unter normalen Fütterungsbedingungen*, d.h., bei „wiederkäuergerechten" Futterrationen, werden diese Vitamine in ausreichenden Mengen gebildet, so daß *eine Zufütterung von B-Vitaminen nicht notwendig* ist. Unter extrem stärkereicher Ernährung, die an die Grenze der „wiederkäuergerechten" Mastrationen gelangt (Kraftfuttermast), wurde vereinzelt ein Mangel an Vitamin B_1 (= Thiamin) nachgewiesen. Herdförmige Gehirnnekrosen bei Kälbern und Jungrindern konnten als sekundärer Thiaminmangel aufgeklärt werden. Da das Vitamin-B_1-Molekül durch Thiaminase, die unter anderem in verschimmeltem Futter entstehen kann und nach dessen Verfütterung im Pansen aktiv ist, aufgespalten und inaktiviert wird, sind Vitamin-B_1-Mangelerscheinungen auch bei Verfütterung von verschimmeltem Futter vorstellbar. Unter extremen Fütterungsbedingungen kann es deshalb in der intensiven Jungbullenmast sinnvoll sein, Mineralfutter mit Vitamin B_1 vorbeugend einzusetzen. Wichtiger ist jedoch, – auch aus anderen wesentlichen Gründen – die Futterration „wiederkäuergerecht" zu gestalten!

1.1.3.4 Absorption der Verdauungsprodukte aus den Vormägen

Entsprechend dem Konzentrationsgefälle zwischen Pansensaft und Blut erfolgt die Absorption der kurzkettigen Fettsäuren kontinuierlich durch die Pansenwand.

Die Absorption der flüchtigen Fettsäuren aus dem Bereich der Vormägen stellt die weit überwiegende Energieversorgung (60–75%) des Wiederkäuers dar. Nach KAUFMANN (1970b) kann man bei einer Kuh mit mittlerer Milchleistung mit täglichen Mengen von 2,5–3,5 Liter Essigsäure, 0,8–1,5 Liter Propionsäure und 0,7–1,0 Liter Buttersäure rechnen, die bei Abbauvorgängen im Pansen gebildet werden.

Zieht man eine allgemeine Schlußfolgerung aus den Verdauungsvorgängen in den Vormägen des Wiederkäuers, so können folgende *Vorteile* herausgestellt werden:

1. Aufschließen der sonst unzugänglichen Energie in den β-glukosidisch abgebundenen Zellwandkohlenhydraten und Verwertung über kurzkettige Fettsäuren.
2. Verwertung von NPN-Verbindungen zu biologisch wertvollem Bakterienprotein, gleichmäßige Aminosäurenversorgung des Wiederkäuers.
3. Bildung aller B-Vitamine als gleichmäßig fließende Versorgungsquelle für die Stoffwechselvorgänge.

Als *Nachteil* ist hervorzuheben, daß die energetische Verwertung der durch tiereigene Enzyme verdaubaren Futternährstoffe durch die Fermentationsvorgänge in den Vormägen ungünstiger wird. Ferner ist zu berücksichtigen, daß die Blutzuckerbildung vom Nachschub an kurzkettigen Fettsäuren (Propionsäure) aus dem Pansenstoffwechsel abhängig ist und keine nennenswerte Versorgung durch Verdauungsprodukte im Dünndarm (einfache Zucker) erfolgen kann.

Während nach Angaben von GIESECKE (1967) die Blut-Glukose-Konzentration beim ganz jungen Kalb bei 90–100 mg/100 ml (ähnlich wie bei Säugetieren mit einhöhligem Magen) liegt, fällt sie nach etwa 6 Wochen Aufzucht bereits auf 60–70 mg/100 ml und beträgt beim ausgewachsenen Wiederkäuer 30–60 mg/100 ml. Mit diesem Beispiel sei der Hinweis gebracht, daß diese besondere Versorgungssituation die laufende Blutzuckerneubildung (Glukoneogenese) erfordert und dadurch das hochleistende Rind gegenüber Stoffwechselstörungen anfällig machen kann (s. 4.8.1).

1.1.4 Verdauungsvorgänge im Darmtrakt

Die Passage des Futterbreies in den Labmagen kommt durch Druckunterschiede in den Vormagenabteilungen zustande; die Größe der Futterpartikel spielt eine entscheidende Rolle. Der Psalterkanal wirkt wie eine Saug-Druck-Pumpe. Im Labmagen wird dem Futterbrei laufend durch Sekretion der Fundusdrüsen Labmagensaft zugeführt. Dadurch fällt der pH-Bereich des Futterbreies von 6–7 beim Eintritt in den Labmagen auf einen Wert von 2–3 beim Übertritt in den Zwölffingerdarm ab.

Im Zwölffinderdarm kommen bikarbonatreiches Pankreassekret und Galle kontinuierlich hinzu. Der pH-Wert steigt wieder in den Bereich von 7, dem optimalen Wirkungsspektrum der Verdauungsenzyme, an.

In den Dünndarm gelangen in Abhängigkeit von der Rationszusammensetzung unterschiedliche, im allgemeinen jedoch geringe Stärkemengen. Deshalb hat die direkte Glukoseversorgung aus dem Dünndarm im Gegensatz zum Tier mit einhöhligem Magen eine untergeordnete Bedeutung. Aminosäuren als verdauliches Produkt des Eiweißes im Nahrungsbrei stammen zum größten Teil aus Bakterienprotein, denn Futterproteine werden vorwiegend im Pansen abgebaut. Die Fettsäurenabsorption im Dünndarm, insbesondere die der langkettigen Fettsäuren, wird beim Wiederkäuer durch einen hohen Phosphor-Lipoid-Gehalt im Gallensekret unterstützt.

Im Blinddarm und im Anfangsteil des Dickdarms fällt ein relativ geringer Anteil flüchtiger Fettsäuren aus noch nicht abgebauten verdaulichen Kohlenhydraten an. Im Dickdarm wird insbesondere Wasser wiederum in den Körperkreislauf rückgeführt, aber auch Natrium, Kalium und Chloride. Nach GÜRTLER (1971) sind dies im Mittel 98% des Wassers, 96% des Natriums, 58% des Kaliums und 98% des Chlorids der jeweils absorbierten Gesamtmenge. Das Wasser als unentbehrliches Transportmittel gelangt zu einem beachtlichen Teil wieder über den Speichelfluß in den Futterstrom zurück. Ist die Wasserabsorption durch Darmreizung oder krankhafte Veränderungen gestört, so tritt Durchfall mit all seinen Nachteilen auf den Verdauungsablauf und die Versorgungssituation des Wiederkäuers ein.

1.2 Intermediärer Stoffwechsel

Durch die Verdauung im Magen-Darm-Kanal werden Futternährstoffe und im Verdauungskanal um- und neugebildete Nährstoffe in absorbierbare Stoffe umgewandelt, die nach der Vormagen- bzw. Darmwandpassage über Blut und Lymphe zu den Stellen des intermediären Stoffwechsels gelangen. In den spezifischen Geweben des Tierkörpers werden sie zur Erhaltung des Organismus und zur Um- und Neubildung von Körpersubstanz während der Wachstumsphase sowie zur Bildung bestimmter Produkte, insbesondere für die Milchbildung, verwendet. Kohlenhydrat-, Fett- und Proteinstoffwechsel können getrennt voneinander ablaufen oder ineinander übergehen. Bei diesen Vorgängen wird auch die notwendige Energie für den Stoffwechsel bereitgestellt. Bestimmte Verbindungen nehmen dabei Schaltfunktionen ein.

1.2.1 Der Kohlenhydratstoffwechsel

Blutzucker (Glukose) bzw. das in geringen Mengen gespeicherte Reservekohlenhydrat Glykogen sind in erster Linie Energielieferanten im intermediären Stoffwechsel. Da der Glukosenachschub aus dem Darmkanal im Gegensatz zum Nutztier mit einhöhligem Magen beim Wiederkäuer äußerst gering ist, muß laufend Glukose in der Leber neu gebildet werden. Die Glukoneogenese erfolgt in erster Linie über die Oxalessigsäure aus Propionsäure des Pansenstoffwechsels. Außerdem werden in Abhängigkeit von der Proteinversorgung neben Oxi- und Ketosäuren bestimmte Aminosäuren (= glukoplastische Aminosäuren) dafür herangezogen. Das kann bei stärkearmen Futterrationen die Eiweißversorgung der Milchkuh belasten. Auch das bei der anaeroben Glykolyse (= Glukoseabbau) anfallende Laktat in den Muskeln und in der Leber wird zu einem beachtlichen Teil wieder in Glukose rückgeführt. Der sparsame Kohlenhydratstoffwechsel des Wiederkäuers ist aber auch auf die direkte energetische Verwertung von Azetat, Propionat und Butyrat eingestellt. Propionsäure fördert die energetische Verwertung der Essigsäure, da sie die Oxalessigsäurebildung verstärkt, die wiederum für den Eintritt der aktivierten Essigsäure in den Zitratzyklus erforderlich ist. Darauf beruht nach aller Wahrscheinlichkeit die bessere energetische Verwertung der Essigsäure bei ausreichendem Propionsäurenachschub aus dem Pansen. In Abb. 4 sind diese Vorgänge vereinfacht nach KIRCHGESSNER (1978) dargestellt.

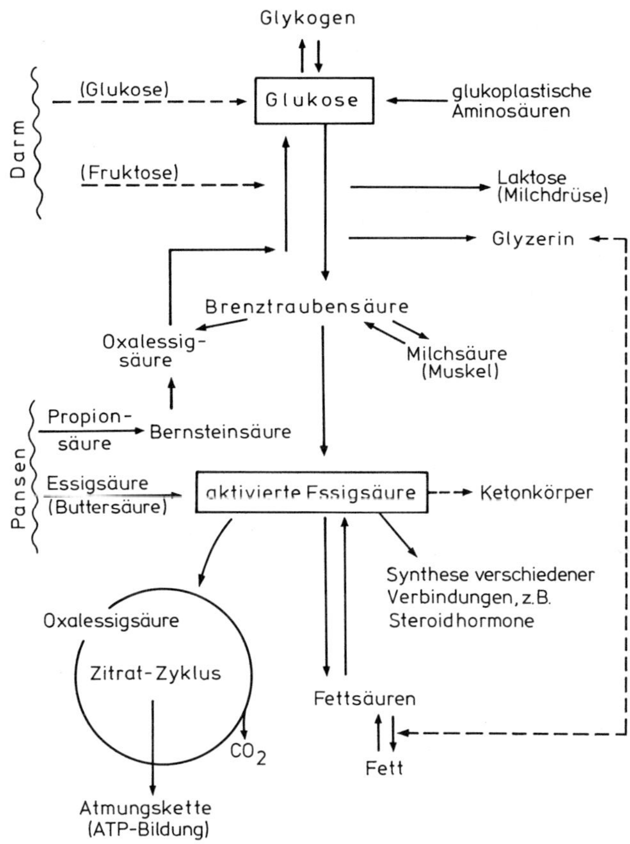

Abb. 4. Die wichtigsten Umsetzungen im Kohlenhydratstoffwechsel beim Wiederkäuer.

Durch hormonelle Regulation (Insulin, Adrenalin, Adrenokortikotrope Hormone = ACTH, Glukagon) wird der Blut-Glukose-Spiegel weitgehend konstant gehalten. Nach neueren Erkenntnissen kommt insbesondere dem Insulin eine entscheidende Rolle zu, da eine verstärkte Sekretion des Hormons des Pankreas den Gehalt an Glukose, Propionat u.a. erhöht und somit die Produktionsleistung (Fett- und Eiweißsynthese) steigert. Sinkt der Blutzuckerspiegel dagegen auf längere Zeit ab (Hypoglykämie), werden die Zellen des zentralen Nervensystems am ehesten betroffen, da sie energetisch fast ausnahmslos durch Glukose versorgt werden. Glukosemangel unterstützt aber auch Stoffwechselstörungen (s. 4.8).

Glukose wird vor ihrem Abbau in der Zelle unter Verbrauch von Adenosintriphosphat (= ATP) aktiviert und unter Mitwirkung der betreffenden Enzyme zu Hexosephosphorsäureester umgelagert. Das phosphorylierte Monosaccharid wird im wesentlichen über zwei Enzymketten abgebaut: Erstens über die Glykolyse, die insbesondere in den Ganglienzellen, in der Muskulatur und in der Leber abläuft, zweitens über den Hexose-Phosphat-Zyklus, der besonders in Geweben mit intensiver Fettsäuren- und Sterinsynthese (Fettgewebe, Milchdrüse, Nebennierenrinde u.a.) ausgebildet ist.

1.2.2 Der Fettstoffwechsel

Kohlenhydrat- und Fettstoffwechsel stehen im Tierkörper in enger Verbindung und Wechselwirkung. Bei Überhang von Kohlenhydraten werden in erheblichem Umfang Fettsäuren gebildet und mit Glyzerophosphat zu Neutralfett aufgebaut und eingelagert, wie entgegengesetzt bei kurzfristigen Hungerperioden Fettsäuren aus den Depotfetten mobilisiert und abgebaut werden (s. Abb. 4). Bei diesem Vorgang greifen insbesondere Wachstumshormone, ACTH und Adrenalin ein. Im Hungerzustand fällt der Insulingehalt des Blutes stark ab, so daß die Mobilisierung und Verbrennung von langkettigen Fettsäuren ansteigen kann.

Wie stark Depotfett bei energetischer Unterversorgung – und zwar insbesondere bei Beginn der Laktation und bei hohen Leistungen – zur Energieversorgung herangezogen werden kann, zeigen die Respirationsversuche von FLATT und Mitarbeitern sehr eindrucksvoll: eine Kuh mit über 8000 Liter Jahresleistung hatte vom 26.–45. Tag nach dem Abkalben etwa 50 kg Körperfett für die Milchbildung mobilisiert, ohne jedoch an Körpergewicht zu verlieren. Es wurde für Fett eben Wasser angesetzt.

Der Fettaufbau läuft über das Ausgangsprodukt für die Fettsäurensynthese, die aktivierte Essigsäure (Acetyl-CoA) ab. Energie wird über den Hexose-Pentose-Phosphat-Zyklus bereitgestellt. Die Synthese zum Neutralfett erfolgt schließlich aus einem Glyzerophosphat und drei aktivierten Fettsäuren. Der weit überwiegende Anteil der Fettsynthese im Tierkörper entfällt auf das Fettgewebe, ca. 10–20% auf die Leber. Das Austauschgefälle zwischen Leber und Fettgewebe ist vom Versorgungsgrad aus dem Magen-Darm-Kanal und dem Energiebedarf des Tieres abhängig.

Depotfett und Milchfett haben unterschiedliche Fettsäurenmuster. Rindertalg besteht aus Fettsäuren mit 14–18 C-Atomen. Das Fett der Kuhmilch enthält ein ausgeglichenes Fettsäurenmuster einschließlich der Fettsäuren mit 4–12 C-Atomen.

Einflüsse der Fütterung auf die Zusammensetzung des Depotfettes beim Rind sind in geringem Maße (s. Seite 18) möglich, aber im allgemeinen unbedeutend. Wesentlicher sind aber die Fütterungseinflüsse auf die Höhe und die Zusammensetzung des Milchfettes, da dies ein wirtschaftlich bedeutender Vorgang ist (s. 4.3.2).

1.2.3 Der Proteinstoffwechsel

Fleisch- und Milcheiweiß sind bekanntlich Verbindungen höchster biologischer Wertigkeit. Im Gegensatz zur Energiespeicherung über Fettansatz ist der tierische Organismus nicht in der Lage, nennenswerte Proteinreserven anzulegen, die im Falle einer länger anhaltenden Unterversorgung sofort zur Verfügung stehen. Deshalb muß der Nachschub aller Aminosäuren aus dem Magen-Darm-Trakt laufend „fließen“. Von großem Vorteil ist die ständige Bakterienproteinsynthese im Pansen, die unabhängig vom Aminosäurenmuster im Futtereiweiß eine weitgehend kontinuierliche, gleichmäßige Versorgung des intermediären Stoffwechsels möglich macht.

Die Aminosäuren unterliegen im intermediären Stoffwechsel vielseitigen Veränderungen. Die bedeutendsten Reaktionen sind die Transaminierung, die oxidative Desaminierung und die Decarboxylierung, wobei quantitativ der erste Vorgang am wichtigsten für den Proteinstoffwechsel ist.

Unter Transaminierung versteht man die enzymatische Übertragung einer Aminogruppe auf eine Ketosäure oder die wechselseitige Übertragung auf eine Aminosäure. Dadurch kann das Angebot der nicht essentiellen Aminosäuren für die Proteinsynthese in der Zelle ausgeglichen werden. Essentielle Aminosäuren müssen dagegen ständig über den Verdauungsweg nachgeliefert werden. Über die oxidative Desaminierung wird die Aminosäure in die entsprechende Ketosäure und Ammoniak aufgespaltet und dieses in die Harnstoffsynthese eingeschleust. Die Harnstoffsynthese in der Leber ist ein sehr bedeutender Vorgang im Eiweißstoffwechsel. Die Syntheseleistung ist groß, der dafür erforderliche Energieverbrauch allerdings auch. Normalerweise werden mäßige Eiweißüberschüsse im Futter schadlos vertragen; dies gilt nicht bei unsachgemäßer NPN-Fütterung (s. Seite 21) bzw. in der Milchviehfütterung während der ersten Laktationsmonate (s. Seite 114). Durch die Decarboxylierung entstehen schließlich eine Reihe physiologisch sehr aktiver Substanzen. Diese biogenen Amine kommen z.B. in Gewebshormonen, als Bestandteil von Coenzym-A oder Vitamin B_{12} vor.

Die N-freien Verbindungen des Aminosäureabbaues münden in bestimmte Synthesen bzw. in den Zitrat-Zyklus zur Energiegewinnung ein, und sie werden z.T. ausgeschieden. Verschiedene Aminosäuren ergeben beim Abbau Verbindungen, die zur Glukoneogenese herangezogen werden (= glukoplastische Aminosäuren), einige können unter bestimmten Umständen ketogene Substanzen ergeben (= ketoplastische Aminosäuren). Die Energieausbeute aus dem Abbau von Aminosäuren ist gegenüber dem Kohlenhydratabbau jedoch wesentlich geringer, da u.a. die Ausscheidung der Aminogruppe bzw. des Ammoniaks über die Harnstoffsynthese einen wesentlichen ATP-Verbrauch darstellt.

Der Aufbau von Proteinen (Biosynthese) kann nur dann erfolgen, wenn alle Aminosäuren am Syntheseort vorhanden sind. Bei verzögerter Bereitstellung einzelner Aminosäuren verlangsamt sich die Proteinsynthese, bei vollständigem Fehlen einer essentiellen Aminosäure wird sie unterbrochen. Beim Wiederkäuer sorgt bei normalen Verdauungsvorgängen im Pansen das ununterbrochene Bakterienwachstum für eine gleichmäßige Versorgung mit allen essentiellen Aminosäuren.

Die Aminosäuren „fließen" für die Proteinsynthese ständig aus einem metabolischen Aminosäurenpool (= Anwesenheit und Verfügbarkeit von essentiellen und nichtessentiellen Aminosäuren im Tierkörper). Da dieser Vorrat im Vergleich zum laufenden Bedarf relativ gering ist, muß er dauernd aus dem Verdauungskanal aufgefüllt werden. Aber auch aus den Abbauvorgängen von Proteinen (katabole Phase) gelangen Aminosäuren in diesen Pool. Es muß also ein beständiges „Fließ-Gleichgewicht" aufrecht erhalten bleiben, wie es in Abb. 5 stark vereinfacht dargestellt ist.

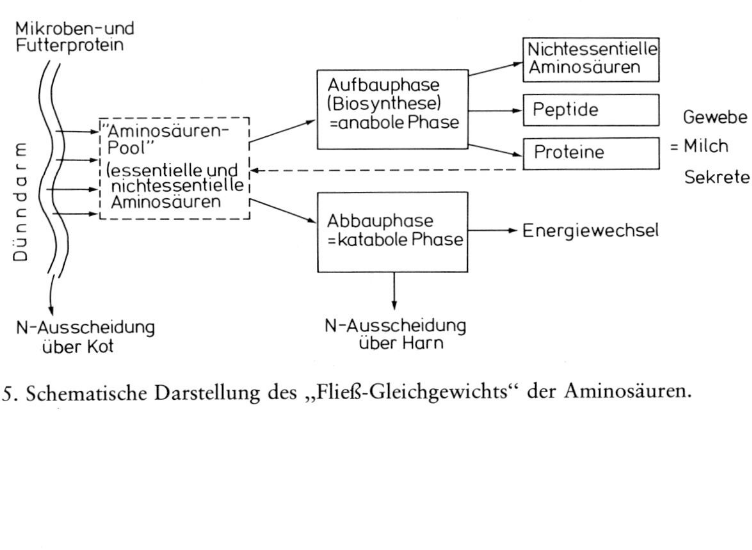

Abb. 5. Schematische Darstellung des „Fließ-Gleichgewichts" der Aminosäuren.

Der Aufbau der Proteine erfolgt zum stark überwiegenden Teil in den Ribosomen des Zytoplasmas. Die Ribosomen bestehen etwa zur Hälfte aus Ribonukleinsäuren (RNS) und zur Hälfte aus Proteinen. Die Proteine der Zelle sind in Aufbau und Struktur sehr mannigfaltig. Nach KOLB (1971) kann man in einer Zelle mit einem Bestand von 1500–2000 verschiedenen Proteinen mit sehr großen Unterschieden im Molekulargewicht rechnen. Die meisten Proteine werden aus etwa 100–300 Aminosäuren gebildet.

Unter Einwirkung spezifischer Enzymsysteme werden die Aminosäuren zunächst durch ATP aktiviert. Diese aktivierte Aminosäure wird nun zum Ribosom übertragen, wobei sie von für die jeweilige Aminosäure spezifischen transfer-RNS (t-RNS) begleitet wird. Im Ribosom trifft sie auf die Matrizen-RNS (m-RNS), die als Kopie der Desoxyribonukleinsäure (DNS) die genetische Prägung im Zellkern erhalten hat und somit die Information für die spezifische Anordnung der Aminosäuren in einem Protein an das synthetisierende System vermittelt. Die Proteinbiosynthese wird durch spezifische Regulationsmechanismen gesteuert, die somit die Verbindung zwischen Ernährung und Erbmasse ermöglichen.

Die Proteinsynthese läuft nur unter hohem Energieaufwand ab. Sie ist der wichtigste energieverbrauchende Prozeß im intermediären Stoffwechsel. Neben der ausreichenden Bereitstellung aller notwendigen Aminosäuren kann sie also nur dann voll funktionieren, wenn über die Atmungskettenphosphorylierung genügend ATP synthetisiert wird. Mangelnde Sauerstoffversorgung im Gewebe mindert sowohl die ATP- als auch die Proteinsynthese.

2 Bewertung der Futtermittel

Eine bedarfsgerechte Fütterung setzt voraus, daß der Nährstoffgehalt und die sonstigen den Futterverzehr beeinflussenden Merkmale des Futters abgeschätzt werden können. Die außerordentlich großen Gehalts- und Qualitätsschwankungen, insbesondere beim Grundfutter, erschweren diese Aufgabe.

Chemische Analysen werden für die praktische Fütterung in zunehmendem Maße durchgeführt. Nach dem „*Weender-Analysen-Verfahren*" wird ein Futtermittel nach folgendem Schema aufgegliedert:

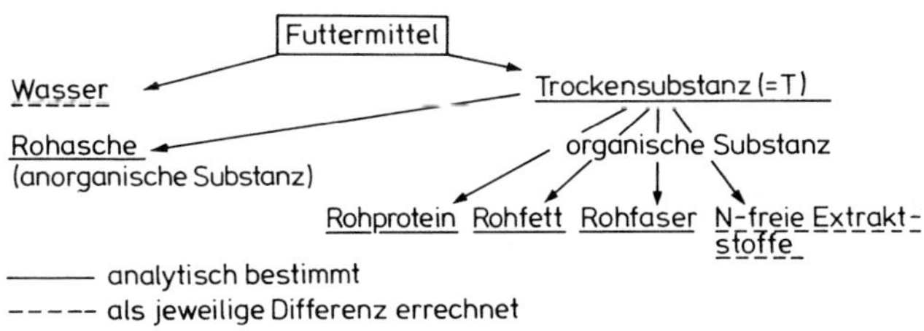

Eine bekannte Unsicherheit der Weender-Analyse liegt in der Trennung der Kohlenhydrate in „analysierte" Rohfaser und in „berechnete" N-freie Extraktstoffe

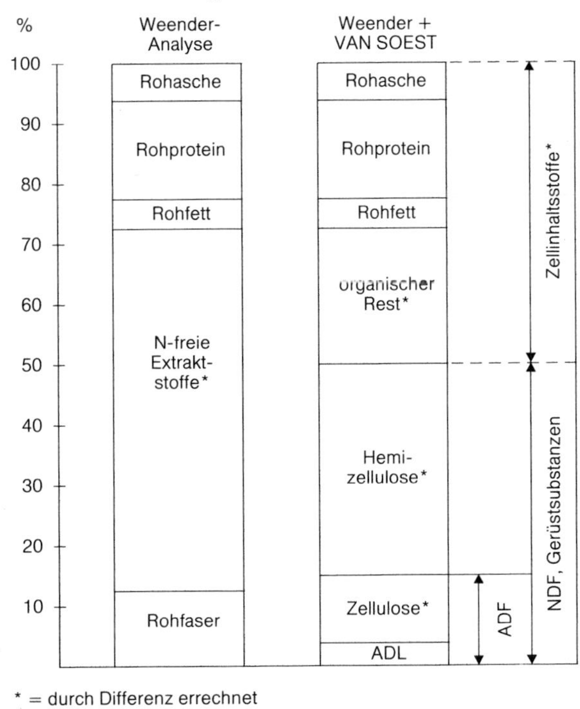

Abb. 6. Weender Futtermittelanalyse, kombiniert mit VAN SOEST-Verfahren.

(NfE). Mit diesem bewährten Verfahren gut kombinierbar, gleicht die Analysenmethode von van Soest diesbezüglich einiges aus: Durch Kochen in neutraler Detergentienlösung ergeben sich als Rückstand die „Gerüstsubstanzen" (NDF = neutral detergent fiber); mit schwefeliger Detergentienlösung bleiben im wesentlichen Zellulose und Lignin zurück (ADF = acid detergent fiber); aus diesem Rückstand kann durch 72%ige H_2SO_4 Zellulose hydrolisiert werden, und es bleibt „Lignin" als Rückstand (ADL = acid detergent lignin). Am Beispiel der Weizenkleie (100% T) ist dieses Verfahren, das zunehmend Bedeutung bekommt, vergleichend mit der Weender-Analyse nach Kirchgessner (1982) in Abb. 6 dargestellt.

Der Gehalt an *Roh*nährstoffen sagt über den Futterwert aber nicht alles aus. Das Tier kann die Nährstoffe – oder die Energie – verwerten, die es verdauen kann. In Verdauungsversuchen wird die Verdaulichkeit der Rohnährstoffe bestimmt. Die einzelnen Werte bilden Mittelwerte für Futtergruppen, die nach Futterart, Vegetationsstadium, Konservierungsmethode u.a. Merkmalen zusammengefaßt sind. Sie werden für den praktischen Gebrauch in Tabellen festgehalten.

Die Ableitung der Nettoenergie aus der Bruttoenergie eines Futtermittels zeigt das folgende Schema:

Bruttoenergie BE bzw. GE (= gross energy), auch Gesamt-Energie
(im Futter)
→ abzüglich unverdauter Energie im Kot
↓
Verdauliche Energie VE bzw. DE (= digestible energy)
→ abzüglich der Energie in Gärgasen (s. Seite 17)
→ abzüglich der Energie im Harn
↓
Umsetzbare Energie ME (= metabolizable energy)
→ abzüglich freier Stoffwechselwärme
↓
Nettoenergie NE (= net energy)

2.1 Die energetische Bewertung der Futtermittel

Die Bewertung der Futtermittel muß sich auf ein wissenschaftlich gut fundiertes und in der Praxis leicht anwendbares System stützen können. Dabei ist die direkte Verknüpfung der Futterbewertung mit dem Energiebedarf des Wiederkäuers für die Erhaltung und die verschiedenen Leistungsrichtungen (Milch, Wachstum, Fettansatz) zu berücksichtigen.

Der Energiegehalt eines Futtermittels und demzufolge auch der Energiebedarf der Wiederkäuer wurde in der Bundesrepublik Deutschland bislang in **Stärkeeinheiten** (= **StE**) angegeben. Eine Stärkeeinheit drückt die Nettoenergie von 2,36 kcal = 9,88 kJ (1 kcal = 4,186 kJ – kilo Joule – sprich: „dschul" –) aus, die bei der Mast ausgewachsener Ochsen unter standardisierten Bedingungen aus 1 g verdaulicher Stärke als Fett angesetzt wird (Netto-Energie-Fett = NEF). **Dieses Bewertungssystem gilt nur noch zur Futterbewertung und Rationsgestaltung in der Rindermast.**

Die wissenschaftlichen „Schwachstellen" des StE-Systems sind zweifelsohne die Korrekturen durch den Rohfaserabzug bzw. durch die Wertigkeit. Der Rohfaserabzug bei Grün- und Rauhfutter bezieht sich auf den Rohfasergehalt in der Futtersubstanz. Bei Silagen und künstlich getrocknetem Grünfutter ist der Rohfaserabzug nach Menke (1980) umstritten.

Mit der Verbesserung der Konservierungsmethoden hat sich in der praktischen Fütterungsberatung die Notwendigkeit ergeben, dem Grünfutter angepaßte gestaffelte Korrekturfaktoren für den Rohfaserabzug zu verwenden. Aus einer Vielzahl von Verdauungs- und Fütterungsversuchen an der BLT Grub wurden die in Tab. 5 angegebenen Faktoren erarbeitet, die sich auf die absolute Trockensubstanz (= T) beziehen (BURGSTALLER u. a. 1974). Der Korrekturfaktor für Rauhfutter bei normaler Trocknung (Heu, Stroh) beträgt nach wie vor 0,58.

Die Wertigkeit, die anstelle der Rohfaserkorrektur bei Kraftfuttermitteln, Kartoffeln, Rüben und -verarbeitungsprodukten den errechneten StE-Wert um den relativen Differenzbetrag vermindert, ist als futtermittelspezifische Konstante festgelegt worden. Ihre Anwendung ist experimentell nicht nachvollziehbar.

Tab. 5. Rohfaserkorrekturfaktoren, bezogen auf die absolute Trockensubstanz

Korrekturfaktor	Grünfutter, frisch und heißluftgetrocknet	Silage und Heu mit stark vorgewärmter Luft getrocknet
	% Rohfaser in der T	
0,29	bis 22	bis 20
0,31	22,1 – 24	20,1 – 22
0,34	24,1 – 26	22,1 – 24
0,38	26,1 – 28	24,1 – 26
0,43	28,1 – 30	26,1 – 28
0,48	30,1 – 32	28,1 – 30
0,53	32,1 – 34	30,1 – 32
0,58	über 34	über 32

In Tab. 6 ist ein Beispiel zur StE-Berechnung aus den Rohnährstoffen angegeben. Die unterschiedliche energetische „Leistung“ der Nährstoffgruppen wird durch sog. Umrechnungsfaktoren berücksichtigt.

Um die aufgezeigten Schwachstellen des StE-Systems und systematische Schätzfehler bei der Futterbewertung für Milchvieh zu vermindern, wurde nach umfangreichen wissenschaftlichen Arbeiten auf dem Gebiet des Energieumsatzes in mehreren europäischen Ländern ein neues Energiebewertungssystem eingeführt. **In der Bun-**

Tab. 6. StE-Berechnung von Maissilage, Ende der Teigreife (32 % T)

Rohnährstoffe (lt. Analyse)	×	Verdaulichkeit (lt. Tabelle)	=	verd. Nährstoffe	×	Umrechnungsfaktor	=	StE
2,7 % Rohprotein		53 %		14,3 g		0,94		13
1,1 % Rohfett		81 %		8,9 g		1,91*		17
6,5 % Rohfaser		61 %		39,7 g		1,00		40
20,2 % NfE		77 %		155,5 g		1,00		156
								226
Rohfaserkorrektur (20,2 % i. T) = 65 × 0,31								– 20
StE-Gehalt je kg Maissilage								206

* 2,12 = Faktor für Getreide und ähnliche Körnerfrüchte sowie deren Nachprodukte
2,41 = Faktor für Ölsaaten und Ölsaatenrückstände

desrepublik Deutschland hat sich die Gesellschaft für Ernährungsphysiologie der Haustiere entschlossen, für Milchvieh und für die Jungrinderaufzucht künftig das System Nettoenergie-Laktation = NEL anzuwenden. Mit jeweils geringen Abweichungen in Berechnungsabschnitten wurden analoge Systeme in den Benelux-Ländern, in Frankreich und in der Schweiz eingeführt.

Der NEL-Gehalt eines Futtermittels gibt den Energiegehalt an, „der als Milchenergie oder auch als Körperenergie erscheint" (KIRCHGESSNER 1982). Der Gehalt der Futtermittel an NEL wird in Mega-Joule (= MJ) angegeben (1 MJ = 1000 kJ = 1 000 000 J). Von einer stofflichen Einheit wird bewußt Abstand genommen.

Ausgangspunkt für die NEL sind die verd. Rohnährstoffe, aus denen nach der Formel von SCHIEMANN u.a. (1971) die umsetzbare Energie = ME errechnet wird:

ME (MJ/kg)	=	verd. Rohprotein = DP (g/kg)	× 0,0152
	+	verd. Rohfett = DL (g/kg)	× 0,0342
	+	verd. Rohfaser = DF (g/kg)	× 0,0128
	+	verd. NfE = DX (g/kg)	× 0,0159
	–	Zucker = XZ (g/kg)	× 0,0007, wenn Zuckergehalt über 8% i.T.

Die ME hat für die Milchbildung im Mittel eine *Verwertungsrate* von 60%. Einfach ausgedrückt wäre NEL = ME × 0,6. Die Futtermittel haben jedoch je nach ihrer Energiekonzentration (Energiedichte) eine unterschiedliche *Umsetzbarkeit* der Energie, die, mit „q" bezeichnet, sich aus dem Quotienten

$$\frac{ME}{GE} \times 100$$

ergibt. Für die NEL-Berechnung muß also auch die Bruttoenergie = GE bekannt sein, die entweder im Kalorimeter bestimmt oder nach folgender Berechnung (SCHIEMANN u.a. 1971) aus den Rohnährstoffen ermittelt wird:

GE (MJ/kg)	=	Rohprotein = XP (g/kg)	× 0,0242
	+	Rohfett = XL (g/kg)	× 0,0366
	+	Rohfaser = XF (g/kg)	× 0,0209
	+	NfE = XX (g/kg)	× 0,0170
	–	Zucker = XZ (g/kg)	× 0,0007, wenn Zuckergehalt über 8% i.T.

Die korrigierte Formel für die Berechnung der Nettoenergie-Laktation (NEL) lautet nach VAN ES (1978):

$$\text{NEL (MJ/kg)} = 0{,}6 \times [1 + 0{,}004 \times (q - 57)] \times \text{ME (MJ/kg)}$$

Aus der Berechnung geht hervor, daß die Ausnutzung der ME 60% nur bei einer Umsetzbarkeit von q = 57 beträgt. Wenn q um 1 zu- oder abnimmt, ändert sich die Ausnutzung der ME um 0,4%.

An zwei Beispielen soll die NEL-Berechnung gezeigt werden:

1. Beispiel: NEL-Berechnung von 1 kg Luzerneheu, 1. Schnitt, i. d. Knospe

Rohnährstoffe,	g	×	Faktor für GE	=	GE (MJ/kg)	verd. Nährstoffe, g	×	Faktor für ME	=	ME (MJ/kg)
Rohprotein	162		0,0242		3,92	118		0,0152		1,79
Rohfett	17		0,0366		0,62	7		0,0342		0,24
Rohfaser	249		0,0209		5,20	125		0,0128		1,60
NfE	341		0,0170		5,80	259		0,0159		4,12
					15,54					7,75

$$q = \frac{7{,}75 \times 100}{15{,}54} = 49{,}9$$

$$\begin{aligned} \text{NEL (MJ/kg)} &= 0{,}6 \times [1 + 0{,}004 \times (49{,}9 - 57)] \times 7{,}75 \\ &= 0{,}6 \times [1 + 0{,}004 \times (-7{,}1)] \times 7{,}75 \\ &= 0{,}6 \times [1 - 0{,}0284] \times 7{,}75 \\ &= 0{,}6 \times 0{,}9716 \times 7{,}75 \\ &= \mathbf{4{,}52} \end{aligned}$$

2. Beispiel: NEL-Berechnung von 1 kg Sommer-Weizen

Rohnährstoffe,	g	×	Faktor für GE	=	GE (MJ/kg)	verd. Nährstoffe, g	×	Faktor für ME	=	ME (MJ/kg)
Rohprotein	117		0,0242		2,83	88		0,0152		1,34
Rohfett	17		0,0366		0,62	13		0,0342		0,44
Rohfaser	22		0,0209		0,46	10		0,0128		0,13
NfE	694		0,0170		11,80	652		0,0159		10,37
					15,71					12,28

$$q = \frac{12{,}28 \times 100}{15{,}71} = 78{,}2$$

$$\begin{aligned} \text{NEL (MJ/kg)} &= 0{,}6 \times [1 + 0{,}004 \times (78{,}2 - 57)] \times 12{,}28 \\ &= 0{,}6 \times [1 + 0{,}004 \times 21{,}2] \times 12{,}28 \\ &= 0{,}6 \times [1{,}0848] \times 12{,}28 \\ &= \mathbf{7{,}99} \end{aligned}$$

Die Bedarfsangaben für Erhaltung und Leistung erfolgen bei den entsprechenden Abschnitten. Die NEL-Werte der einzelnen Futtermittel sind – wie ihre StE-Werte – den Futterwerttabellen zu entnehmen. Die Neuordnung der Futtermittel, insbesondere der Grundfuttermittel nach objektiven Wertmerkmalen ist inzwischen abgeschlossen, und die DLG-Futterwerttabelle für Wiederkäuer konnte 1982 erscheinen. Im Anhang (ab Seite 183) ist ein umfassender Auszug aus diesen Tabellen wiedergegeben, der durch die wichtigsten Mineralstoffwerte ergänzt wurde.

Für die Deklaration des NEL-Gehaltes von Mischfuttermitteln, deren Herstellung nach der Satzung der Freiwilligen Produktinformation Mischfutter (= FPM) erfolgt, hat die Gesellschaft für Ernährungsphysiologie der Haustiere empfohlen, zur Schätzung des energetischen Futterwertes die Gasbildung nach dem Hohenheimer Futterwerttest (HFT) in Verbindung mit dem Rohnährstoffgehalt (DLG-Forschungsbericht Nr. 538014) heranzuziehen. Die Schätzgleichung lautet:

NEL (MJ/kg T) = 0,075 × Gb + 0,087 × % XP + 0,161 × % XL + 0,056 × % XX – 2,422. Gb = Gasbildung in ml je 200 mg T.

Die „DLG-Schätzformel '84" leitet den NEL-Wert aus den Rohnährstoffen der Weender-Analyse ab. Die Formel lautet:

NEL (MJ/kg) = 0,082 × % XP + 0,195 × % XL + 0,096 × % XX – 0,016 × % XF – 0,0015 × % XF^2

Sie gestattet – mit gewissen Einschränkungen – die Kontrolle, ob die deklarierte Energiestufe erreicht wurde (Latitüde ± 0,25 MJ NEL/kg). Die Schätzformel ist nicht geeignet zur Bewertung von Einzelfuttermitteln und zur Berechnung des Energiegehaltes eines Mischfutters anhand deklarierter Nährstoffe.

Das vorherige Energieschätzverfahren, die sog. DLG-StE, gilt nur noch für Rindermast-Mischfutter. Sie wird wie folgt errechnet:

StE = % XP × 7,5 + % XL × 20,0 + % XX × 9,2.

Bei Mischfutter, dessen Rohfasergehalt unter 10% liegt, wird der NfE-Faktor (= XX) auf 9,5 erhöht.

2.2 Bewertung des Proteingehaltes der Futtermittel

Der Eiweißwert eines Futtermittels wurde bislang als verdauliches Rohprotein angegeben. Die Gesellschaft für Ernährungsphysiologie der Haustiere (GEH) hat jedoch 1984 beschlossen, das **Rohprotein als Bewertungsmaßstab für den Proteingehalt der Futtermittel und für die Proteinversorgung der Wiederkäuer** zu verwenden. Für Tiere mit mehrhöhligem Magen gibt die konventionell festgestellte Rohprotein-Verdaulichkeit nämlich keinen Aufschluß über die im Darm verfügbare Proteinmenge, die sich aus dem im Pansen nicht abgebauten Futterprotein und dem im Pansen synthetisierten Mikrobenprotein (s. Seite 19ff.) ergibt. Da diese beiden Quellen jedoch für die Bedarfsberechnung noch nicht mit ausreichender Genauigkeit erfaßbar sind, hat der Ausschuß für Bedarfsnormen der GEH für die Bedarfsermittlung „bei der verfügbaren Proteinmenge am Dünndarm (Duodenum)" angesetzt (ROHR 1985). Der am Duodenum anlangende Nicht-Ammoniak-Stickstoff (= NAN) besteht zu 70% aus Aminosäuren-N (= AAN).

Die umfangreichen Untersuchungen am Institut für Tierernährung der FAL Braunschweig-Völkenrode haben deutlich gezeigt, daß die NAN-Menge am Duodenum sehr eng mit der aufgenommenen Energie in Verbindung steht: 2,2–2,5 g NAN/MJ ME bzw. 3,6–4,1 g NAN/MJ NEL. Aufgrund neuester Untersuchungen wird die Absorbierbarkeit des anteiligen Aminosäuren-N mit 85%, die Verwertung der absorbierten Aminosäuren mit 80% angenommen. Bei entsprechender Energiezufuhr und ausreichender N-Versorgung der Pansenbakterien (etwa 18–20 g Rohprotein je MJ NEL) kann der Proteinbedarf des Wiederkäuers unter diesen Bedingungen im Regelfall durch die genannten NAN-Mengen gedeckt werden (KELLNER u.a. 1984).

Wie oben dargelegt, ist die NAN-Menge am Duodenum zum Teil von der im Pansen nicht abgebauten Futterproteinmenge abhängig. Es ist deshalb für die Versorgung nicht gleichgültig, wieviel vom Futterprotein im Pansen abgebaut wird. Bei hohen Milchleistungen sind dieser Abbaubarkeit Grenzen gesetzt, da sonst die Versorgung mit darmverfügbarem Rohprotein nicht mehr gewährleistet ist: 30 kg Tagesmenge = höchstens 80%, 35 kg = höchstens 75% Abbaurate der Futterproteine im Pansen. Die Abbaubarkeit der Futterproteine teilt ROHR (1985) in drei Klassen ein; der Schwankungsbereich ist allerdings mit ± 10% sehr groß.

Klasse 1 (65% Abbau): Trockengrün, Sojaschrot, Baumwollsaatkuchen/Schrot, Maiskleber, Trockenschnitzel, Biertreber.

Klasse 2 (75% Abbau): Maissilage, Sonnenblumenkuchen/Schrot, Palmkernkuchen/Schrot, Erdnußkuchen/Schrot, Kokoskuchen/Schrot, Rapsschrot, Hefe, Maiskeimschrot.

Klasse 3 (Abbau 85%): Frischgras, Grassilage, Heu, Weizen, Hafer, Gerste, Akkerbohnen.

Proteine aus Futtermitteln tierischen Ursprungs sind meistens der Klasse 1 zuzuordnen, allerdings variieren sie in ihrer Abbaurate sehr stark.

Thermische oder chemische Behandlung der Futtermittel kann die Abbaubarkeit stark mindern („geschütztes Protein"). Die „Schutzwirkung" vor bakteriellem Abbau des Futterproteins im Pansen beruht bei der am meisten angewandten Methode, der Behandlung mit Formaldehyd, im wesentlichen auf der Bindung des Formaldehyds an freien Aminogruppen im Proteinverband. Bei den niedrigen pH-Werten im Labmagen-Dünndarm-Abschnitt werden sie weitgehend wieder löslich. Eine ausreichende Verdaulichkeit des „geschützten Proteins" ist aber nur im Dosierbereich von 0,1–0,2% Formaldehyd gewährleistet. Der unabgebaute Protein-Anteil steigt z.B. bei Sojaschrot dadurch von etwa 35% auf 70% an. Für die Beurteilung des Einsatzes von Futtermitteln mit „geschütztem Protein" in der Milchviehfütterung sind einige grundsätzliche Punkte zu beachten:

1. Diese Futtermittel kommen aus ernährungsphysiologischer, aber auch aus wirtschaftlicher Sicht nur für Hochleistungskühe in Frage, bei denen die Energieversorgung aus dem Futter nicht mehr ausreichend ist.
2. „Geschütztes Protein" kann nur erfolgreich eingesetzt werden, wenn es einen Teil der bedarfsgerechten Eiweißversorgung darstellt. Bei zusätzlichen Gaben würde der eventuell günstige Effekt im Labmagen-Dünndarm-Bereich durch die unvermindert starke Stoffwechselbelastung mit überschüssigen NH_3-Mengen aus dem Vormagenbereich wieder aufgehoben werden.
3. „Geschütztes Protein" kann bei Hochleistungskühen die mit der energetischen Unterversorgung während der Laktationsspitze auftretende Eiweißmangel-Situation mindern. Es kann aber niemals ein Futterbestandteil sein, mit dessen Hilfe Futter- und Fütterungsmängel wirtschaftlich überdeckt werden können.

2.3 Bewertungsschlüssel zur Grundfutterbeurteilung

Zur Bewertung des Grundfutters können sog. Bewertungsschlüssel herangezogen werden. Eine Sinnenprüfung nach Geruch, Gefüge und Farbe ergibt nach einem bestimmten Punktsystem unterschiedliche Güteklassen. Diese lassen Rückschlüsse auf den Futterwert und auf den Futterverzehr zu.

Nach DLG-Bewertungsschlüssel für Silage und Heu unterscheidet man die Güteklassen I–IV.

Die Nährstoffangaben in den DLG-Futterwerttabellen für Wiederkäuer (1982) – und folglich in der Anhangstabelle (s. Seite 183 ff.) – entsprechen auch für Silage und Heu etwa der Güteklasse II = gut. Es werden deshalb für bessere bzw. schlechtere

Qualitätsklassen Zu- bzw. Abschläge nachstehender Größenordnung vorgeschlagen (DLG 1982):

Güteklasse	Silage verd. Rohpr.	Silage NEL; StE	Heu verd. Rohpr.	Heu NEL; StE
I = sehr gut	+ 5%	+ 2%	+ 10%	+ 5%
III = befriedigend	– 5%	– 2%	– 10%	– 5%
IV = mäßig	– 10%	– 4%	– 20%	– 10%

Wird das Grundfuttermittel nach der Rohnährstoff-Analyse beurteilt, so soll eine solche Korrektur nicht angewendet werden.

Ein sehr gutes Hilfsmittel hat die DLG mit dem Merkblatt 224 „Bewertung von Grünfutter, Silage und Heu“ dem Praktiker zur Hand gegeben. Dazugehörige Formblätter erleichtern diese Arbeit (kostenlos von der DLG zu beziehen).

3 Einflüsse auf den Futterverzehr unter Praxisbedingungen

Für die hohen Leistungsanforderungen ist in der Milchviehhaltung und in der intensiven Jungrindermast gerade im Hinblick auf die Wirtschaftlichkeit der Produktionsverfahren ein hoher Futterverzehr erforderlich. **Sowohl aus physiologischer als auch aus wirtschaftlicher Sicht ist unter unseren Bedingungen ein hoher Grundfutterverzehr das Ziel der Fütterung.**

Der Futterverzehr ist von vielseitigen Einflüssen abhängig. Die wesentlichen liegen im Futter selbst und im physiologischen Zustand des Wiederkäuers. Aber auch die Umwelt wirkt auf den Futterverzehr ein. Diese vielseitigen Abhängigkeiten und Wechselwirkungen gibt die Abb. 7 wieder, die vorwiegend auf den umfangreichen Arbeiten von PIATKOWSKI (1968) aufbaut.

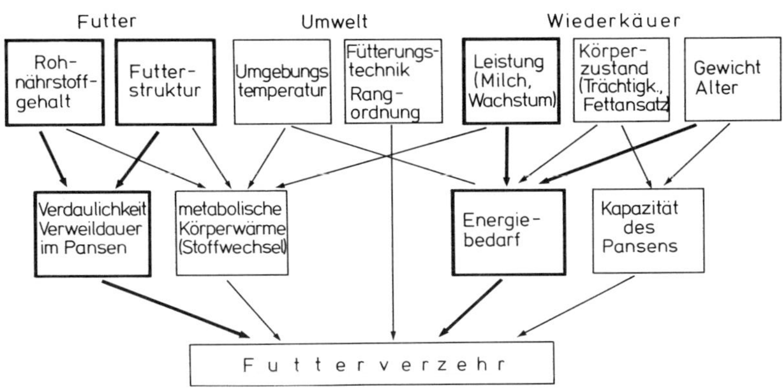

Abb. 7. Schematische Darstellung der wichtigsten Einflüsse auf den Futterverzehr.

Geht man von einem normalen, nicht verschmutzten oder verdorbenen Futter aus, so wird der Futterverzehr von seiten des Futters am stärksten durch dessen Verdaulichkeit beeinflußt. Die Verdaulichkeit der Nährstoffe, ausgedrückt im Sammelbegriff *Verdaulichkeit der organischen Substanz*, ist vom Verhältnis der Rohnährstoffe zueinander abhängig. Mit steigendem Rohfasergehalt geht sie im allgemeinen zurück. Deshalb übt z.B. beim Gras der Nutzungszeitpunkt bzw. der Vegetationszustand einen starken Einfluß auf die Verdaulichkeit aus, wie als Beispiel die Zahlen in Tab. 7 zeigen.

Um auch noch im konservierten Produkt eine zufriedenstellende Verdaulichkeit zu erreichen, muß Gras vor der Blüte genutzt werden. Bei gering verdaulichen, rohfaserreichen Grundfuttermitteln wird die Futteraufnahme frühzeitig durch den Füllungsgrad des Verdauungstraktes beendet. Eine solche mechanisch bedingte Sättigung verhindert vielfach eine der Leistung entsprechende Nährstoffsättigung, bzw. solches Futter befähigt die Tiere nur zu geringen Leistungen. Am Beispiel mit Klee-

Tab. 7. Einfluß des Vegetationszustandes auf die Verdaulichkeit der organischen Substanz im Wiesengras, 1. Schnitt

Vegetationszustand des Grases	mittl. Rohfasergehalt i. T	mittl. Verdaulichkeit d. org. Subst.
vor Ähren-/Rispenschieben	20 %	80 %
im Ähren-/Rispenschieben	24 %	75 %
Beginn bis Mitte der Blüte	27 %	67 %
Ende der Blüte	31 %	61 %
überständig	36 %	54 %

gras in Tab. 8 werden diese Zusammenhänge klar ersichtlich. Der Leistungsangabe liegen die Gehaltszahlen aus der DLG-Futterwerttabelle (1982) zugrunde.

Tab. 8. Rohfasergehalt und Verdaulichkeit von Kleegras sowie Futterverzehr und Milchleistung in Abhängigkeit vom Vegetationszustand (Kuh mit 600 kg LG)

Vegetations-zustand	T %	Rohfaser i. T, %	Verdaulichkeit d. org. Subst. %	Futterverzehr, kg FS*)	Futterverzehr, kg T	MJ NEL für ... kg Milch
in der Knospe	18,2	21,3	73	76	14,0	16
Beginn bis Mitte Blüte	22,0	25,1	70	61	13,5	13
Ende der Blüte	23,5	29,2	66	51	12,0	8

*) FS = Frischsubstanz

Verluste bei der Futterkonservierung gehen in erster Linie auf Kosten der leichtverdaulichen Bestandteile des Futters. Dadurch geht die Verdaulichkeit der organischen Substanz im Vergleich zum Ausgangsmaterial zurück.

In der Bundesrepublik Deutschland nimmt Heu immer noch einen bedeutenden Umfang in der Milchviehfütterung im Winter ein. Deshalb sind die Zahlen der Tab. 9, denen Versuchsergebnisse von Spahr u. a. (1961) zugrunde liegen, für den Praktiker sehr aussagekräftig, wenn außerdem berücksichtigt wird, daß Heu mit etwa 70% Verdaulichkeit der organ. Substanz knapp 6 MJ NEL/kg T und solches mit 50% Verdaulichkeit nur etwas über 4 MJ NEL/kg T ausweist.

Tab. 9. Einfluß der Verdaulichkeit der organ. Substanz (VQOS) auf den Heuverzehr durch Milchkühe (600 kg LG) und deren „Grundfutterleistung“ (in kg FCM)

Heu Nr.	Rohfaser in T, %	VQOS %	Heuverzehr kg T/Tag	MJ NEL je kg T	kg FCM je Kuh/Tag
1	25	73	14,0	5,85	14,6
2	30	68	12,6	5,20	9,5
3	33	63	10,7	4,80	5,0
4	35	53	8,1	4,30	– 0,9

Abb. 8. Alles steht in schönster Blüte. Falls nicht das Wetter schuld ist, hat man zu lange mit dem ersten Schnitt gewartet.

Der geringere Futterverzehr von „nassen" Grassilagen gegenüber angewelkten wird zum einen auf den relativ höheren Anteil an Gärsäuren und zum andern auf die mangelnde Struktur und das dadurch erschwerte Wiederkäuen zurückgeführt. Eine große Anzahl von Versuchen und praktischen Erfahrungen weist den deutlichen Zusammenhang zwischen steigendem T-Gehalt der Silage und erhöhtem Futterverzehr nach. ROHR (1977) kommt bei der Auswertung zahlreicher Versuche zu dem Ergebnis, daß einer **Steigerung von 1% T-Gehalt in der Silage eine erhöhte T-Aufnahme aus diesem Grundfutter von etwa 0,1 kg** entspricht. Allerdings endet diese enge Beziehung nach KIRCHGESSNER und SCHWARZ (1984) bei etwa 42% T-Gehalt der Silage.

Bei Maissilage ist der Einfluß des T-Gehaltes auf den Futterverzehr besonders ausgeprägt. Mit dem Anstieg im Bereich der Milch- und Teigreife wird nicht nur zunehmend Stärke in der Pflanze gebildet und im Korn eingelagert, sondern es verbessert sich dadurch auch noch die Verdaulichkeit der organ. Substanz geringfügig. Die neuerlichen Arbeiten am Institut für Ernährungsphysiologie der TU München in Weihenstephan, wie sie in Abb. 9 aufgezeigt sind, belegen diese Tatsache sehr einprägsam. Im Bereich 21–29% T-Gehalt beträgt der T-Verzehrs-Anstieg je 1% Zunahme fast 500 g Maissilage-T je Kuh und Tag. Aber auch bei diesem Grundfuttermittel tritt die „Plateaubildung" deutlich hervor.

Diese Zusammenhänge gelten in etwas abgeschwächter Form auch für den wachsenden Mastbullen (s. Seite 158).

Im Bereich niedriger Verdaulichkeit der organischen Substanz überdeckt die mechanische Sättigung andere Einflußfaktoren auf den Futterverzehr. Mit ansteigender Verdaulichkeit nimmt der Futterverzehr zu. Bei höherer Verdaulichkeit (über 70%) setzt die zentralnervöse Regulierung ein, deren Zentrum der Hypothalamus ist und

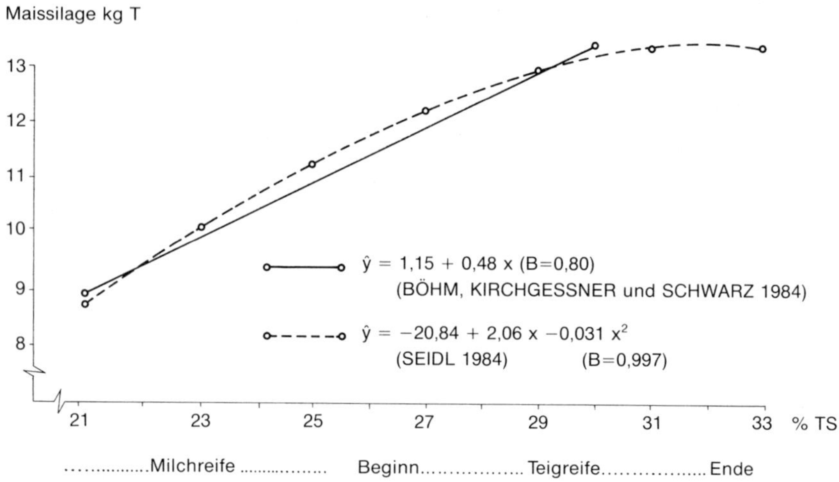

Abb. 9. Einfluß des T-Gehaltes der Maissilage auf den Verzehr durch Milchkühe.

die in enger Wechselbeziehung zum Wärmehaushalt des Tieres und zu den Geruchsempfindungen steht.

Bei überhöhter Fermentationsrate im Pansen, also bei hohen Anteilen leicht verdaulicher Kohlenhydrate, wird das chemostatische Regulativ wirksam. Dadurch kann es zu vorübergehender Einschränkung der Futteraufnahme kommen. Diese Einflüsse können u.a. als Ursache für den meist zu geringen Futterverzehr gegen Ende intensiver Mastverfahren betrachtet werden. Es besteht außerdem kein Zweifel, daß der zunehmende Verfettungsgrad bei Wiederkäuern zu einem Rückgang des Verzehrs führt, wenn auch die Zusammenhänge noch nicht vollkommen geklärt sind. In jüngster Zeit wird verstärkt darauf hingewiesen, daß die bei frischmelkenden Kühen unzureichende Energieaufnahme mit dem aus der Mobilisierung von Körperfett resultierenden hohen Plasmaspiegel an freien Fettsäuren in Verbindung steht.

Erhöhte freie Wärme im intermediären Stoffwechsel, insbesondere bei hohen Azetatmengen und bei Eiweißüberschuß, löst die thermostatische Regulation durch thermosensitive Zonen im Hypothalamus aus. Die Tatsache des Wechselspieles zwischen Wärmeabgabe aus dem Tierkörper und Umwelttemperatur auf die Verzehrsleistung ist unbestritten. Wenn auch bei sehr hoher Verdaulichkeit und primär zentral nervöser Regelung der T-Verzehr allmählich rückläufig wird, so bleibt infolge ansteigender Nährstoffkonzentration die Aufnahme an verdaulicher Energie trotzdem weitgehend konstant.

Neben der Verdaulichkeit hat auch die *technische Aufbereitung des Futters* Einflüsse auf die Verweildauer im Pansen bzw. die Passagegeschwindigkeit des Futterbreies durch den Verdauungstrakt. Dies zeigen die Untersuchungen von RODRIGUE und ALLEN (1960) deutlich: Bei Rindern, die 24 Stunden nach der Fütterung geschlachtet wurden, waren von Langheu noch etwa 62%, von gemahlenem Heu 32% und von Heupellets nur noch 14% im Magen-Darm-Kanal vorhanden. Von diesen Mengen befanden sich noch 91%, 85% bzw. 68% im Pansen-Haube-Raum. Durch die technische Behandlung wird die Oberfläche für den mikrobiellen Abbau vergrößert, die Keimzahl im Pansen erhöht, und die Futterpartikel werden schneller aus den Vormägen weiter transportiert. Dadurch kann zwar die Verdaulichkeit der organischen Substanz geringfügig abfallen, die Vorteile des erhöhten Futterverzehrs können aber, sofern der vermahlene Anteil an der Gesamtration in physiologischen Grenzen bleibt, größer sein. Hinzu kommt eine geringere Methanbildung, so daß dem Rind vergleichsweise mehr umsetzbare Energie zur Verfügung steht. Die sehr hohe Verzehrsmenge von heißluftgetrocknetem Grashäcksel, zu Cobs oder Briketts gepreßt, wird neben einer sehr guten Verdaulichkeit und einer zufriedenstellenden Einspeichelung dieses Futters auch durch einen teilweise höheren Anteil feiner Futterpartikel durch den Preßvorgang bedingt (s. Tab. 37).

Besonders in der Milchviehfütterung steht die sog. *Grundfutterverdrängung* durch steigende Kraftfuttergaben immer wieder im Mittelpunkt von Diskussionen. Versuchsergebnisse bringen diesbezüglich keine einheitliche Aussage. Worauf beruht nun diese „Verdrängungswirkung“? Hohe Kraftfuttergaben führen aufgrund ihrer Nährstoffzusammensetzung und ihrer physikalischen Form zu verstärkter Säurebildung, rückläufiger Wiederkäutätigkeit und vermindertem Speichelfluß. Mit absinkendem pH-Wert verschlechtern sich die Abbaubedingungen für Zellulose, also für die Halmfutter. Die Passagegeschwindigkeit des Grundfutters geht zurück und mit ihr die Grundfutteraufnahme. Grundfutter wird also nicht durch Kraftfutter aus dem Verdauungsraum „verdrängt“, sondern durch die verminderte Abbaurate „verweilt“ das Rauhfutter länger in den Vormägen. In den ersten Laktationsmonaten ist dieser Effekt wesentlich stärker, wie EKERN (1972) nachweisen konnte: Die „Grundfutterverdrängung“ je 1 kg Kraftfutterzulage betrug in diesen Versuchen zu Laktationsbeginn (3.–6. Woche) 0,9 kg und sie war während der 7.–12. Laktationswoche mit 0,7 kg noch etwa doppelt so hoch wie am Ende der ersten Laktationshälfte. Die Grundfutteraufnahme ist in den ersten Laktationswochen aus physiologischen Gründen (Umstellung auf sehr hohe Syntheseleistung, Verwertung mobilisierter Körperreserven u. a.) zusätzlich vermindert, besonders bei stärkerer Fetteinlagerung während der Trockenstehzeit.

Maissilage zur freien Aufnahme und 2 kg Heu je Kuh und Tag haben die in Abb. 10 dargestellten Zusammenhänge zwischen Grundfutterverzehr bei steigenden Kraftfuttergaben und Gesamtfutterverzehr gebracht (BÖHM u. a. 1985).

Wie sich das Futteraufnahme-Vermögen der Milchkühe vor und nach dem Abkalben verändert, wurde an der Eidgenössischen Forschungsanstalt für viehwirtschaftliche Produktion, Grangeneuve, anhand von 120 Laktationen ermittelt: Bis zum Abkalben sinkt der Futterverzehr auf etwa zwei Drittel des Durchschnittswertes zwischen 3. und 8. Laktationsmonat, und er erreicht erst nach 8–10 Wochen den ursprünglichen Ausgangswert. Unterschiede zwischen Sommer- und Winterfütterung wurden nicht festgestellt (SCHNEEBERGER 1979). Bei Hochleistungskühen können sich dadurch erhebliche Schwierigkeiten bei der notwendigen Aufnahme an „strukturiertem“ Futter zu Beginn der Laktation ergeben. Wie in Abb. 11 nach den angegebenen Schweizer Untersuchungen deutlich gezeigt wird, hinkt der Grundfutterverzehr zu Beginn der Laktation wesentlich der ansteigenden Milchleistung hinterher, und dies um so mehr, je minderwertiger das Grundfutter ist. Eine Reduzierung der Futteraufnahme während der Hochträchtigkeit bzw. Trockenstehzeit um 25–30% bei Grünfütterung wird auch von ROHR (1976) aus der vorliegenden Literatur angegeben.

Als Grenze für eine „wiederkäuergerechte“ Futterration können im allgemeinen 40% Halmfutter (Anwelksilage, Rauhfutter) und 60% Kraftfutter angesehen wer-

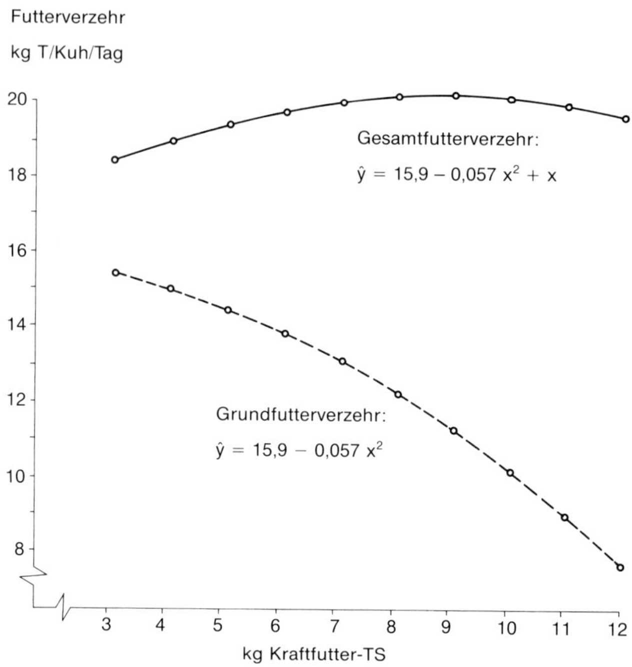

Abb. 10. Futterverzehr durch Milchkühe bei steigenden Kraftfuttermengen zur maissilagereichen Grundfutterration.

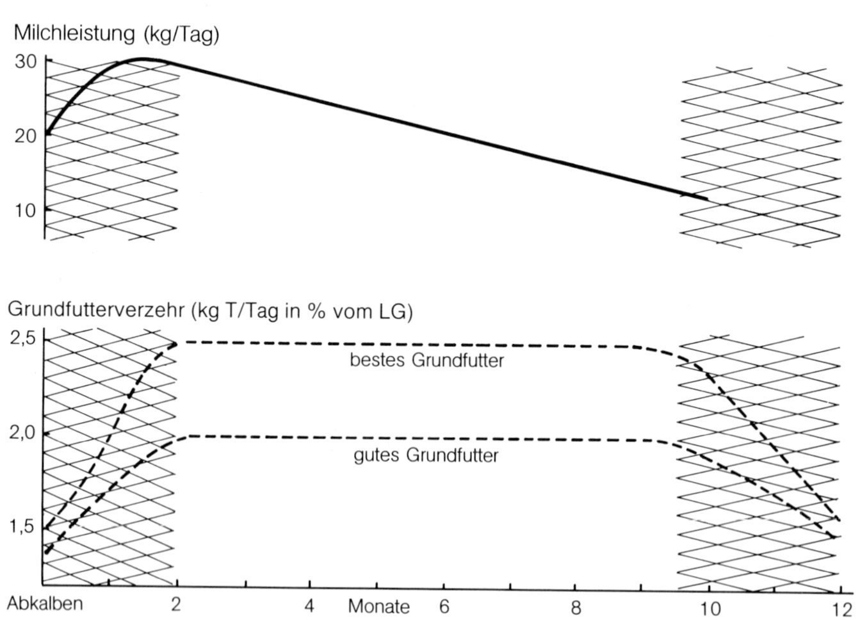

Abb. 11. Milchleistung und Grundfutterverzehr im Laktationsverlauf.

Tab. 10. Einfluß steigender Kraftfuttergaben auf den Verzehr von Anwelksilage (600 kg LG)

Kraftfutter kg (= kg T)	Silage-T-Verzehr, kg	Gesamt-T-Verzehr, kg	MJ NEL für ca. ... kg Milch*)
5 (4,5)	9,5	14,0	14
7 (6,3)	9,0	15,3	18
9 (8,1)	8,5	16,6	21
11 (9,9)	8,0	17,9	25
13 (11,7)	7,5	19,2	28

*) Silage mit 28 % T, 1,37 MJ NEL/kg, Kraftfutter 6,80 MJ NEL/kg

den. Diese Grenze wird im angegebenen Beispiel in Tab. 10 (ROHR 1972) im Leistungsbereich von 28 kg Milch erreicht. (In der Tab. wurden StE in MJ NEL umgerechnet.)

Der Futterverzehr wird durch Verabreichung von mehreren Grundfutterarten erhöht. 12 kg Maissilage mit 30% T-Gehalt zu Grassilage mit 40% T Gehalt je Kuh und Tag zusätzlich vorgelegt, erhöhte den Grundfutterverzehr gegenüber Grassilage allein um 9%, zu diesen beiden Grundfuttermitteln noch 2 kg Heu verabreicht, ergab einen um 17% höheren Grundfutterverzehr und die gleichmäßigste Futteraufnahme innerhalb der Versuchsgruppen (BURGSTALLER 1985 a).

Eine grundsätzliche Voraussetzung für hohen Futterverzehr sind jedoch ausreichende Freßzeiten und öftere Futtervorlage (s. 4.6). Freßzeiten unter 2mal 4 Stunden täglich vermindern bereits den Grundfutterverzehr einer Milchkuh (SCHNEEBERGER

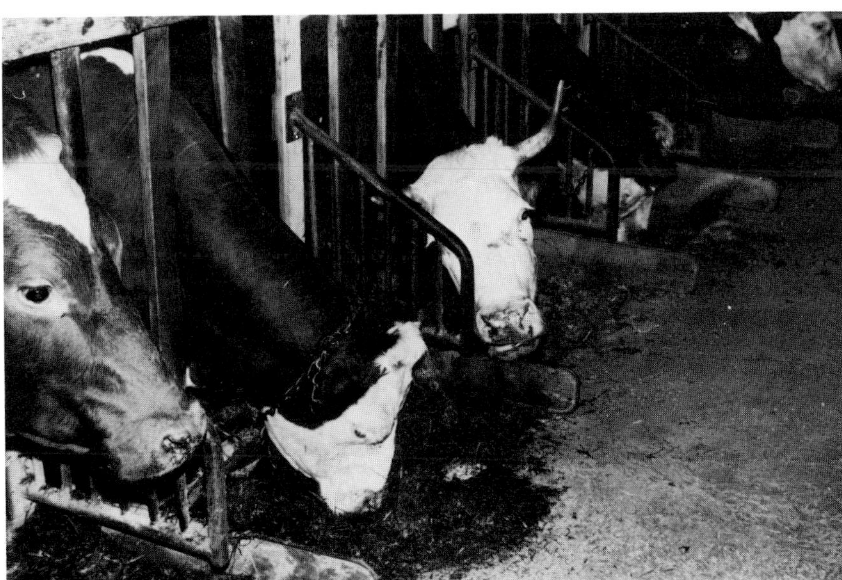

Abb. 12. Die Grundlagenforschung erarbeitet mit Hilfe moderner Untersuchungsmethoden laufend neue Erkenntnisse zu den Verdauungsvorgängen im Wiederkäuer. In exakten Fütterungsversuchen werden diese Erkenntnisse für die praktische Anwendung erprobt.

1979). Eine unzureichende Wasserversorgung schränkt bei trockenem Futter den Futterverzehr sehr drastisch ein. Ungehinderter Zugang zu Selbsttränken und ihre dauernde Kontrolle müssen zu den Selbstverständlichkeiten des Fütterns zählen.

Die bedarfsgerechte Fütterung leistungsfähiger Rinder zwingt immer wieder zu dem Versuch, den Futterverzehr vorauszuschätzen. Aufgrund der Vielzahl von Einflußfaktoren ist dies exakt nicht möglich. Im Einzelfall kommt noch der erhebliche individuelle Unterschied innerhalb der Tiergruppe hinzu. Trotzdem wird man für die intensive Jungrindermast unter der Voraussetzung hoher Verdaulichkeit bei noch „wiederkäuergerechter" Rationsgestaltung folgende Erfahrungswerte zugrunde legen können: etwa 2,75% des Lebendgewichtes als T-Menge zu Mastbeginn, etwa 1,75% gegen Mastende. Ein 200 kg schwerer Jungbulle kann demnach die Nährstoffmenge aufnehmen, die in etwa 5,5 kg T enthalten ist; ein 600 kg schwerer Mastbulle etwa die in 10,5 kg T. Sind Masttiere bei Einschaltung von Vormastperioden bei gegebenem Lebendgewicht bereits älter, so ist auch der Futterverzehr höher, da die Kapazität des Pansens größer ist. Dies wird bei der Mast mit voluminösen Futtermitteln (Weidegras, Klee- und Grassilagen, Schlempe, Zuckerrübenblatt u. a.) genutzt. Für die Milchviehfütterung können aus den umfangreichen Arbeiten von Piatkowski (1968) in Abhängigkeit vom Leistungsstadium die in Tab. 11 angegebenen Zahlen als Anhaltspunkte dienen. Da der Nährstoffbedarf mit zunehmenden Leistungen stärker ansteigt als der Futterverzehr, muß sich die Nährstoffkonzentration (StE bzw. MJ NEL/kg T) in der Gesamtration erhöhen. Bei hochträchtigen Färsen wird mit dem stark zunehmenden Volumen des Kalbes gegen Ende der Trächtigkeit der Vormagenraum noch stärker eingeengt als bei ausgewachsenen Kühen. (Die Energiekonzentration ist in Tab. 11 durch den NEL-Gehalt ergänzt.)

Tab. 11. Mittlerer Futter-T-Verzehr und Energiekonzentration für Kühe bei unterschiedlicher Leistung

Leistung	täglicher T-Verzehr in kg je Tier	täglicher T-Verzehr in kg je 100 kg LG	StE-Gehalt je kg T	bzw.	MJ NEL je kg T
Färse, hochtragend	9,0	1,8	540		5,4
Kuh, hochtragend	11,0	2,0	480		4,6
Milchleistung 10 kg	14,0	2,5	410		4,8
Milchleistung 20 kg	16,5	3,0	510		6,0
Milchleistung 30 kg	18,5	3,3	590		7,0

Eine vereinfachte Formel zur Schätzung des maximalen Gesamt-Futterverzehrs einer laktierenden Kuh vom 3. bis zum 8. Laktationsmonat wurde aufgrund von in- und ausländischen Fütterungsversuchs-Ergebnissen von Jans u. a. (1979) aufgestellt:

$$\text{Futter-T max. (kg/Tag)} = \frac{LG}{100} + 5 + 0{,}3 \times \text{kg Milch}$$

Von Kühen mit täglicher Milchleistung unter 20 kg, sowie bei schlechter gefressenem Futter (z. B. Grassilage) oder bei geringen Kraftfutterergänzungen werden diese maximalen Verzehrsleistungen meist nicht erreicht. In Abb. 13 ist der maximale Gesamtverzehr nach Schneeberger (1979) in Verbindung mit unterschiedlichen

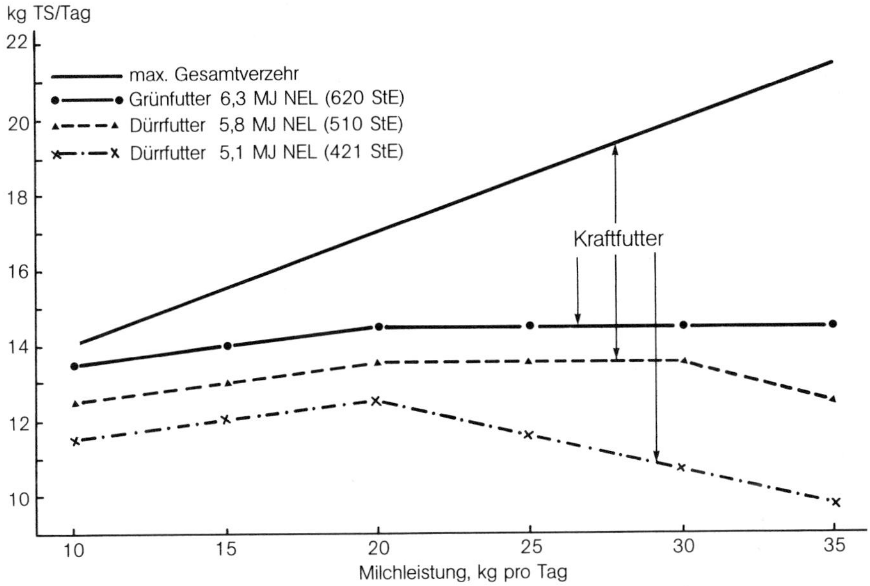

Abb. 13. Futteraufnahme der Milchkuh (600 kg LG) ab 3. Laktationsmonat.

Grundfutterarten dargestellt, wobei die Lücke zwischen Grundfutterverzehr und maximalem Gesamtverzehr durch Kraftfutter aufgefüllt wird. Dies entspricht einer leistungsgerechten Fütterung.

Optimale Rohfasergehalte sind für die Milchkuh 18–22% in der T der Gesamtration. Da vermahlene Rohfaser das Wiederkäuen nicht anregt, soll der Strukturfutteranteil („weidereifes" Gras, angewelkte Grassilage, Maissilage, Rauhfutter) **möglichst nicht weniger als 50% der Gesamtfutter-T betragen.**

Das Ziel der Mastfütterung ist Ansatz; dafür genügen ca. 14% Rohfaser in der Gesamtration. Zu vermahlener Rohfaser (z.B. Kraftfuttermast) ist jedoch mindestens 1 kg Rauhfutter beizufüttern, damit der Futterverzehr nicht zu früh abfällt.

Der Rohfasergehalt einer Futterration hat wesentliche Einflüsse auf die Energiekonzentration im Futter, auf die Verdauungsvorgänge im Pansen und auf den Futterverzehr durch den Wiederkäuer. Deshalb soll abschließend eine Gegenüberstellung der Auswirkungen hoher und niedriger Rohfasergehalte in der Futterration auf die Verdauungs- und Stoffwechselvorgänge beim Wiederkäuer erfolgen.

Merkmal	*Rohfasergehalt in der Ration*	
	sehr hoch	niedrig
Verdaulichkeit der organischen Substanz	niedrig (unter 60 %)	hoch (über 70 %)
Zeit des Wiederkäuens	lang	kurz
Intensität des Speichelflusses	stark	schwach
Abpufferung der Säuren im Pansen	stark	schwach
pH-Wert	über 6,5	unter 6,0
Verweildauer des Futters im Pansen	lang	kurz

Merkmal	*Rohfasergehalt in der Ration* sehr hoch	niedrig
Futterverzehr	niedrig	hoch
Bakterienaktivität	schwach	stark
Gesamtmenge kurzkettiger Fettsäuren	niedrig	hoch
Essigsäure : Propionsäure-Verhältnis	4 : 1 (weit)	unter 2,8 : 1 (eng)
Voraussetzungen für Milchfettgehalt	gut	schlecht
Voraussetzungen für Milcheiweißgehalt	schlecht	gut
Voraussetzungen für Milchmenge	schlecht	gut
Energieversorgung	schlecht	gut
Blutzuckergehalt	erniedrigt	hoch
Voraussetzungen für die Mast	schlecht	gut

4 Fütterung der Milchkühe

Der Milchviehbestand ist in der Bundesrepublik Deutschland mit etwa 5,5 Mio. Stück seit Jahren weitgehend konstant, während die Zahl der milchviehhaltenden Betriebe rückläufig ist. 1983/84 wurden Milchverkaufserlöse von über 16,5 Mrd. DM erzielt; das entsprach über 1/4 (28,5%) der Verkaufserlöse der deutschen Landwirtschaft (mfi, 1985).

Zu einer wirtschaftlichen Milchviehhaltung trägt die richtige, leistungsbezogene Fütterung der Kühe wesentlich bei, entfallen doch mehr als die Hälfte der Milchproduktionskosten auf das Futter. Außerdem fällt mit steigender Milchleistung die Nährstoffmenge pro kg Milch (MJ NEL und Rohprotein), da sich der unveränderte Erhaltungsbedarf auf die ansteigende Milchmenge verteilt. In Abb. 14 sind diese Zusammenhänge dargestellt.

Allerdings muß bei einer solchen Darstellung berücksichtigt werden, daß mit steigender Leistung der Kraftfutteranteil an der Gesamtration zunimmt und die Kosten je Nährstoffeinheit (MJ NEL) im Kraftfutter im allgemeinen höher sind als im Grundfutter. Steigende Leistung verbessert bis zu einem gewissen Bereich, der wesentlich auch durch den „Produktionsfaktor Mensch" festgelegt wird, die Wirtschaftlichkeit der Milchviehhaltung.

Die zweite tragende Säule der Milchviehhaltung ist die Fruchtbarkeit der Kühe. **Eine leistungsbezogene „wiederkäuergerechte" Fütterung ist die beste Gewähr für eine zufriedenstellende Fruchtbarkeit.** Steigende Milchleistung und Fruchtbarkeit schließen sich nicht gegenseitig aus, sondern können sich sogar ergänzen, wie Erhebungen von SCHELLER (1966) in norddeutschen Betrieben gezeigt haben (Tab. 12).

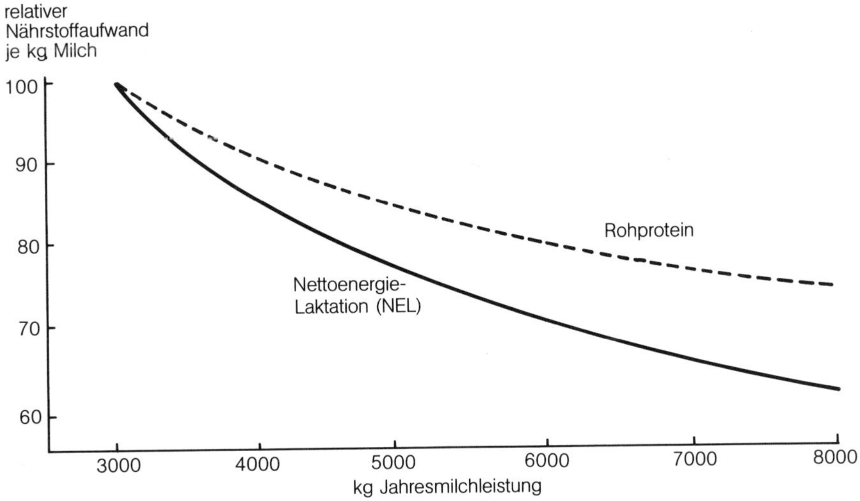

Abb. 14. Relativer Nährstoffverbrauch je kg Milch bei unterschiedlicher Jahresleistung (einschließlich Erhaltungsbedarf).

Tab. 12. Milchleistung und Fruchtbarkeit

Anzahl		mittl. Leistung		ZKZ Tage	Abgang wegen Unfrucht-barkeit	Besamungs-index
Betriebe	Kühe	Milch, kg	Fett, kg			
6	386	3359	123	397	11,8 %	1,70
14	958	3800	144	385	9,5 %	1,52
54	3351	4263	163	386	8,4 %	1,63
38	2044	4734	182	383	6,4 %	1,53
16	776	5354	209	388	6,4 %	1,72

Ähnliche Zusammenhänge haben Auswertungen des „Landeskuratoriums für tierische Veredelung in Bayern e. V." nachgewiesen. Der Anteil der geprüften Kühe, die wegen unzureichender Fruchtbarkeit abgegeben wurden, ist im unteren Leistungsbereich am höchsten:

Herdendurchschnitt in kg Milch	Abgang wegen Unfruchtbarkeit
bis 3 999 kg	9,1 %
4 000 – 4 999 kg	8,5 %
5 000 – 5 999 kg	7,5 %
6 000 – 6 999 kg	6,0 %

Es steht aber auch außer Zweifel, daß eine Milchkuh mit 30 Liter Tagesgemelk und mehr in den ersten Laktationsmonaten sehr schwierig leistungsgerecht zu füttern ist. Zum hohen Nährstoffbedarf kommt eine physiologisch verminderte Grundfutteraufnahme hinzu (s. Seite 41). Die Auswirkungen von Fütterungsfehlern verstärken sich mit steigenden Leistungen. **Die Folgen fehlerhafter Fütterung sind neben dem Milchrückgang zunehmend Fruchtbarkeitsstörungen.** Es zeigt sich immer deutlicher, daß das „Kunststück" der Fütterung einer Hochleistungskuh die ausreichende Energieversorgung ist und daß eine Überversorgung mit Eiweiß zu einem rasch wirkenden negativen Faktor hinsichtlich der Gesundheit und damit der Fruchtbarkeit wird (s. 4.7). Die leistungsgemäße, „wiederkäuergerechte" Nährstoffzufuhr muß selbstverständlich die laufende Versorgung mit Mineralstoffen und Vitaminen mit einschließen.

4.1 Nährstoff-, Mineralstoff- und Vitaminbedarf für Milchbildung und Trächtigkeit

4.1.1 Richtzahlen zur Nährstoffversorgung

Der Energiebedarf einer laktierenden, tragenden Milchkuh setzt sich zusammen aus dem Erhaltungsbedarf und dem Bedarf für die Milchbildung, die Ausbildung des Fötus, der maternalen Gewebe bzw. für die Depotfettbildung. Während der sog. Leistungsbedarf während der Laktation grundsätzlich nur die Milchbildung berücksichtigt, muß während der Trockenstehzeit der Bedarf für den stark wachsenden Fötus neben einer in Grenzen bleibenden Depotfettbildung zugrunde gelegt werden.

Der Erhaltungsbedarf ist vom Tiergewicht abhängig (Tab. 13). Er wird nach folgender Formel aus dem metabolischen Körpergewicht (= $W^{0,75}$) errechnet:

Abb. 15. Umfassende Kenntnisse zur leistungs- und wiederkäuergerechten Fütterung sowie sorgfältige Behandlung begründen Gesundheit und Fruchtbarkeit solcher Hochleistungskühe.

Erhaltungsbedarf (MJ NEL/Tag) = 0,293 MJ × $W^{0,75}$.

Die Rohproteinwerte sind vom Ausschuß für Bedarfsnormen der GEH vorgelegt worden (ROHR 1985).

Tab. 13. Erhaltungsbedarf für Milchkühe pro Tag

Tiergewicht, kg	Rohprotein, g	NEL (MJ)
500	425	31,0
550	450	33,3
600	475	35,5
650	500	37,7
700	525	39,9

Unter normalen Fütterungsbedingungen enthält die Milch 3,4–3,8% Eiweiß, 3,5–4,5% Fett und 4,6–5,0% Milchzucker (Laktose). Nach der Formel: 5,7 × g Eiweiß + 9,3 × g Fett + 3,5 × g Laktose läßt sich der Energiegehalt der Milch errechnen; es ergibt sich ein Mittelwert von ~ 3050 kJ ~ 730 kcal/kg Milch (4% Fett). Fast die Hälfte der Milchenergie stammt aus dem Milchfett. Milch mit 4% Fett wird auch als FCM (fat corrected milk) bezeichnet. In der praktischen Fütterung wird vorwiegend von einer Milch mit 4% Fett ausgegangen. Nach folgender Formel können unterschiedliche Fettgehalte auf FCM umgerechnet werden:
FCM = (Fett-% × 0,15) + 0,4.

Beispiel: Wieviel kg FCM sind 25 kg Milch mit 3,65% Fett?

$$\begin{aligned} 3{,}65 \times 0{,}15 &= 0{,}55 + 0{,}4 \\ &= 0{,}95 \times 25 \text{ (kg Milch)} \\ &= 23{,}75 \text{ kg FCM} \end{aligned}$$

Mit steigendem Fütterungsniveau sinkt die Verdaulichkeit der organ. Substanz geringfügig ab.

Bei der Berechnung des Bedarfes für 1 kg Milch wird dies durch den Zuschlag von 0,07 MJ NEL/kg Milch ausgeglichen. In Abhängigkeit vom Fettgehalt ergeben sich die in Tab. 14 angegebenen Bedarfswerte an MJ NEL/kg Milch. Der Bedarf an Rohprotein wird von einer Ausnutzung des Futterproteins von 40–45% abgeleitet. Eine genetische Korrelation zwischen Fett- und Eiweißgehalt der Milch vorausgesetzt, sind die in Tab. 14 angegebenen Werte für Rohprotein und NEL als Bedarfszahlen zu verwenden. Je ± 0,1% Eiweißgehalt sind ± 2 g Rohprotein zu berücksichtigen (ROHR 1985).

Tab. 14. Bedarfswerte an Rohprotein und NEL je kg Milch bei unterschiedlicher Milchzusammensetzung

Gehaltswerte der Milch		Nährstoffbedarf/kg Milch	
Fett, %	Protein, %	Rohprotein, g	NEL (MJ)
3,5	3,4	80	2,97
4,0	3,6	85	3,17
4,5	3,8	90	3,37

Diese Nährstoffwerte sind unter praktischen Bedingungen für alle Leistungsstufen anzuwenden. Sie sind mit gewissen Sicherheitszuschlägen versehen. Auf unterschiedliche Milchzusammensetzung und steigende Tagesleistungen bezogen, ergeben sich für die praktische Fütterung einer 600-kg-Kuh die in Tab. 15 zusammengestellten Richtzahlen.

Bei der Jungkuh ist in der ersten Laktation ein zusätzlicher Bedarf für das Wachstum vorhanden. Geht man von einem Gesamtzuwachs von 50 kg während der ersten Zwischenkalbezeit aus, so wird für den Ansatz von täglich knapp 150 g etwa der Nährstoffwert für 1 kg Milch verbraucht.

Der Energiebedarf für die Konzeptionsprodukte (Fötus, Uterusgewebe, Plazenta und Eihäute) ist anfangs unbedeutend. Erst im letzten Trächtigkeitsviertel steigt er zunehmend an. In der Mitte des 10. Laktationsmonats (ZKZ ca. 365 Tage) beträgt dieser Bedarf noch nicht einmal den Gegenwert von 2 kg Milch. Gegen Ende der Trächtigkeit wird ein Bedarf entsprechend von etwa 4 kg Milch erreicht.

Die hochtragende Kuh hält verstärkt Energiereserven im Körper zurück. Diese erhöhte Retentionsfähigkeit wird als Trächtigkeitsanabolismus bezeichnet. Seine Bedeutung liegt in einer optimalen Versorgung der Konzeptionsprodukte und der Milchdrüse sowie in einer Reservebildung (vorwiegend als Depotfett) für die kommende Laktation. Für Kühe mit sehr hohen Einsatzleistungen ist die Mobilisierung dieser begrenzten Reserven notwendig, da über die tägliche Futteraufnahme der Bedarf zu Beginn der Laktation nicht gedeckt werden kann. **Die Depotfettbildung muß jedoch in Grenzen gehalten werden, da eine stärkere Fetteinlagerung Schwierigkeiten beim Geburtsablauf bringt** und eine verstärkte Mobilisierung nicht nur

Tab. 15. Richtzahlen zur Nährstoffversorgung bei verschiedenen Tagesmilchmengen unterschiedlicher Zusammensetzung

Leistung/Tag	Rohprotein g	NEL MJ	Nährstoffverhältnis Rohprot. : NEL
Erhaltung für 600 kg LG	475	35,5	13,4 : 1
Milch mit 3,5 % Fett und 3,4 % Protein			
10 kg	1275	65,2	19,6
20 kg	2075	94,9	21,9
30 kg	2875	124,6	23,1
Milch mit 4,0 % Fett und 3,6 % Protein			
10 kg	1325	67,2	19,7
20 kg	2175	98,9	22,0
30 kg	3025	130,6	23,2
Milch mit 4,5 % Fett und 3,8 % Protein			
10 kg	1375	69,2	19,9
20 kg	2275	102,9	22,1
30 kg	3175	136,6	23,2

dem doppelten Transformationsverlust unterliegt, sondern auch **hemmend auf den Futterverzehr der frischlaktierenden Kuh wirken und Stoffwechselstörungen begünstigen kann (s. 4.8.1)**. Wird dies alles berücksichtigt, gelten die in Tab. 16 enthaltenen Richtwerte zur Energieversorgung der hochträchtigen Kuh.

Der tägliche Eiweißbedarf für Fötus, Uterus u. a. steigt während der Trockenstehzeit stark an. Das ist in erster Linie durch das starke Fötenwachstum bedingt. Ohne Berücksichtigung des Erhaltsbedarfes wird für diesen Zeitraum ein täglicher Bedarf an Rohprotein von ca. 580 g für den Bereich 6–4 Wochen vor dem Kalben und von ca. 655 g für die letzten 3 Wochen der Trächtigkeit abgeleitet (ROHR 1985). Der Tagesbedarf einer trockenstehenden Kuh an Rohprotein ist demnach relativ hoch, wie die in Tab. 16 angegebenen Richtzahlen zeigen.

Tab. 16. Empfehlungen zur täglichen Nährstoffversorgung von Kühen während der Trockenstehzeit

Fütterungsabschnitt (Wochen vor Geburt)		Gewicht der Kühe, ... kg 550	600	650	700
I (6–4)	Rohprotein, g	1030	1055	1080	1105
	NEL (MJ)	48	50	53	55
II (3–0)	Rohprotein, g	1105	1130	1155	1180
	NEL (MJ)	53	55	58	60

4.1.2 Empfehlungen zur Mineralstoffversorgung der Milchkühe

Mineralstoffe werden nach einer pragmatischen Einteilung der einzelnen Elemente in der Tierernährung in *Mengenelemente* (= Konzentration im Tierkörper 50 mg und mehr je kg Körpergewicht) und in *Spurenelemente* (= Konzentration unter

50 mg/kg Körpergewicht) unterschieden. Ernährungsphysiologische Gründe bestehen für diese Unterteilung nicht.

Von den lebenswichtigen Mengenelementen Kalzium (Ca), Phosphor (P), Magnesium (Mg), Natrium (Na), Kalium (K), Chlor (Cl) und Schwefel (S) sind unter praktischen Fütterungsbedingungen nur die ersten vier genauer zu überprüfen, da die übrigen normalerweise in ausreichender Menge im Futter vorhanden sind. Von den essentiellen Spurenelementen Zink (Zn), Mangan (Mn), Kupfer (Cu), Jod (J), Eisen (Fe), Kobalt (Co), Molybdän (Mo), Fluor (F), Selen (Se) und Nickel (Ni) sind in der praktischen Milchviehfütterung ebenfalls die ersten vier auf bedarfsdeckende Mengen in der Gesamtration zu überprüfen und gegebenenfalls zu ergänzen.

Mineralstoffe – insbesondere Ca, P und nach neueren Untersuchungen auch Na – werden im Knochengewebe gespeichert, und sie stellen eine wichtige Überbrükkungsreserve für Mangelsituationen dar. Mit zunehmendem Alter der Kühe nimmt jedoch die Mobilisierungsfähigkeit für Ca und P von anfangs etwa 40% auf ca. 20% ab. Junge Kühe – nach Göttinger Untersuchungen bis zur dritten Laktation – sind nämlich verstärkt befähigt, bei ansteigender Ca- und P-Aufnahme über das Futter größere Mengen im Körper zurückzuhalten, die in der folgenden Laktation wieder rasch verfügbar sind. Das verstärkte Auftreten der Gebärparese (s. 4.8.3) bei prädestinierten Kühen ab der 3. Laktation findet in diesen Zusammenhängen teilweise eine Erklärung.

Mineralstoffe werden von der Milchkuh täglich in großen Mengen mit der Milch ausgeschieden. Nach einer Zusammenstellung von MENKE (1980) sind in 1 kg Milch folgende Mineralstoffmengen enthalten (in mg): 1240 Ca, 900 P, 120 Mg, 1550 K, 700 Na, 1200 Cl, 3,9 Zn, 0,1 Cu, 0,07 J und 0,5 Fe. Daneben besteht besonders in den letzten Trächtigkeitswochen ein erhöhter Bedarf für die Ausbildung des Fötus.

Mineralstoffe sind aber auch an zahlreichen Enzymreaktionen wirksam, sowohl im tierischen Stoffwechsel, wobei besonders der Leber eine wichtige Rolle zufällt, als auch im Stoffwechsel der Mikroorganismen im Verdauungstrakt. Der Mineralstoffwechsel wird von Vitaminen (Vitamin D) und von Hormonen direkt oder indirekt gesteuert. Die intermediäre Verwertung wird aber auch vom Angebot über das Futter beeinflußt.

Die Mineralstoffversorgung der Milchkühe ist unter den Fütterungsbedingungen in der Praxis durch die oft erheblichen Schwankungen der Gehalte im Grundfutter erschwert.

Diese sind abhängig
- von der botanischen Zusammensetzung des Grünfutters,
- von der Düngungs- und Nutzungsintensität,
- vom Schnittzeitpunkt,
- von den klimatischen Einflüssen und schließlich
- von der Konservierungsart.

Mittelwerte aus Mineralstofftabellen, die zur Rationsüberprüfung verwendet werden, haben deshalb eine große Streubreite. Die Berechnung gewinnt beachtlich an Sicherheit, wenn vom Mittelwert die Standardabweichung (vergl. Tab. 32) – in den DLG-Futterwerttabellen unter dem Mittelwert kursiv gedruckt – abgezogen und mit dieser Zahl der Mineralstoffgehalt einer Futterration überprüft wird. (Beispiel: Mittelwert der Maissilage für Ca 3,9 g/kg T, Standardabweichung 1,8; 2,1 g Ca/kg Maissilage-T (3,9–1,8) werden für die weitere Berechnung verwendet.) Die Gehaltszahlen des Kraftfutters sind dagegen wesentlich sicherer. Hofeigenen

Tab. 17. Empfehlungen zur täglichen Mineralstoffversorgung von Milchkühen (650 kg Lebendgewicht)

Milchleistung kg/Tag	Ca g	P g	Mg g	Na g
5	42	34	16	12
10	58	43	19	15
15	74	51	22	18
20	90	59	25	22
25	106	68	29	25
30	122	76	32	28
35	138	84	35	31

Der Bedarf für 1 kg Milch beträgt demnach 3,2 g Ca, 1,7 g P, 0,6 g Mg und 0,6 g Na.

Mischungen wird ein entsprechender Mineralfutteranteil zugemischt, im industriellen Mischfutter ist die Höhe der wichtigsten Mineralstoffe meist angegeben.

Der Ausschuß für Bedarfsnormen der Gesellschaft für Ernährungsphysiologie der Haustiere (1978) empfiehlt für Milchkühe die in Tab. 17 angegebenen Tageswerte in Abhängigkeit vom Leistungsstadium. Sie sind nach den Grundsätzen der Bedarfsdeckung, der Ausgeglichenheit und des Sicherheitszuschlages aufgebaut. Der Erhaltungsbedarf von Phosphor wurde stark erhöht. Insgesamt werden für die Erhaltung einer 650 kg schweren Kuh je Tag 26 g Ca, 26 g P, 13 g Mg und 9 g Na angegeben.

Für die Zeit des Trockenstehens sind die Tageswerte für 5–10 kg Milchleistung (Tab. 17) zu empfehlen. Damit sind über die Einlagerung im Konzeptionsprodukt hinaus genügend Mineralstoffe für einen eventuell notwendigen Ausgleich und eine gewisse Reservebildung vorhanden:

Das Ca:P-Verhältnis der gesamten Futterration soll im Bereich von 1,5–2,0:1 liegen. Ein Verhältnis von 3,0:1 verträgt die Milchkuh noch störungsfrei. In diesem Rahmen ist nicht anzunehmen, daß die Verwertung des Futter-P durch Ca-Überschuß beeinflußt wird. Infolge des hohen P-Zuflusses mit dem Speichel weicht das Ca:P-Verhältnis im Verdauungstrakt ohnehin vom entsprechenden Wert im Futter ab. Bei einem Ca:P-Verhältnis unter 1,5:1 im Futter kann sich nach GÜNTHER ein unerwünschter Stoffwechselweg ergeben: Überschüssiger Phosphor wird über die Nieren mit dem Harn ausgeschieden, wobei eine Bindung an Na, K, Ca oder Mg erfolgt und somit dem Intermediärstoffwechsel wertvolle Mineralstoffe entzogen werden.

Richtzahlen zur Spurenelementversorgung sind als Gehaltswerte je kg Futter-T in Tab. 18 nach neueren Literaturwerten (HENNIG 1972; KIRCHGESSNER 1982) angegeben.

Tab. 18. Richtzahlen zur Spurenelementversorgung von Milchkühen

Element	mg/kg Futter-TS
Mangan (Mn)	60
Eisen (Fe)	50
Kupfer (Cu)	12
Zink (Zn)	60
Jod (J)	0,4
Molybdän (Mo)	0,1

Bei Mn-Mangel (unter 50 mg/kg T) können sich bedeutende Fruchtbarkeitsstörungen zeigen (stille Brunst, nichtinfektiöse Aborte und dadurch Umrindern). Geringe Mn-Werte weisen im allgemeinen Mais und Maissilage, Weizen, Gerste und Sojaextraktionsschrot auf, um nur einige zu nennen. Hohe Mn-Gehalte finden sich in Kleien, Zuckerrübenblatt und Weidegras.

Der Cu-Bedarf kann durch hohe Ca-Gehalte in der Ration, aber auch durch erhöhte Kadmium-, Schwefel- und Zinkgehalte erhöht werden. Wirtschaftseigene Grundfutter – außer Rübenblatt – und Getreide weisen meist unzureichende Cu-Gehaltswerte auf. Relativ hohe Gehalte haben Kleien, Extraktionsschrote und Trockenschnitzel.

Unzureichende Zn-Gehalte sind in Heu, Rüben, Maissilage und Trockenschnitzeln, aber auch in Weidegras und Getreide. Rübenblatt, Weizenkleie und Sojaextraktionsschrot haben dagegen hohe Zn-Werte.

Arm an Jod sind Heu, Stroh und Getreide. Eine gute Jodversorgung wird über Rübenblatt, Extraktionsschrote und Weidegras – außer in manchen Gebieten der Alpenregion – erreicht.

Molybdän muß für die bakterielle Zelluloseverdauung und den Abbau der Futternitrate im Pansen vorhanden sein. Der Bedarf ist in normalen Rationen gedeckt. Weit über dem Bedarf liegende Gehaltswerte sind im Grünfutter und insbesondere im Sojaextraktionsschrot enthalten.

Lücken des Grund- und Kraftfutters an Spurenelementen werden über *Spurenelementmindestwerte* im Mineralfutter ausgeglichen. Sie sind in den letzten Jahren den erhöhten Anforderungen angepaßt worden.

Werden je Kuh und Tag mindestens 100 g Mineralfutter zum Ausgleich des Grundfutters gegeben und enthält das Leistungskraftfutter die erforderliche Mineralstoffdosierung, so kann damit die Spurenelementversorgung der Milchkuh sichergestellt werden.

4.1.3 Absicherung des Vitaminbedarfs von Milchkühen

Vitamine sind lebenswichtige organische Stoffe, die laufend aus dem Verdauungstrakt absorbiert werden müssen. Während die fettlöslichen Vitamine (A, D und E) oder deren Vorstufen über das Futter verabreicht werden müssen, ist der Wiederkäuer bezüglich der großen Gruppe der wasserlöslichen B-Vitamine durch die laufende Synthese in den Vormägen weitestgehend unabhängig von der Zufuhr mit dem Futter (s. Seite 22). Die fettlöslichen Vitamine erfüllen in erster Linie spezifische Aufgaben in Geweben, während die wasserlöslichen Vitamine vorwiegend am Stoffwechsel beteiligt sind.

Vitamine erzeugen bei unzureichender Versorgung typische Mangelerscheinungen. Die fütterungsgebundene Vitaminversorgung darf jedoch nicht vom Minimalbedarf ausgehen, sondern sie muß die volle Leistungsbereitschaft des Tieres berücksichtigen. Außerdem ist gerade für das Vitamin A eine Speicherung in der Leber zur Überbrückung von kurzfristigen Mangelsituationen und als Vorrat für den hohen Bedarf in der Kolostralmilchperiode notwendig. Die Leber enthält nach HENNIG (1972) 75–90% der Körperreserven an Vitamin A.

Vitamin A erfüllt vielseitige Aufgaben. Für dieses Vitamin gebräuchliche Bezeichnungen, wie *Wachstumsvitamin, Hautschutzvitamin, antiinfektiöses Vitamin* und *Fruchtbarkeitsvitamin*, weisen bereits auf die wichtigsten Wirkungsbereiche hin. Es ist Bestandteil des Sehpurpurs, und Vitamin A ist auch für das Knochenwachstum notwendig. Die unter praktischen Bedingungen wichtigsten Funktionen erfüllt es für die Bildung und Erhaltung der Funktionsfähigkeit der Schleimhäute (Epithelien). Bei mangelnder Zufuhr verhornt die Hautoberfläche, und Krankheitserreger können leichter eindringen. Das bezieht sich sowohl auf die äußere Haut als auch auf die inneren Schleimhäute der Atmungs-, Verdauungs- und Geschlechtsorgane. Bei unzureichender Versorgung leidet die Konzeptionsbereitschaft der Kühe, und befruchtete Eier werden erschwert in die Gebärmutter eingebettet; der Embryo wird unzureichend ernährt. Aborte und Mißbildungen können die Folge sein. Vitamin A greift darüber hinaus in den Stoffwechsel der Geschlechtshormone ein; in Mangelsituationen wird der Gelbkörper verzögert zurückgebildet (s. Seite 116). Dem β-Karotin, der Vorstufe des Vitamin A, kommt eine spezifische Wirkung im Fruchtbarkeitsgeschehen zu (s. 4.7).

Die laufend dem Bedarf angepaßte nutritive (= mit der Ernährung) **Zufuhr von Vitamin A ist wesentlich wirksamer als die stoßweise Verabreichung in größeren Abständen.** Bei erhöhten Gaben fällt die relative Verwertungsrate. Vitaminstöße sind nur zu Zeiten besonderer Belastungen (Geburt, Besamung) – wenn überhaupt – angebracht. Hohe stabile Leistungen, verbunden mit einer guten Abwehrfähigkeit des Organismus gegen Belastungen, sind nur bei optimaler Versorgung sicherzustellen. Daneben darf bei der Versorgung der Milchkuh der **Vitamin-A-Gehalt der Milch**, der mit der verfütterten Vitamin-A-Menge, aber auch mit dem β-Karotin-Gehalt im Futter (ZUCKER u. a. 1980), positiv korreliert ist, als **ein Qualitätsmerkmal** nicht unberücksichtigt bleiben.

Die Vitamin-A-Versorgung erfolgt über die Vorstufe im Futter, das β-Karotin, und über Vitamin-A-Supplementierungen im Mischfutter. Der erste Weg ist vom β-Karotingehalt im Futter und von dessen Verwertung im Tier abhängig. Der Karotingehalt ist im jungen Weidegras am höchsten (ca. 300 mg/kg T). Er wird von Konservierungsart und Lagerzeit beeinflußt. Von den konservierten Grünfutterarten weist heißluftgetrocknetes Gras die höchsten Karotinwerte (ca. 100 mg/kg T) auf. Karotin wird im Heu durch Zutritt von Luftsauerstoff während der Lagerung weitgehend abgebaut. Maissilagen enthalten sehr wenig β-Karotin. Unzureichende β-Karotinversorgung kann deshalb bei Maissilage-Heu-Rationen vor allem während der zweiten Winterhälfte auftreten.

Die β-Karotinumwandlung im Tier zu Vitamin A kann im Mittel mit 8 : 1 angenommen werden (1 mg β-Karotin = 400 IE Vitamin A). Bei sehr hohem Angebot fällt dieses Verhältnis. Die Vitamin-A-Versorgung der Milchkuh über den Karotingehalt des Grundfutters ist nur während der Grünfutterperiode (Weidegang oder Grünfutter bei Sommer-Stallfütterung) gesichert. Während der Winterfutterperiode wird die Sicherheit nur über die kontinuierliche Vitamin-A-Zufütterung erreicht.

Der Tagesbedarf einer Milchkuh während Trächtigkeit und Laktaktion beträgt nach KIRCHGESSNER (1982) 100–200 IE Vitamin A/kg Körpergewicht. **Eine 600 kg schwere Kuh braucht demnach täglich 60000–120000 IE Vitamin A; wobei der hohe Wert für die hochtragende und frischlaktierende Kuh gilt.**

Vitamin D steht mit dem Stoffwechsel von Kalzium und Phosphor in Zusammenhang. Es begünstigt die Absorption dieser Elemente und deren Einlagerung in das Knochengewebe. In Wechselwirkung mit dem Parathormon der Nebenschilddrüsen fördert es die Ca-Mobilisierung aus dem Knochengewebe bei erhöhtem Bedarf (z. B. beginnende Laktation). Bei unzureichender Freisetzung fällt der Ca-Blutspiegel (s. 4.8.3).

Sowohl die pflanzliche Vorstufe Ergosterin als auch die im Tierkörper gebildete Vorstufe 7-Dehydrocholesterin werden durch Sonneneinstrahlung (UV-Licht) in die betreffenden Vitamine (D_2 bzw. D_3) umgewandelt. Der Vitamin D_2-Gehalt der konservierten Futtermittel des Grünlandes ist deshalb von der Dauer der UV-Einstrahlung abhängig. In der Winterfütterung wird der Vitamin-D-Bedarf mit der Mineralfuttergabe abgedeckt. Bei normaler Mineralstoffversorgung braucht eine Kuh 10 IE Vitamin D/kg Körpergewicht, das sind 6000 IE Vitamin D bei einer 600-kg-Kuh.

Die **Vitamin-E-**Versorgung der Milchkuh dürfte durch das ausreichende Vorkommen von Verbindungen mit Vitamin-E-Wirkung (wichtigste davon α-Tocopherol) in der Futterration stets gesichert sein. Außerdem ist der Bedarf des ausgewachsenen Wiederkäuers sehr niedrig. Die antioxidative Wirkung von im Depotfett gespeichertem Vitamin E hat für den Schlachtkörper positive Wirkung.

4.1.4 Grundlagen zur Rationsberechnung

Mit der täglichen Futterration soll mit möglichst geringen Abweichungen der Nährstoff-, Mineralstoff- und Vitaminbedarf der Kuh in Abhängigkeit von ihrer Leistung abgedeckt werden. Dazu muß die Gesamtration außerdem

- den spezifischen Bedürfnissen der Kuh als Wiederkäuer entsprechen,
- nach wirtschaftlichen Gesichtspunkten erstellt werden und
- von der Kuh verzehrbar sein.

Für die Rationsberechnung sind deshalb genauere Kenntnisse erforderlich, die sich auf die Leistung (Milchkontrolle!), die Gehaltswerte der Futtermittel (s. Anhangstabelle) und die Futtervorräte an wirtschaftseigenem Futter, insbesondere an Grundfutter (Grünfutter, Silagen, Rauhfutter, Rüben u. a.) beziehen. Da die Nährstoffeinheit (MJ NEL) unter den vorliegenden Bedingungen im Grundfutter kostengünstiger ist als im selbst erzeugten bzw. zugekauften Kraftfutter, gilt es – auch aus verdauungsphysiologischer Sicht –, **in einer rationellen Milchviehfütterung vom Grundfutter so viel wie möglich, vom Kraftfutter aber nur so viel wie notwendig einzusetzen.**

Der erste Schritt bei der Rationsgestaltung ist, wenn die Futtervorräte genau erfaßt sind, die nährstoffmäßige Überprüfung der Grundfutterration, die nach Abzug des Erhaltungsbedarfes (s. Tab. 13) die sog. Grundfutterleistung ergibt. Dabei wird sich fast immer zeigen, daß die Futterration hinsichtlich ihres *Milcherzeugungswertes (= MEW)* nach Rohprotein und NEL nicht ausgeglichen ist.

Als nächstes folgt der nährstoffmäßige Ausgleich des Grundfutters durch ein entsprechendes Kraftfutter, das deshalb als **Ausgleichs-Kraftfutter** bezeichnet wird. In seinem MEW liegt es entgegengesetzt zum Grundfutter: *energiereich bei Eiweißüberschuß, eiweißreich bei Energieüberschuß in der Grundfutterration.*

Auf der Basis der ausgeglichenen Grundfutterration wird mit einem der Milchleistung entsprechenden **Leistungs-Kraftfutter** weitergefüttert. Dessen Nährstoffverhältnis bleibt konstant, da nur mehr der Bedarf zur Milchbildung (85 g Rohprotein und 3,17 MJ NEL/kg FCM) zu berücksichtigen ist.

Bei der Rationsberechnung hat man bisher meist „probiert“, welches Kraftfutter und wieviel davon zum Ausgleich des Grundfutters notwendig ist. Dr. GEORG UNTERPERTINGER, Fütterungsfachmann aus Brixen, Südtirol, hat hierzu eine sehr einfache und in der Praxis leicht durchführbare Methode entwickelt und mathematisch begründet (UNTERPERTINGER, 1980). Sie hat sich in der Zwischenzeit in der Fütterungsberatung Südtirols gut eingeführt und bewährt. Ihr liegt die bekannte Tatsache zugrunde, daß jedes Futtermittel oder jede Futterration prinzipiell eine *Differenz im Milcherzeugungswert (= D-MEW)* bringt. Diese einfache Methode wird anhand von zwei Beispielen vorgestellt.

1. Beispiel: Eiweißüberschuß in der Grundfutterration.

	Rpr., g		MJ NEL
20 kg Grassilage, 1. Schnitt, im Ähren-/Rispenschieben, 35 % T	1120		40,0
6 kg Heu, 2. Schnitt, 4–6 Wochen	690		26,5
Tagesration	1810		66,5
ab Erhaltungsbedarf (600 kg LG)	475		35,5
	1335		31,0
Grundfutterleistung, kg FCM	15,7		9,8
D-MEW („Faktor Grundfutter“ = FG)		5,9	

Zum Ausgleich soll Gerstenschrot verwendet werden:

Gerste (nach DLG-Tabelle)	105		7,25
MEW	1,24		2,28
D-MEW („Faktor Kraftfutter“ = FK)		1,0	

Erforderliche Ausgleichsmenge ergibt sich aus

$$\frac{\text{„Faktor Grundfutter“}}{\text{„Faktor Kraftfutter“}}, \text{ das ist } \frac{5{,}9}{1{,}0} = 5{,}9 \text{ kg Gerste}$$

Die Tagesration ist ausgeglichen:

Grundfutter (abzügl. Erhaltungsbedarf)	1335	31,0
+ 5,9 kg Gerste	620	42,8
	1955	73,8
MEW, kg FCM	23	23

2. Beispiel: Energieüberschuß in der Grundfutterration.

	Rpr., g		MJ NEL
22 kg Maissilage, 30 % T	660		46,64
6,5 kg Heu, 1. Schnitt, Beg.-Mitte d. Bl.	630		26,26
Tagesration	1290		72,90
ab Erhaltungsbedarf (650 kg LG)	500		37,7
	790		35,2
Grundfutterleistung, kg FCM	9,3		11,1
D-MEW („FG“)		1,8	

Zum Ausgleich soll Sojaextraktionsschrot verwendet werden:

Sojaextraktionsschrot (DLG-Tabelle)	454		7,13
MEW	5,3		2,25
D-MEW („FK“)		3,1	

Erforderliche Ausgleichsmenge: $\frac{1{,}8}{3{,}1}$ = 0,58 kg Sojaschrot.

Die Tagesration ist ausgeglichen:

Grundfutter (abzügl. Erhaltungsbedarf)	790	35,2
+ 0,58 kg Sojaextraktionsschrot	263	4,1
	1053	39,3
MEW, kg FCM	12,4	12,4

Für eine rationelle Milchviehfütterung sind nach dieser Methode nur zwei Kraftfuttertypen (bzw. Einzelfuttermittel) notwendig. Bei guter Abschätzung des Grundfutters nach Nährstoffgehalt und Futterverzehr gibt sie die beste Gewähr für eine leistungsgerechte Fütterung, erfordert die geringsten Futterkosten und vermeidet die vielfach noch anzutreffende Eiweiß-Überfütterung, wodurch die bedarfsdeckende Energie-Versorgung am Laktationsanfang erleichtert wird.

4.2 Fütterung der trockenstehenden Kuh (Vorbereitungsfütterung)

Zweckmäßigkeit und Intensität der Vorbereitungsfütterung sind in letzter Zeit erneut stark diskutiert worden. Auslösende Faktoren zu dieser Diskussion waren einmal die zunehmende Verfettung der Kühe während Laktationsende und Trockenstehzeit bei Fütterung mit großen Mengen teigreifer Maissilage und in Laufställen mit aufgewerteten Grundfutterrationen. Zum anderen konnten durch Versuche in Mariensee bei extrem hohem Fütterungsniveau während des Trockenstehens (Nährstoffe entsprechend 16 kg Tagesmilch) gegenüber sehr niedriger Versorgungsstufe (2 kg Tagesmilch) nach dem Abkalben eine stärkere Ketonkörperbildung und zunehmende Fruchtbarkeitsstörungen festgestellt werden (s. Tab. 40). Es gilt jedoch nach wie vor, die bedarfsgerechte Versorgung auch während dieser Leistungsphase sicherzustellen.

Aus den Zahlen in Tab. 16 kann abgeleitet werden, daß trockenstehende Kühe im ersten Fütterungsabschnitt nährstoffmäßig etwa für knapp 5 kg Tagesmilch, im zweiten Abschnitt entsprechend etwas über 6 kg Tagesmilchmenge (FCM) zu füttern sind. Da mit fortschreitender Trächtigkeit das Fassungsvermögen der Vormägen abnimmt, geht der Grundfutterverzehr zurück. Die Nährstoffkonzentration muß deshalb gegen Ende der Trächtigkeit ansteigen (s. Tab. 11).

Mit gutem Grundfutter ist im ersten Fütterungsabschnitt der Trockenperiode in vielen Fällen noch die Nährstoffsättigung zu erreichen. Im letzten Trächtigkeitsmonat ist dies infolge des stark verringerten Fassungsvermögens des Pansens mit Grundfutter allein nicht mehr möglich. Deshalb werden hier je nach Grundfutterbeschaffenheit und Verzehrsleistung Kraftfutterzulagen erforderlich. Darüber hinaus muß die erhöhte Mineralstoff- und Vitaminversorgung (s. Seite 53) immer sichergestellt werden.

Kraftfutter ist während der letzten drei Wochen vor dem Abkalben auch noch aus folgendem Grund sehr wichtig:

Die Futterumstellung auf die kraftfutterreiche Ration der frischmelkenden Kuh darf nicht mit den physiologischen Belastungen durch den Geburtsablauf und durch die stark ansteigende Milchbildung zusammenfallen. Jeder krasse Futterwechsel ist in den ersten Laktationswochen zu vermeiden. Dieser Gesichtspunkt der Vorbereitungsfütterung ist erst mit dem Wissen um die Verdauungsvorgänge in den Vormägen aktuell geworden.

Die Vorbereitungsfütterung darf im praktischen Betrieb nicht streng schematisch durchgezogen werden. Der Körperzustand der Kuh – allerdings eine subjektive Einschätzung – ist neben den Richtwerten zum Nährstoffbedarf zu berücksichtigen. Trotzdem wird der gute Praktiker nicht umhin können, bei stark abgemolkenen Kühen Zuschläge, bei Kühen in sehr gutem Körperzustand (Ausstellungskondition) entsprechende Abschläge zu machen. Teigreife Maissilage ist aufgrund ihrer „ansatzfördernden" Wirkung in diesem Fütterungsabschnitt vorsichtiger einzusetzen. In Laufställen mit Grundfutter, das durch Kraftfutter aufgewertet wird, sind trockenstehende Kühe möglichst abzusondern (s. 4.6). Eine Sattfütterung mit heißluftgetrocknetem Gras in Form von Cobs oder Briketts würde infolge der hohen Nährstoffkonzentration und der hohen Verzehrsmenge ebenfalls zu einer Überversorgung führen.

Sind die Kühe zur Zeit des Trockenstellens im normalen Körperzustand, können die in Tab. 19 zusammengestellten Tagesrationen als Beispiel für eine 600-kg-Kuh während des letzten Trächtigkeitsmonats betrachtet werden. Das geringere Auf-

Tab. 19. Beispiele von Tagesrationen für eine Kuh im letzten Trächtigkeitsmonat

Futtermittel[1]	T, kg	Rohpr., g	NEL, MJ
1. Beispiel			
16,0 kg Grassilage, 1. Schnitt, im Ähren-/Rispenschieben (35 %T)	5,6	896	32,00
2,0 kg Heu, 1. Schnitt, Beg.-Mitte d. Bl.	2,1	238	10,18
1,5 kg Getreideschrot (Gerste/Weizen)	1,3	158	11,40
	9,0	1292	53,58
2. Beispiel			
10,0 kg Grassilage, 1. Schnitt, im Ähren-/Rispenschieben (30 % T)	3,0	480	20,00
12,0 kg Maissilage (27 % T)	3,2	288	20,40
2,0 kg Heu, 2. Schnitt, 4–6 Wochen	1,7	230	8,36
1,0 kg Milchviehfutter III/1[2]	0,9	130	6,40
	8,8	1238	54,76
3. Beispiel			
15,0 kg Grassilage, 1. Schnitt, im Ähren-/Rispenschieben (45 % T)	6,8	1080	38,50
1,2 kg Trockenschnitzel	1,1	106	8,32
1,0 kg Milchviehfutter I/2[2]	0,9	130	6,40
	8,8	1316	53,22

[1] s. Anhangstabelle, Seite 183 ff.
[2] s. Tab. 39

nahmevermögen hochtragender Kühe (s. Seite 41) ist dabei zu berücksichtigen. Das erforderliche Nährstoffniveau ist in Tab. 16 aufgezeigt.

Zu allen Rationen sind zur Mineralstoff- und Vitaminergänzung mindestens 100 g Mineralfutter (1 Mio. IE Vit. A/kg) erforderlich.

4.3 Einflüsse der Fütterung auf Zusammensetzung und Beschaffenheit der Milch

Der Landwirt muß neben der Milchmenge zukünftig verstärkt die erzeugte Qualität berücksichtigen. Sie erstreckt sich zum einen auf die Inhaltsstoffe (Eiweiß, Fett, Zucker, Mineralstoffe und Vitamine) und zum anderen auf die Beschaffenheit des Produktes hinsichtlich Geschmack, Geruch, Keimzahl und Freiheit von Schadstoffen. Einflüsse der Fütterung auf den Eiweiß- und Fettgehalt der Milch können vom Milcherzeuger in gewissen Grenzen gesteuert werden, während der Gehalt an Milchzucker (Laktose) wie auch an Mineralstoffen weitgehend konstant ist. Dagegen ist z.B. der Vitamin-A-Gehalt der Milch sehr stark von der ausreichenden Zufuhr an β-Karotin und/oder Vitamin A über das Futter abhängig. Geschmack, Geruch und Keimgehalt der Milch können indirekt durch die Fütterung beeinflußt werden. Die Möglichkeit zur Verhütung unliebsamer Einflüsse liegt insbesondere im fütterungstechnischen und hygienischen Bereich.

4.3.1 Fütterung und Milcheiweißgehalt

Mit der geänderten Preisgestaltung der Milch, die neben dem Fettgehalt auch den Eiweißgehalt berücksichtigt, werden Fütterungseinflüsse auf den Milcheiweißgehalt verstärkt interessant. Der Rohproteingehalt der Milch wird nach DIN 10334, Teil 1, aus dem Stickstoffgehalt (Bestimmung nach KJELDAHL) wie folgt berechnet:

Rohprotein = N × 6,38.

Im folgenden Schema ist nach dem Jahresbericht des LKV in Bayern (1977) ein Überblick zur Aufgliederung des Gesamt-N-Gehaltes in der Milch gegeben.

Gesamteiweiß
(= Gesamt-N = 100)

→ abzüglich 5 % — N-haltige Nicht-Eiweiß-Verbindungen (NPN)
z. B. Harnstoff,
freie Aminosäuren
(molkereitechnisch nicht verwertbar)

Milcheiweiß
(95 %)
davon

Kasein (80 %)
(vier Kaseintypen)

Molkeneiweiß (20 %)
z. B. Laktalbumin } ca. 80 %
Laktoglobulin }
Globulin
Serumalbumin
u. a.

Die genetisch bedingte positive Korrelation zwischen Milchfett- und Milcheiweißgehalt wird aus Feldmaterial nachgewiesen, sie ist aber nicht unbestritten. Das geht schon aus den ernährungsbedingten Einflüssen hervor, da diese zwischen Milcheiweiß- und Milchfettgehalt nicht gleichgerichtet sind. Im Rahmen der genetischen Veranlagung gilt es, durch Fütterungsmaßnahmen die obere Grenze des Milcheiweißgehaltes zu erreichen.

Aus den Verdauungsvorgängen in den Vormägen läßt sich eindeutig ableiten, daß neben der N-Versorgung über Futterprotein und NPN-Verbindungen der ausreichenden Energieversorgung eine vorrangige Bedeutung für einen hohen Milcheiweißgehalt zukommt, und zwar in zweifacher Hinsicht:

1. *Die Proteinsynthese durch die Pansenbakterien ist energiebegrenzt. Sie ist jedoch für die Milchkuh die wichtigste Quelle der Versorgung mit essentiellen und anderen Aminosäuren. 60–80% der Aminosäuren, die im Dünndarm verdaut werden, stammen aus Bakterieneiweiß (s. Abb. 2).*
2. *Die Proteinsynthese im intermediären Stoffwechsel ist an eine sehr hohe ATP-Bereitstellung aus dem Energiewechsel gebunden (s. 1.2.3).*

Nach LEWIS und MCDONALD (1958) ist Stärke das wirksamste Kohlenhydrat zur mikrobiellen Proteinsynthese. Getreide enthält viel Stärke. In den Untersuchungen von ROHR u. a. (1985) erhielten fistulierte Kühe mit insgesamt 18,2 kg T/Kuh und Tag – Grundfutter (Anwelksilage) : Kraftfutter = 45 : 55 – drei ausgeglichene Kraftfuttermischungen, die 0, 50 bzw. 75% Getreide (Gerste) enthielten. In Fütterungsversuchen mit 3 × 24 Kühen wurden im Mittel zu 9 kg Anwelksilage-T 9,0 kg, 8,8 kg bzw. 8,7 kg des gen. Kraftfutters je Kuh täglich verfüttert. Die Tab. 20 zeigt einige Ergebnisse. Die Menge Nicht-Ammoniak-Stickstoff (NAN) am Duodenum betrug im Mittel 2,2 g/MJ ME bzw. 3,7 g/MJ NEL.

Tab. 20. Einfluß steigender Getreidemengen auf einige Verdauungsmerkmale und Milchinhaltsstoffe

	Getreide im Kraftfutter		
	0 %	50 %	75 %
pH-Wert im Pansen	6,4	6,3	6,5
Mikroben-N des NAN am Duodenum, %	69,7	74,3	80,5
Fettgehalt der Milch, %	3,90	3,78	3,83
Eiweißgehalt der Milch, %	2,95	3,10	3,17

Der im Verlauf der Laktation bis zum zweiten Laktationsmonat abfallende Eiweißgehalt der Milch wird sicherlich durch die sehr schwierige Energieversorgung der frischlaktierenden Kuh beeinflußt. Etwa mit der Umkehr der anfangs negativen Energiebilanz zur ausgeglichenen – die Kuh braucht nicht mehr Körperreserven zum Ausgleich des Energiebedarfs „zuschießen" – beginnt der Eiweißgehalt der Milch leicht anzusteigen. Der entgegengesetzte Verlauf der mittleren Laktationskurve zum Gesamteiweißgehalt der Milch veranschaulicht in Abb. 16 diese Zusammenhänge.

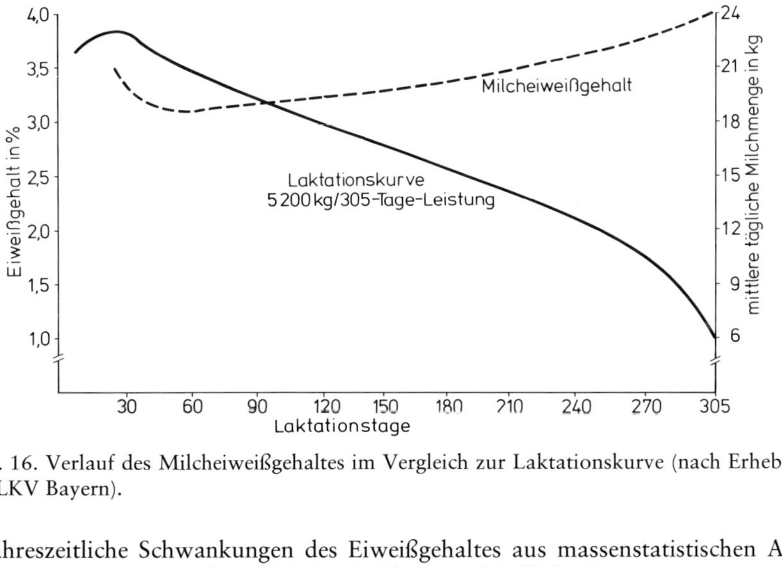

Abb. 16. Verlauf des Milcheiweißgehaltes im Vergleich zur Laktationskurve (nach Erhebung des LKV Bayern).

Jahreszeitliche Schwankungen des Eiweißgehaltes aus massenstatistischen Auswertungen sind zum größten Teil durch die unterschiedliche Energieversorgung der jahreszeitlichen Fütterungssysteme zu erklären. Der allgemeine Anstieg des Eiweißgehaltes in gut geführten Grünlandbetrieben während der Weide gegenüber der vorhergehenden Stallfütterungsperiode hängt mit der besseren Energieversorgung zusammen. Knappe Futtervorräte oder Futter schlechter Qualität lassen die Unterschiede deutlicher werden.

Bei guter Winterfütterung, insbesondere bei ordnungsgemäßer Weidevorbereitungsfütterung, wird der Anstieg gering oder nicht mehr vorhanden sein. Die Zufütterung von Rüben zur Winterfutterration aus Silagen und Heu ist ähnlich zu beurteilen wie die Weidefütterung: Leicht verdauliche Kohlenhydrate der Rübe (Zucker,

Pektine) erhöhen bei gesteigertem Futterverzehr und damit besserer Energieversorgung die Produktion von Propion- und Buttersäure im Pansen und verbessern dadurch insgesamt die Energieversorgung. Durch ein verstärktes Bakterienwachstum im Pansen wird die Eiweißanflutung im Dünndarm und somit die Eiweißversorgung der Milchkuh verbessert. Diese Zusammenhänge hat erneut STREIT (1981) nachgewiesen: Anhand der Leistungsdaten von 710 Kühen in 20 Betrieben der Landwirtschaftskammern Rheinland und Rheinland/Pfalz konnte eine hochgesicherte Korrelation von r = 0,62 zwischen steigender Energiekonzentration im Grundfutter (im Bereich 430–550 StE/kg T) und ansteigenden Milcheiweißwerten (3,0–3,5) festgestellt werden. PABST u.a. (1981) kommen nach der Auswertung eines Feldmaterials von über 200000 Kühen mehrerer Rassen zu der Feststellung, daß eine Verminderung des Milcheiweißgehaltes in der Laktationsspitze um 0,3% gegenüber dem Rassenmittel der Gesamtlaktation dem Landwirt ein deutlicher Hinweis sein sollte, die Energieversorgung seiner Kühe zu überprüfen.

Spezifische Wirkungen von Futtermitteln auf den Milcheiweißgehalt sind nicht anzunehmen, dagegen ist ihre positive – oder negative – Auswirkung über den Einfluß auf die Verdauungs- und Stoffwechselvorgänge bei der Milchkuh jederzeit erklärbar.

Die leistungsgerechte Energie- und Eiweißversorgung über „wiederkäuergerechte" Futterrationen ist deshalb die beste Voraussetzung zur Ausschöpfung des genetisch bedingten Eiweißgehaltes der Milch.

Fütterung auf hohen Eiweißgehalt der Milch verlangt demnach „richtige Fütterung" in jeder Hinsicht und ist gleichzeitig Fütterung auf gute Fruchtbarkeit (s. 4.7).

4.3.2 Fütterung und Milchfettgehalt sowie Konsistenz des Milchfettes

Die Bindung des Milchfettgehaltes an die genetische Veranlagung bedingt teilweise erhebliche Unterschiede zwischen Kühen derselben Rasse, aber auch zwischen den Rassen. So haben z.B. Jerseykühe generell einen hohen Milchfettgehalt.

Der Fettgehalt der Milch steigt allgemein mit der Laktationsdauer an. Ob dies im gewissen Sinne ein „Konzentrationseffekt" ist, oder ob die sich ändernde Futterration – mit abfallender Tagesmilchmenge steigt im allgemeinen der Rohfasergehalt an bzw. fällt die Nährstoffkonzentration der Tagesration ab – diesen leichten Anstieg des Fettgehaltes bewirkt, kann zwar nicht eindeutig gesagt werden. Aus den Wechselwirkungen zwischen Zusammensetzung der Futterration und Verdauungsvorgängen im Pansen einerseits und fütterungsbedingten Einflüssen auf die Höhe des Milchfettgehaltes andererseits lassen sich solche Änderungen jedoch weitgehend erklären.

Bei der Milchfettsynthese in der Milchdrüse kommt der Essigsäure aus dem Pansenstoffwechsel eine überragende Bedeutung zu. Nach KLEIBER ist sie zu etwa 70% an der Bildung des Milchfettes beteiligt, während Propionsäure und Buttersäure dafür nur zu etwa 20% herangezogen werden. Die Ausgangsbasis der geradkettigen Fettsäuren mit 4–16 C-Atomen im Milchfett ist das Azetat (s. 1.2.2). Die C_{18}-Fettsäuren, die etwa 45% der Milchfettsäuren ausmachen, entstammen dem Futter- oder Depotfett. Bei Mangelernährung steigen diese Fettsäuren an; ein Zeichen der Depotfettmobilisierung und des rückläufigen Nachschubs kurzkettiger Fettsäuren aus dem Pansenstoffwechsel.

Werden Futtermittel mit einem hohen Anteil solcher Fettsäuren plötzlich in größeren Mengen verfüttert, so kann es durch direkte Überführung der vorwiegend ungesättigten C_{18}-Fettsäuren (z. B. in sehr jungem Weidegras oder in Leinsamenschrot) kurzfristig zu einer erhöhten Anflutung dieser Fettsäuren im Milchfett kommen. Im Pansenstoffwechsel wird durch den erhöhten Gehalt an ungesättigten Fettsäuren gleichzeitig die Essigsäurebildung vermindert. Nach einigen Tagen sind die Verhältnisse im Pansen durch einsetzende Hydrierung der C-Doppelbindungen jedoch wieder normalisiert (s. Seite 18). Neben den chemischen Veränderungen des Futters wirkt auch ein zunehmender Anteil kleiner Bestandteile des Futters (z. B. Grünmehlherstellung) verengend auf das Azetat : Propionat-Verhältnis. Durch die wesentlich kürzere Verweildauer des Futters im Pansen und die stark rückläufige Wiederkäutätigkeit fällt bei absinkendem pH-Wert die Zellulosespaltung ab. Aber auch hier schlägt die chemische Zusammensetzung des Futters, verändert durch Früh- oder Spätschnitt, deutlich durch. Wie sich Nährstoffzusammensetzung und technische Veränderung auf die Verhältnisse im Pansen und auf den Milchfettgehalt auswirken können, zeigen die Versuchsergebnisse von CONNELL (1973) in Tab. 21.

Tab. 21. Einfluß der Alleinfütterung von Trockengrünbriketts bzw. -pellets (s. Abb. 33) auf den Milchfettgehalt in Abhängigkeit von der Schnittzeit

Futter technische Form Erntezeit	im Pansen pH- Wert	 Essigsäure : Propionsäure	Tages- milch kg	Fett- gehalt %
Häcksel zu Briketts				
früher Schnitt	6,4	3,3 : 1	18,9	3,40
später Schnitt	6,4	4,2 : 1	16,4	3,44
Mehl zu Pellets				
früher Schnitt	5,8	2,4 : 1	17,3	2,73
später Schnitt	6,2	3,9 : 1	16,8	3,21

Der Rückgang des Milchfettgehaltes bei alleiniger oder überwiegender Fütterung von heißluftgetrocknetem, zu Cobs oder Briketts verpreßtem Gras ist teilweise eine Folge unzureichender Struktur, wobei Cobs infolge der stärkeren Verpressung allgemein einen etwas höheren „Vermahlungsgrad" aufweisen. Daneben darf aber die Zusammensetzung des Futters nicht unbeachtet bleiben. Ein niedriger Rohfasergehalt als Kennzeichen frühen Schnittes und geringer Konservierungsverluste, aber auch blattreicher und stengelarmer Grünlandbestände ist mit einem hohen Anteil leicht vergärbarer Kohlenhydrate verbunden. Die Folge davon ist eine relativ geringe Essigsäure- und vermehrte Propionsäurebildung. Je nährstoffreicher das heißluftgetrocknete Futter und das ergänzende „Strukturfutter" (Rauhfutter, Anwelksilage) ist, desto schwieriger ist ein leichter Fettgehaltsabfall zu vermeiden. Dieser geringfügige Nachteil wird aber durch wesentlich verbesserte Futterbedingungen für hohe Milchleistung und damit höhere tägliche Milchfettproduktion mehr als ausgeglichen. Die Auswirkungen der Rationsgestaltung über die Pansenvorgänge auf den Milchfettgehalt haben ORTH und KAUFMANN (1971) mit dem Schema auf Seite 64 deutlich gemacht.

Alle Faktoren, die den Essigsäureanteil an der Gesamtsäureproduktion im Pansen erhöhen (Rohfasergehalt, ausreichende Futterstruktur), verbessern den Milchfettgehalt; alle Maßnahmen, die auf den Essigsäureanteil negativ wirken (mangelnde Futterstruktur, erhöhter Anteil ungesättigter Fettsäuren im Futter), vermindern ihn. Ein hoher Milchfettgehalt ist aber nur dann auf Dauer zu erfüttern, wenn neben der ausreichenden Energie- und Eiweißzufuhr die Mineralstoff- und Vitaminversorgung in Ordnung ist, und sinnvoll, wenn die Fütterungsmaßnahmen eine hohe Milchleistung gewährleisten.

Futter	Zellulose (Heu)	Stärke (Getreide)
	↓	↓
Pansen	relativ geringe Keimzahl hoher pH-Wert (6,5) langsamer Abbau	relativ hohe Keimzahl tiefer pH-Wert (5,7) schneller Abbau
	↓	↓
	relativ viel Essigsäure wenig Buttersäure	relativ wenig Essigsäure relativ mehr Propion- und Buttersäure
	↓	↓
Milch	relativ hoher Fettgehalt (Milchmenge gering)	niedriger Fettgehalt

Einzelnen Fütterungssystemen werden spezifische Auswirkungen auf den Fettgehalt und die Beschaffenheit des Milchfettes (weiche oder harte Butter) zugeschrieben. Der mit Weidebeginn meist abfallende Milchfettgehalt ist zum einen eine Folge der geringeren Energieversorgung durch krassen Futterwechsel und unzureichendem T-Verzehr (s. Tab. 23), zum anderen wirken die relativ hohen Gehalte ungesättigter Fettsäuren im jungen Gras (s. Tab. 4) depressiv auf die Essigsäurebildung. In den ersten Weidetagen kann dies teilweise durch den direkten Übertritt dieser Fettsäuren im Gras in das Milchfett überdeckt werden. Als sichtbares Zeichen ergibt sich eine weiche Konsistenz der Butter („Weidebutter"), bzw. das Milchfett weist eine hohe Jodzahl auf. – Die Jodzahl spiegelt die oxidationsempfindlichen Doppelbindungen der ungesättigten Fettsäuren wider. –

Diese Veränderungen können vermieden werden durch:

1. *Ausreichende Vorbereitung der Kühe auf die Weide durch gleitende Übergangsfütterung, erhöhte Silagefütterung vor dem Austrieb bzw. Beibehaltung des Winterfutters während der ersten Weidetage.*
2. *Zufütterung rohfaserreichen „Strukturfutters" (Heu oder Stroh).*
3. *Energetische Ergänzung des Weidegrases durch Getreideschrot, Trockenschnitzel oder energiereiche Mischfutter.*
4. *Vermeidung von zusätzlichem Futterfett im Kraftfutter mit höheren Anteilen ungesättigter Fettsäuren, insbesondere keine Zufütterung von Leinsamenschrot oder Reisfuttermehlen.*

Im Gegensatz zur Weide bringt die typische Heu-Rüben-Ration in der Winterfütterung verschiedener Ackerbaugebiete einen zwar relativ hohen Milchfettgehalt, die daraus hergestellte Butter ist jedoch hart, bröckelig und schwer streichfähig. Dem kann durch Beifütterung fettreicher Ölkuchen bzw. -expeller abgeholfen werden. Auch größere Mengen von Maisschrot als Kraftfutterkomponente bringen einen gewissen Ausgleich. Auf keinen Fall dürfen unter diesen Bedingungen Kokos-, Palmkern- und Babassukuchen im Kraftfutter enthalten sein, da sie ebenfalls zu niedriger Jodzahl bzw. harter Butter beitragen. Ausgleichende Fütterungsmaßnahmen zur Vermeidung einer harten Butter bekommen zunehmend Bedeutung, da mangelhafte Streichfähigkeit der Butter Qualitätsabzüge im Milchpreis zur Folge haben kann.

Abschließend soll nach KIRCHGESSNER (1978) eine allgemeine Auswahl von Futtermitteln aufgrund ihrer Wirkung auf die Jodzahl des Milchfettes bzw. auf die Konsistenz (Streichfähigkeit) der Butter wiedergegeben werden, um dem Praktiker die ausgleichende Rationsgestaltung zu erleichtern.

1. Niedrige Jodzahl bzw. harte bröckelige Butter mit sehr schlechter Streichfähigkeit bedingen Futtermittel mit sehr niedrigem Fettgehalt oder mit überwiegend gesättigten Fettsäuren sowie solche mit hohem Rohfaser-, Stärke- und Zuckergehalt. Dazu gehören insbesondere:
   - Heu, Stroh, überständiges Grünfutter,
   - Rüben, Rübenblatt in großen Mengen,
   - Weizen, Roggen, Erbsen, Bohnen, Wicken,
   - Extraktionsschrote mit niedrigem Fettgehalt von Soja- und Baumwollsaat,
   - Kokos-, Palmkern- und Babassukuchen.
2. Hohe Jodzahl bzw. weiche Butter bringen Futtermittel mit höherem Anteil ungesättigter Fettsäuren, wie
   - junges Gras als Weide oder Grünfütterung im Stall,
   - Kuchen von Leinsamen, Sonnenblumen, Raps, Sesam,
   - Leinsamenschrot, Reisfuttermehl, Mais und Maisrückstände.

4.3.3 Fütterung und Geruch, Geschmack sowie Keimgehalt der Milch

Für die Qualität der erzeugten Milch und deren Bezahlung sind neben den wichtigsten Inhaltsstoffen (Fett, Eiweiß) organoleptische und mikrobiologische Eigenschaften bestimmend. Die fütterungsbedingten Veränderungen können im wesentlichen durch Übergang von Geruchs- und Geschmacksstoffen aus Futtermitteln in die Milch auftreten. Daneben haben Oxidationsvorgänge (Ranzigkeit) eine negative Wirkung.

Milchfremde Geruchs- und Geschmackssubstanzen können wie folgt auf die Milch wirken:

1. Durch direkten Kontakt der Milch – besonders im warmem Zustand – mit dem Futtergeruch im Stall. Abhilfe ist hier durch Melk- und Milchhygiene gegeben.
2. Geruchs- und Geschmackspartikel in der Stalluft gelangen über die eingeatmete Luft in das Blut und dadurch in die Milch.
3. Substanzen können über den Verdauungstrakt der Kuh direkt in die Milch gelangen, oder sie werden im Verdauungstrakt verändert, wie z. B. das Betain der Betarüben, das zu Trimethylamin umgewandelt wird und der Milch einen fischartigen Geschmack verleihen kann.

Abhilfe zu den Übertragungsmöglichkeiten 2 und 3 erfolgt durch die Fütterungstechnik in Verbindung mit guter Stallhygiene. Stark riechende Futtermittel sind in kleinen Mengen unbedingt nach dem Melken zu verfüttern, und der Stall ist nach dem Füttern sorgfältig zu lüften. In der relativ langen Zwischenzeit bis zum nächsten Melken werden diese Stoffe größtenteils im Stoffwechsel der Kuh abgebaut. Solche Futtermittel dürfen niemals im Stall lagern (Vorsicht beim Auftauen gefrorener Silagen bzw. beim Lagern der Silageblöcke des Blockschneiders im Futtergang).

Verschiedene Futtermittel üben einen spezifischen Einfluß auf Geruch und Geschmack der Milch aus: Grünroggen und Grünhafer sowie die meisten Leguminosen des Feldfutterbaues sind besonders im grünen Zustand nicht bedenkenlos und einseitig zu verfüttern. Stoppelrüben, Kohlrüben, Raps, Rübsen und Markstammkohl können bei unsachgemäßer Verfütterung und besonders im gefrorenen Zustand zu stechendem Geruch und einem scharfen rettichartigen Geschmack der Milch führen. Naßsilagen bedürfen größerer Aufmerksamkeit als Anwelksilagen. Aber auch die verschlechterte Stalluft bei starkem Durchfall der Kühe kann sich unangenehm auf Geruch und Geschmack der Milch auswirken.

Der Keimgehalt der Milch ist abhängig von der Gesundheit des Tieres, insbesondere der Milchdrüsen, und von der Stall- und Melkhygiene. Die Fütterung ist also im wesentlichen indirekt für den Keimgehalt der Milch verantwortlich. Fütterungsfehler, die bei den Milchkühen Durchfälle auftreten lassen (krasser Futterwechsel, zu wenig „Futterstruktur" bei jungem, blattreichem Grünfutter, verschmutztes, verdorbenes oder gefrorenes Futter, zu hohe Rübenblatt- und Zwischenfruchtmengen, extrem hohe Schlempegaben u. a.), wirken erhöhend auf den Keimgehalt der Milch. Buttersäurehaltige Silagen können den Gehalt an Buttersäurebakterien in der Milch bei schlechter Melk- und Stallhygiene erhöhen und dadurch zu Fehlgärungen (Spätblähungen) in der Käseherstellung führen (Silagefütterungsverbot im Herstellungsgebiet für Emmentalerkäse).

Tier-, Stall- und Melkhygiene sind die Voraussetzungen zur Erzeugung einwandfreier Milch. Der Einsatz von Futtermitteln, die organoleptische und mikrobiologische Eigenschaften der Milch belasten, kann nur dann ohne wirtschaftliches Risiko erfolgen, wenn fütterungstechnisch sorgfältig und überlegt vorgegangen wird.

Der Einsatz verdorbener Futtermittel im Milchviehstall ist mit den Forderungen nach einwandfreier, qualitativ hochwertiger Milcherzeugung nicht zu vereinbaren.

4.4 Fütterung der Milchkühe während der Vegetationsperiode

Grünfuttermittel sind nicht mit Konservierungsverlusten und -aufwendungen belastet, und sie liefern deshalb die Nährstoffeinheit im allgemeinen am kostengünstigsten. Grünfutter verändert sich jedoch in seiner Nährstoffzusammensetzung, so daß der Gehalt an verdaulichen Nährstoffen im Gegensatz zum gut konservierten Winterfutter nicht konstant ist. Das hat wiederum wesentliche Einflüsse auf den Futterverzehr (s. 3). Richtige Grünfütterung verlangt deshalb vom Landwirt wesentlich mehr Denken und Handeln als die Fütterung mit konserviertem Futter. **Krasse, kurzfristige Fütterungsfehler treten während der Grünfutterperiode auch häufiger auf als während der Fütterung im Winter.**

4.4.1 Weide

Die Weide gilt vielfach als „die naturgemäße Fütterung". Die Futtersuche wird jedoch in der intensiven Weideführung durch die Futtervorgabe abgelöst. In der Entwicklung der Weidetechnik von der einfachen Standweide bis zur intensivsten Form, der Portionsweide, werden **zwei Ziele** ersichtlich:

1. *Erreichen hoher Erträge je Flächeneinheit durch öftere und verschiedenartige Nutzung.*
2. *Vorgabe eines weitgehend gleichbleibenden nährstoffreichen Futters, das vom Weidetier in großen Mengen aufgenommen wird.*

Richtige Fütterung der Kühe auf der Weide verlangt eine geregelte Weideführung. Besatzdichte (= Kühe/ha z.Z. der Beweidung) und Besatzstärke (= GV/ha während der gesamten Weidezeit) sind von Klima, Boden, Düngung, botanischer Zusammensetzung des Grünlandes und Nutzungsintensität abhängig. Die *intensive Umtriebsweide* hat sich in unseren Betrieben als die wirtschaftlichste Weideführung herausgebildet. Sie ist nach STEINWENDER (1973) gekennzeichnet durch:
- strenge Unterteilung der Weidefläche,
- turnusweisen Wechsel von Freßzeit und Ruhezeit,
- starken Besatz und kurze Freßzeit,
- starke Einschränkung der freien geschmacks- und instinktgelenkten selektiven Futterwahl der Tiere,
- wesentliche Erhöhung des Flächenertrages,
- Verminderung der Futterverluste,
- Mähnutzung des überschüssigen Aufwuchses während der intensiven Wachstumsperiode.

Die *intensive Standweide* kommt neuerdings aus dem maritimen Klimabereich (England). In großen Weidebetrieben am Niederrhein hat sie ebenso wie in den Niederlanden und in Belgien inzwischen Eingang gefunden. Die relativ große Weidefläche wird den ganzen Sommer über mit 4–5 GV/ha besetzt. Alle drei Wochen werden zwischen den Kühen 40–50 kg N/ha – insgesamt 350–400 kg N/ha und Vegetationsperiode – gestreut. Die Vorteile liegen im Wegfall der laufenden Portionszuteilung, des Nachmähens und des Fladenverteilens, ferner in der größeren Ruhe der Weidetiere. Dem stehen höherer Zeitaufwand beim Eintreiben sowie wesentlich schwierigere Beurteilung der Weidenarbe und des Aufwuchses gegenüber. Besonders nachteilig ist, daß keine Gülle ausgefahren werden kann. Außerdem müssen Grasbestände vorhanden sein, die 20 bis 30maliges Verbeißen vertragen. Im mehr kontinental geprägten Klima des Alpenvorlandes ist diese Weideform nach dem Stand der Kenntnisse deshalb noch nicht zu empfehlen.

Abb. 17. Die intensive Standweide ist in maritimen Klimabereichen „beheimatet".

4.4.1.1 Übergangsfütterung

Der Übergang von der Winterfutterperiode auf die Weidezeit stellt einen krassen Wechsel in der Beschaffenheit des jeweiligen Futterangebotes dar. Dies wird aus der Gegenüberstellung in Tab. 22 verdeutlicht.

Tab. 22. Vergleich einiger wichtiger Merkmale der Tagesration einer Kuh mit 15–20 kg täglicher Milchleistung im Stall und auf der Weide

Merkmal	Winterfütterung	Weide
T-Gehalt	ca. 50–60 %	16–18 %
Rohfasergehalt i. T	ca. 25 %	18–22 %
Verdaulichkeit d. org. Subst.	65–70 %	75–78 %
Nährstoffverhältnis (Rohpr. : NEL, MJ)[1)]	ca. 22 : 1	ca. 39 : 1

[1)] vgl. Tab. 15, Seite 51

Sehr junges Weidegras als erster Frühjahrsaufwuchs weist noch extremere Werte auf. Deshalb müssen Weidetiere unbedingt gleitend auf eine solche Fütterung während der letzten Stallfütterungs- und der ersten Weidewochen eingestellt werden: Zumindest bisherige, besser noch erhöhte Silagegaben gegen Ende der Stallfütterungsperiode (Futterplanung!), allmähliche Verringerung der Grundfuttermenge der Stallperiode neben ansteigenden Weidezeiten der Kühe über 1–2 Wochen.

Durch eine richtige Übergangsfütterung wird der Bakterienpopulation im Pansen Zeit gegeben, sich auf das stark ändernde Nährsubstrat umzustellen. Dadurch wird von der Ernährungsseite her die Belastung der Kuh wesentlich gemindert. Diese biologischen Vorgänge müssen ganz besonders beim krassen Futterwechsel im Frühjahr berücksichtigt werden. Wie vielfach in der Praxis beobachtet und konkret in Versuchen festgestellt, werden Kühe mit hoher Tagesmilchleistung durch den Übergang von der Stall- zur Weidefütterung stärker belastet als Tiere, die weniger leisten.

Zu Beginn der Weidezeit kann die Weidetetanie gebietsweise verstärkt auftreten. Sie steht mit verminderter Mg-Absorption in unmittelbarem Zusammenhang (s. Abb. 44, Seite 114). In den letzten Jahren wurde nachgewiesen, daß Magnesium vorwiegend aus dem Pansenraum absorbiert wird, also auf diesem Wege in das Blut gelangt. Störungen der Verdauungsvorgänge im Pansen, verbunden mit niedrigem Na-Gehalt, erhöhtem K-Gehalt im strukturarmen jungen Weidegras sowie verstärkte NH_3-Freisetzung bei gestörter Bakterientätigkeit im Pansen vermindern die Absorption und begünstigen das Auftreten der Weidetetanie. Eine geordnete Übergangsfütterung mit erhöhter Mg-Zufuhr über Mg-reiche Mineralfutter sowie richtige Strukturfutter- und Energieergänzung zur Weide sind die sichersten vorbeugenden Maßnahmen (s. 4.8.4).

4.4.1.2 Einflüsse auf den Weidegrasverzehr durch Kühe

Nach mehreren Untersuchungen unter süd- und norddeutschen Verhältnissen stehen zwei Einflußfaktoren auf den Weidefutterverzehr im Vordergrund:
1. Die Verdaulichkeit der organischen Substanz.
2. Die Höhe des Futterangebots auf der Weide bzw. die Höhe des Weiderestes.

Die *Verdaulichkeit der organischen Substanz* des Grases und damit die Nährstoffkonzentration in der Trockensubstanz fällt mit fortschreitendem Wachstum rasch ab (s. Tab. 7, Seite 38). Unter süddeutschen Bedingungen hat STEHR in umfangreichen Untersuchungen nachgewiesen, daß bei einer mittleren Verdaulichkeit der organischen Substanz von 72,9% (± 4,2%) der Futterverzehr von Milchkühen auf der Weide um 0,5 kg ansteigt, wenn sich die Verdaulichkeit der organischen Substanz um eine Einheit verbessert.

Sehr junges Weidegras wird aber infolge der belastenden Einflüsse auf die Verdauungsvorgänge im Pansen (unzureichende „Struktur", mangelndes Wiederkäuen, erhöhte NH_3-Freisetzung, verminderte Pansenmuskelbewegungen = Motilität u. a.) zu wenig gefressen, wie die Ergebnisse von HELLER (1973) in Tab. 23 zeigen (StE wurden durch NEL ersetzt).

Tab. 23. T-Verzehr und Nährstoffversorgung auf der Weide bei unterschiedlicher Wuchshöhe

Wuchshöhe	T-Verzehr je Kuh und Tag	Gehalt/kg T Rohpr.	Gehalt/kg T NEL (MJ)	tägl. Nährstoffversorg. Rohpr.	tägl. Nährstoffversorg. NEL (MJ)
ca. 15 cm (sehr jung)	9,0 kg	ca. 230 g	6,8	2070 g	61
ca. 25 cm (weidereif)	13,0 kg	ca. 190 g	6,6	2470 g	86
ca. 35 cm (älter)	12,0 kg	ca. 160 g	6,2	1920 g	74

Berücksichtigt man den durch Weidegang etwa um 10% erhöhten Erhaltungsbedarf, so bringt sehr junges Weidegras bei einem äußerst großen Eiweißüberschuß nur die Energie für etwa 7 kg Milch. Außerdem sind Durchfälle bei solchem Futter ohne Beifütterung „strukturierten" Futters kaum zu vermeiden, so daß die Nährstoffverdaulichkeit, insbesondere aber die Absorption der Mineralstoffe (Mg) noch weiter abfällt.

„Weidereifes" Gras ist dagegen in allen Eigenschaften ausgeglichen. Der Begriff „weidereif" ist auf die ernährungsphysiologischen Anforderungen der Weidekuh abgestimmt: Die „Struktur" bzw. Grobfaserigkeit des Futters ist inzwischen so verbessert, daß stärkeres Wiederkäuen zu ausreichendem Speichelfluß führt, der pH-Wert im Bereich von etwa 6,4–6,8 gehalten wird und somit gute Bedingungen für den Abbau der verdaubaren Gerüstsubstanzen (Zellulose, Hemizellulose u. a.) bestehen. Die rege Bakterientätigkeit sorgt für eine beschleunigte Pansenpassage des Futters, wodurch der Futterverzehr steigt. Das Essigsäure : Propionsäure-Verhältnis liegt im Bereich von etwa 3 : 1 und ist optimal für eine gute Milchleistung mit hohem Eiweiß- und Fettgehalt. Die mittlere Nährstoffleistung reicht im Beispiel der Tab. 23 trotzdem nur für eine Tagesmilchmenge von 15 kg aus. Durch abfallende Verdaulichkeit des älteren Weidegrases, verbunden mit starkem Verschmutzen und Zertrampeln des Futters, liefert die Weide bei unausgeglichenem Nährstoffverhältnis nur noch Nährstoffe für etwa 11 kg Milch pro Tag.

Der zweite Einflußfaktor auf den Futterverzehr weidender Kühe ist die *Höhe des Futterangebots*. Mit zunehmendem Weidegrasangebot steigt auch der Weiderest, wie den Versuchsergebnissen von MOTT (1974) in Tab. 24 zu entnehmen ist.

Tab. 24. Futterverzehr und Weiderest in Abhängigkeit vom Futterangebot (auf NEL umgerechnet – 6,6 MJ/kg T)

mittleres Angebot kg T/Tag	mittl. Aufnahme/Kuh/Tag kg T	NEL (MJ)	reicht für ..kg Milch*	Weiderest %
12,6	10,3	68	8,8	18,1
15,3	11,8	78	12,0	22,7
17,0	13,3	88	15,1	21,7
18,7	15,0	99	18,6	20,1
21,1	14,7	97	18,0	30,1
24,5	14,1	93	16,7	42,5

* Erhaltungsbedarf 40 MJ NEL/650-kg-Kuh (mit „Weidezuschlag“)

Abb. 18. Zu sehr junger Weide kann auch ein etwas schlechteres Heu (oder Stroh) gegeben werden. Es wird vor dem Austreiben vorgelegt.

Unter praktischen Bedingungen können Nährstoffe, die bis zu etwa 18 kg Milch den Bedarf decken, von den Kühen nur dann aufgenommen werden, wenn ihnen ein „weidereifes“ Futter so reichlich angeboten wird, daß mindestens 20% des Aufwuchses als nicht genutzter Weiderest übrig bleiben können.

Bei noch größerer Weidevorgabe steigen die Grasverluste jedoch sprunghaft an, ohne die Aufnahme zu verbessern. Durch das zunehmende selektive Weiden wird soviel Futter zertreten, daß der Verzehr sogar zurückgehen kann.

Selbstverständlich übt auch die Witterung einen wesentlichen Einfluß auf den Futterverzehr aus. Es darf nicht übersehen werden, daß **bei naßkalter Witterung die Futter-T-Aufnahme sehr schnell um 10–15% zurückgeht**, so daß Nährstoffe für 3–5 kg Milch fehlen. Anhaltende Hitzeperioden, vielfach verbunden mit Insektenplage, wirken in ähnlicher Weise, vor allem wenn tagsüber geweidet wird.

4.4.1.3 Der Weidebetrieb

Zu Beginn der Weidezeit empfiehlt es sich, die gesamten Weideflächen, mit Ausnahme der zur ersten Schnittnutzung herangezogenen Flächen, kurzfristig zu überweiden. Dadurch gelingt es besser, in den richtigen Weiderhythmus zu kommen.

Grundsätzlich bedeutet der Name „Portionsweide“, daß 2mal täglich frische Weidefläche vorgegeben wird. **Täglich 1malige Vorgabe ist ein arbeitswirtschaftlich guter Kompromiß.** Bei fester Außenumzäunung der Weidekoppeln hat sich der bewegliche Elektrozaun bestens dafür eingeführt. Für hofnahe Weiden kann ein Netzanschlußgerät, ansonsten ein Trockenbatteriegerät verwendet werden. Der Draht darf das Gras nicht berühren, da sonst der Stromstoß wirkungslos abgeleitet wird. Der Bewegungsraum der weidenden Kühe soll nicht mehr als die 2- bis 3fache Tagesportionsfläche ausmachen, damit nachwachsendes Gras nicht erneut abgefressen wird.

Die Tagesfläche je Kuh ist von der Wuchshöhe und von der Dichte des Grasbestandes abhängig. **Bei weidereifem Bestand sind im Mittel 60–80 m^2/Kuh erforderlich.** Laufende Beobachtung des Weiderestes ist für die ausreichende Vorgabe notwendig. Während der gesamten Weideperiode werden die Kühe 5–7mal umgetrieben, so daß im Mittel die Kühe alle 4–5 Wochen die Fläche erneut bestoßen. Infolge des raschen Frühjahrsaufwuchses bleiben Flächen zur Mähnutzung übrig. Im Herbst muß rechtzeitig zugefüttert werden, wenn nicht andere Flächen in die Beweidung mit einbezogen werden können. Bei gleichmäßiger Verteilung der Abkalbtermine über das ganze Jahr, aber auch bei verstärkter Spätwinter- und Frühjahrsabkalbung, bleibt der Nährstoffbedarf der Milchviehherde während der Weidezeit konstant; lediglich bei verstärkter Herbstabkalbung fällt er etwas ab. Deshalb ergibt sich unter normalen Witterungsbedingungen der in Abb. 19 nach KIRCHGESSNER (1978) dargestellte Zusammenhang zwischen Nährstoffbedarf und Weidenutzung.

Neben der richtig bemessenen Futtervorgabe muß den Weidekühen laufend frisches Wasser zur Verfügung stehen. Dies kann bei hofnahen Weiden durch Anschluß an die Hofversorgung mit Tränkebecken auf der Weide oder bei erreichbarem Grundwasserstand durch Weidebrunnen erfolgen. Beide Verfahren liefern Wasser mit gleichbleibender Temperatur. Beim Einsatz von Wasserwagen mit Tränkebecken ist besonders während Hitzeperioden auf laufenden Wasserwechsel zu achten.

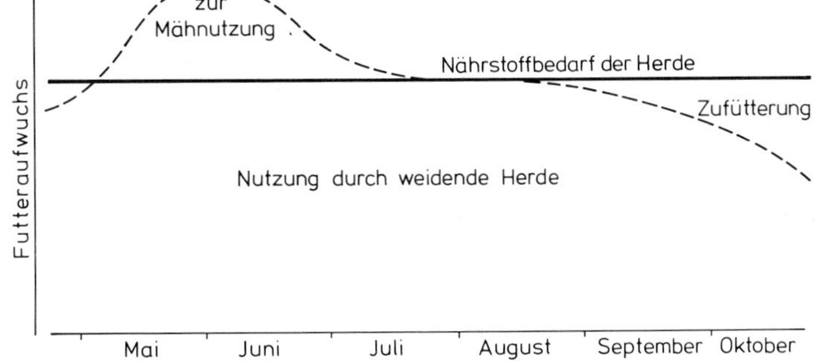

Abb. 19. Aufwuchsverlauf, Weidenutzung und Nährstoffbedarf der Herde.

4.4.1.4 Ergänzungsfütterung zur Weide

Abgesehen von der Strukturfutterergänzung zu jungem Weidegras liefert weidereifes Gras immer noch einen Eiweißüberschuß im Vergleich zur Energieversorgung. Die leistungsgerechte Fütterung der Milchkühe verlangt demnach eine Energieergänzung.

Die Beifütterung von *Maissilage* ist eine Möglichkeit. Dieses Grundfutter vermindert aber den Verzehr an Weidegras; es kann daher besonders bei knapper Weidefläche ein wirtschaftlicher Ausgleich sein. Die Tab. 25 zeigt die Nährstoffversorgung anhand einer Beispielration, die allerdings noch einen auszugleichenden Eiweißüberschuß bringt. Die neuen, höheren Eiweißwerte intensiver Grünlandbewirtschaftung machen sich neben dem etwa um 10% geringeren Milchproduktionswert nach NEL gegenüber der früheren StE-Berechnng deutlich bemerkbar.

Maissilage bringt zwar einen sehr guten Ausgleich. Die Schwierigkeiten liegen vielfach darin, daß sich Maissilage bei hohen Außentemperaturen und relativ geringen Entnahmemengen leicht erwärmt. Im Einzugsbereich von Grünfuttertrocknungsanlagen sind Cobs und Briketts aus der ganzen Maispflanze ein ideales Ergänzungsfutter, da ihre Lagerung und Verfütterung problemlos ist.

Nicht oder schwach melassierte *Trockenschnitzel* sind ebenfalls ein gutes Ergänzungsfutter. Bis zu 3 kg/Kuh und Tag sind zu empfehlen. Außerdem wirken sie ausgleichend auf die hohe Abbaurate des Weidegras-Rohproteins im Pansen (s. Seite 35). Sie sind aber trotz ihres relativ hohen Rohfasergehaltes (20% in der T) kein Ausgleich zu sehr jungem, „strukturarmen" Weidegras, da diese Rohfaser nur eine geringe „pansenmotorische" Wirkung hat. Für frischmelkende Kühe ist die Beifütterung von *Getreideschrot* günstiger, da sein Energiegehalt höher ist und eine verstärkte Propionsäurebildung eintritt.

Abb. 20. Ein Mineralfutterbehälter am unentbehrlichen Wasserfaß erleichtert bei Weidegang die bedarfsgerechte Versorgung mit diesen lebenswichtigen Bau- und Betriebsstoffen.

Tab. 25. Nährstoffversorgung bei Ergänzung des Weidegrases mit Maissilage

Tägl. Futtermenge	T, kg	Rohpr., g	MJ NEL
55 kg Weidegras (17,5 % T)	9,6	1925	60,7
15 kg Maissilage (26 % T)	3,9	360	24,6
Tagesration	13,5	2285	85,3
abzgl. Erhaltungsbedarf (650 kg LG)		500	40,0*
MEW, kg FCM		21	14,3

* einschl. „Weidezuschlag"

Weidefütterung verlangt eine laufende Mineralstoffergänzung. Auf die Grundfutterleistung bezogen besteht besonders bei Natrium, zu Weidebeginn auch bei Magnesium, eine relativ große Bedarfslücke. Aber auch der Bedarf an Mangan und Zink, gelegentlich auch Kupfer, ist vielfach nicht abgedeckt. „Mineralfuttermittel II für Rinder" sollen deshalb nicht nur ihre Mindestwerte nach Normtyp (1981) von 8% Na, 2% Mg sowie 3000 mg Zn und 700 mg Cu/kg enthalten, sondern um etwa ein Drittel höher liegen und zusätzlich noch 2000 mg Mn enthalten, wenn die tägliche Mineralfutteraufnahme etwa 100 g beträgt. Weidebriketts oder Weideleckschalen müssen ebenfalls diesen Bedürfnissen entsprechen. Vorteilhaft ist die Anbringung von Mineralfutterbehältern am Wasserwagen (s. Abb. 20).

Kühe mit mehr als 18–20 kg Milchleistung pro Tag erhalten zu bester Weide ein energiereiches Kraftfutter zugefüttert. Nach Ausgleich eines meist vorhandenen Eiweißüberschusses soll der Nährstoffgehalt mit 18% Rohprotein in 6,80 MJ NEL

Abb. 21. Trotz bester Weidebedingungen wird dieses Euter ohne Kraftfutterzugabe nicht laufend gefüllt werden können.

(gleich einem „Ergänzungsfutter für Milchkühe“, DLG-Standard II, Energiestufe 3, s. Tab. 39) für die Milchleistung ausgeglichen sein. In hofeigenen Mischungen muß der entsprechende Mineralstoffgehalt durch Zumischen von Mineralfutter, dessen Anteil sich nach den übrigen Kraftfutterkomponenten richtet und meistens bei 2% liegt, abgedeckt werden. Nährstoffmäßig reicht 1 kg Kraftfutter mit den genannten Gehaltswerten für 2,1 kg Milch. Ist die Gesamtration in Ordnung, so gilt auch unter praktischen Bedingungen die **Faustregel: 1 kg Kraftfutter = 2 kg Milch.** Damit ist bei höheren Kraftfuttergaben ein möglicher Rückgang des Grundfutterverzehrs und auch eine Minderaufnahme bei ungünstiger Weidewitterung ausgeglichen. Eine Kuh mit 30 kg Tagesleistung bekommt somit zu sehr guter Weide 6 kg Kraftfutter täglich, i. d. R. als Getreide + Mineralfutter.

4.4.1.5 Herbstweide

In verschiedenen Gebieten, wie z. B. in Flußniederungen, ist es üblich, die Kühe erst nach dem zweiten Grünlandschnitt zu weiden. – Vorher werden sie meist mit Grünfutter vom Feldfutterbau im Stall gefüttert. – Dabei muß von vorneherein bedacht werden, daß die Bestandsdichte mit einer Mähweide nicht vergleichbar ist und die nachlassende Wuchskraft im Herbst zu stark reduzierten Graserträgen führt. Hinzu kommt, daß von Frühfrösten betroffenes Gras nicht mehr so gerne gefressen wird, so daß der Futterverzehr stark zurückgeht. Eine laufende Beifütterung von anderem Grundfutter im Stall vor dem Austrieb ist deshalb für die Kühe mit mehr als 10 kg Tagesmilchleistung unerläßlich. Werden blattreiche Zwischenfrüchte im Stall verfüttert, so müssen je Mahlzeit mindestens 1,5 kg Heu, notfalls auch gutes Futterstroh, zusätzlich verabreicht werden.

Herbstgras weist im allgemeinen eine stark verminderte Energiekonzentration auf. Mit Ausnahme exponierter Lagen mit starker Strahlungsintensität im Alpenvorland, in denen noch Gehaltswerte bis zu 6,0 MJ NEL/kg T erreicht werden, sind 5,0 MJ NEL/kg T keine Seltenheit. Deshalb fällt die Grundfutterleistung der Weide im Herbst vielfach in den Bereich von 6–8 kg Milch ab.

4.4.2 Grünfütterung im Stall

Die Grünfütterung im Stall ist im Weidebereich während anhaltender Regenperioden bei wenig trittfesten Weiden eine Notmaßnahme. Sie wird aber in den letzten Jahren auch in ausgesprochenen Weidegebieten, vorwiegend von der Kostenseite her, stark diskutiert und z. T. auch verwirklicht. Erschwernisse des Viehtriebs in verkehrsreichen Gegenden und starke Parzellierung durch Zupacht entlegener Flächen sprechen in Verbindung mit verbesserter Mäh- und Transporttechnik für das tägliche Einholen des Grünfutters. In Feldfutterbau-Gebieten ist es vielfach traditionsgebunden.

Gerade bei der Grünfütterung im Stall muß jedoch davon ausgegangen werden, daß nicht der Futteranfall, sondern die Ansprüche der Milchkuh die Rationsgestaltung bestimmen. Einige Punkte dürfen insbesondere beim Wechsel von der Weidefütterung zur Stallfütterung nicht übersehen werden:

1. *Die Grünfütterung im Stall verlängert gegenüber der Weidehaltung die Winterfutterperiode um 3 Wochen. Futterplanung und Lagerkapazität sind darauf abzustimmen.*

2. *Gras im Stall von Hand verteilen ist körperliche Schwerstarbeit; die Transporttechnik endet vielfach an der Stalltür.*
3. *Grünfutter muß täglich mindestens 1 mal geholt werden – auch an Sonn- und Feiertagen.*
4. *Grünfutter soll täglich möglichst 3 mal vorgelegt werden.*

Es sollen hier aber nicht die zahlreichen Für und Wider erörtert werden, da auch die Kombinationsmöglichkeiten sehr vielseitig sind, sondern einige Grundsätze aufgezeigt werden, die jeder Praktiker bei Grünfütterung im Stall berücksichtigen muß.

4.4.2.1 Veränderungen des Grünfutters bei fortschreitender Vegetation

Späterer Mähbeginn gegenüber Weideauftrieb und länger anhaltende Nutzung derselben Fläche wirken sich auf den Nährstoffgehalt des Grünfutters und auf die Verzehrsbereitschaft der Kühe aus (s. Tab. 8). In den Versuchen von ROHR (1972) ergab sich durch den Rückgang der Verdaulichkeit der organ. Substanz von über 72 auf unter 65% eine Verzehrsminderung, die einem Rückgang der „Grundfutterleistung" von 16,5 auf 7,5 kg FCM entsprach. Die Grünfütterung im Stall verlangt ein ausgeklügeltes Feldfutteranbausystem bzw. eine gekonnte Wiesennutzung. Im reinen Grünlandbetrieb ist dies durch den notwendigen Wechsel mit der Winterfutterkonservierung leichter zu bewerkstelligen als im Feldfutterbau, besonders wenn Akkerfutterflächen lediglich zur Grünfütterung verwendet werden sollen.

4.4.2.2 Ergänzungsfütterung

Fütterung von Rotklee oder anderen Kleearten allein soll unter allen Umständen vermieden werden, da sie durch ihre Einseitigkeit und die starken vegetationsbedingten Änderungen verdauungsphysiologisch eine ständig erneute Belastung des Tieres darstellt. Kleegrasmischungen sind diesbezüglich wesentlich günstiger zu beurteilen. Ein mehr oder minder großer Eiweißüberschuß wird aber eine laufende negative Begleiterscheinung sein, wenn kein Energieausgleich erfolgt. In Tab. 26 soll am Beispiel mit jungem Rotklee die richtige Fütterung einer Kuh mit 28 kg Tagesmilchmenge demonstriert werden.

Die Zufütterung von Wiesenheu als „Strukturfutter" ist zu sehr jungem Rotklee unerläßlich. Den Mineralstoffausgleich dieser Ration bringen etwa 200 g Mineral-

Tab. 26. Richtiger Ausgleich einer Futterration mit jungem Rotklee

	T, kg	Rohpr., g	MJ NEL
40 kg Rotklee, i. d. Knospe	8,3	1480	50,5
2 kg Wiesenheu, Beg.-Mitte d. Bl.	1,7	236	8,1
12 kg Maissilage, teigreif (30 % T)	3,6	312	23,9
6,5 kg Milchviehfutter I/2[1]	5,7	845	44,2
	19,3	2873	126,6
abzgl. Erhaltung (650 kg LG)		500	37,7
Nährstoffe für 28 kg Milch (FCM)		2373	88,9

[1] s. Tab. 39

futter, die, der üblichen Fütterungsmethode entsprechend, als Grundfutterergänzung (= 100 g) und als Kraftfutterkomponente verabreicht werden.

4.4.2.3 Frühjahrs- und Herbstzwischenfrüchte

Zwischenfrüchte können die Futterbasis wesentlich erweitern. Sie sind bei überlegter Fütterung als Winterzwischenfrucht ein frühzeitiges, gutes Beifutter zur Stallfütterung mit Ausgang des Winters und erleichtern den Übergang zur alleinigen Grünfütterung, als Herbstzwischenfrüchte verlängern sie die Grünfutterperiode und vermindern durch Einsparung konservierten Futters die Futterkosten.

Zwischenfrüchte sind in der Regel sehr blattreiche Pflanzen, so daß sie immer mit Rauhfutter ergänzt werden müssen. Ihr Rohproteingehalt ist meistens sehr hoch. Beim Mähen sollen sie möglichst in einem Arbeitsgang aufgeladen werden, da sie durch Zwischenablegen am Acker leicht verschmutzen. Besonders bei Stoppelrüben kann ein hoher Schmutzanteil die Darmschleimhaut reizen und entzünden, wodurch die Absorption vermindert und Durchfälle unterstützt werden.

Viele Futterpflanzen des Zwischenfruchtbaues gehören zur Familie der Kreuzblütler (Raps, Rübsen, Senf, Stoppelrüben, Markstammkohl). Sie sind schnellwüchsig und relativ frosthart. Sie sollen möglichst im Knospenstadium verfüttert werden. Winterzwischenfrüchte müssen auf jeden Fall zu Beginn der Blüte verbraucht sein.

Kreuzblütler (Cruciferen) können Senföle enthalten, die der Pflanze einen mehr oder weniger stechenden Geruch geben (Einflüsse auf die Milchqualität beachten – s. auch 4.3.3). Aus Senfölen kann auch das strumigen (kropferzeugend) wirkende Rhodan abgespaltet werden, so daß sich eine Schilddrüsenunterfunktion ergeben kann. Unter diesen Bedingungen kann die Vitamin-A-Bildung aus Karotin vermindert werden. Größere Mengen von Markstammkohl können zu schädlichen Auswirkungen auf die Blutzusammensetzung führen (Hämoglobinurie, Kohlanämie) und belasten Leber und Milz. Deshalb soll die tägliche Frischfuttermenge auf keinen Fall 15–20 kg überschreiten.

Zwischenfrüchte werden mit relativ hohen N-Mengen gedüngt, damit sie in der kurzen Vegetationszeit viel Masse bilden. Das führt zu erhöhten N-Werten in der grünen Pflanze, die z. T. noch in Nitratform (NO_3) vorliegen. **Unter normalen Fütterungsbedingungen, die zu intakten Pansenfunktionen führen, wird Nitrat im Pansen über Nitrit zu Ammoniak reduziert, das im Bakterieneiweiß gebunden wird.** Der Wiederkäuer verträgt bei langsamer Futterumstellung und richtigem Ausgleich der Ration, also bei „wiederkäuergerechter" Fütterung, relativ große Nitratmengen. Die toxische (giftige) Grenze, ab der mit akuten Vergiftungen gerechnet werden muß, liegt beim gesunden Wiederkäuer bei 60 g NO_3/100 kg Lebendgewicht (WEISSBACH u. HEIN 1976). **Für die Verhältnisse im praktischen Betrieb sind jedoch weit geringere Gehaltswerte – etwa ein Fünftel – als gefährlich zu betrachten.** Es bedarf keiner weiteren Erklärung, daß hochtragende oder frischlaktierende Kühe diesbezüglich empfindlicher sind, wie besonders durch energetische Unterversorgung die negative Nitratwirkung stärker zum Durchbruch kommt.

Relativ hohe Nitratmengen ergeben sich
- in trockenheitsgeschädigten Pflanzenbeständen,
- in physiologisch jungen Pflanzen (hohe N-Düngung verzögert die Reife),
- durch Nutzung der Pflanze in starker Wachstumsphase.

Nitratgehalte von über 4% in der T werden im Herbst des öfteren festgestellt.

Abb. 22. Eiweiß- und blattreiche Herbstzwischenfrüchte nicht auf Vorrat mähen und zwischenlagern! Der meist hohe Nitratgehalt dieser Pflanzen kann dann gefährlich werden.

Winterzwischenfrüchte sind diesbezüglich weit unbedenklicher, da im Frühjahr die Bedingungen für die Nitratreduktion in der Pflanze günstiger sind.

Die Umwandlung von Nitrat zu Nitrit, der Stufe mit der mehrfachen Giftwirkung gegenüber Nitrat, in der Pflanze nach dem Schnitt wird durch Zwischenlagern nitratreichen Futters im Haufen, besonders im gehäckselten Zustand, gefördert (sog. intramolekulare Atmung der Pflanzenzellen unter Sauerstoffmangel). Außerdem erhöhen Fäulnisbakterien diesen Prozeß. Mit dem Futter aufgenommenes Nitrit wird im Pansen rasch absorbiert.

Werden nun in Futternotzeiten infolge Sommerdürre (wie z. B. im Jahre 1976) im Herbst große Zwischenfruchtmengen ohne ausreichende Ergänzung mit Rauhfutter und vielfach übergangslos gefüttert, so treffen eine Reihe negativer Situationen zusammen, die schließlich bis zum Tod des Rindes führen können: Der krasse Futterwechsel auf blattreiches, T-armes und rohproteinreiches Futter bedingt massive Störungen im Pansen, der Umwandlungsprozeß von Nitrat über Nitrit zu NH_3 ist gestört, und außerdem führt die mangelnde Bakterientätigkeit im Pansen zu großen NH_3-Überschüssen, die nicht nur die Leber belasten, sondern den pH-Wert nahe an den Neutralpunkt ansteigen lassen. Im hohen pH-Bereich erfolgt eine erhöhte Reduktion des Nitrats zu Nitrit. Gelangt Nitrat-Nitrit durch die Pansenwand in die Blutbahn, so kann es zu Vergiftungserscheinungen kommen.

Erste Anzeichen solcher *Nitrat-Nitrit-Vergiftungen* sind Appetitlosigkeit, übermäßiger Speichelfluß, allgemeine Schwäche; im fortgeschrittenen Stadium zunehmende Atemnot und Blaufärbung der Schleimhäute. In wenigen Stunden verenden die Tiere an „innerer Erstickung", da Hämoglobin zum Methämoglobin umgewandelt wird, das nicht mehr zur Sauerstoffübertragung im Zellstoffwechsel fähig ist. Nach KAUFMANN (1979) erfolgt bis etwa 8–10 g NO_3 je 100 kg Lebendgewicht kein Methämoglobin-Anstieg im Blut.

Vorbeuge ist die beste Abhilfe:

1. Übergang auf blattreiche, stark mit Stickstoff gedüngte Herbstzwischenfrüchte langsam vornehmen und tägliche Futtermengen keinesfalls über 5 kg T pro Kuh ansteigen lassen. Als oberste Frischfuttermenge sind 40 kg zu betrachten. Hochtragende und frischlaktierende Kühe müssen geringere Mengen erhalten.
2. Zwischenfrüchte richtig ergänzen: genügend „Strukturfutter“ *und* kohlenhydratreiches Futter (Getreide u. a.) als Ausgleich zum Rohproteinüberschuß und für eine rege Bakterientätigkeit.
3. Nitratreiches Futter möglichst zweimal täglich mähen. Nicht Häckseln und bei der Lagerung in der Scheune oder am Futtertisch gleichmäßig ausbreiten. Kein gefrorenes Futter mähen.
4. Für ausreichende Mineralstoff- und Vitamingaben sorgen und Tiere beobachten.

Diese vorbeugenden Hinweise sollen aber keinesfalls die vorteilhafte Wirkung der Zwischenfrüchte auf die Gestaltung der Futterration und auf die ausreichende Versorgung der Milchkühe im Jahresablauf herabsetzen. Mit Zwischenfrüchten sind gute Grundfutterleistungen zu erreichen, wie folgendes Beispiel einer ausgeglichenen Futterration für eine Kuh mit 25 kg Tagesmilch in Tab. 27 zeigt.

Tab. 27. Sinnvoller Ausgleich einer Futterration mit Zwischenfrüchten für 25 kg Tagesmilchleistung (650 kg LG)

	T, kg	Rohpr., g	MJ NEL
40 kg Futterraps, v. d. Bl.	4,4	1000	33,6
15 kg Maissilage (28 % T)	4,2	360	26,5
5 kg Wiesenheu, grasreich (Beg. bis Mitte d. Blüte)	4,3	475	20,2
	12,9	1835	80,3
abzgl. Erhaltungsbedarf		500	37,7
verbleiben für Milch		1335	42,6
ergibt kg Milch (4 % Fett)		15,7	13,4
2,0 kg Trockenschnitzel (Ausgleichsfutter)	1,8	176	13,9
3,5 kg Leistungskraftfutter II/3[1]	3,1	630	23,8
ergibt kg Milch (FCM)		25,2	25,3

[1] s. Tab. 39

4.4.2.4 Rübenblattfütterung

Bei Futterrüben fallen die Blätter meist ohne Rübenanteil an, Brassikarüben (Stoppelrüben) werden vielfach zusammen mit dem Blatt verfüttert. Normal geköpftes und sorgfältig geerntetes Zuckerrübenblatt enthält etwa 1/3–1/4 seines Erntegewichtes „Köpfe“ der Zuckerrübe. Unterschiede im Zuckergehalt sind demnach vorhanden.

Frisches Rübenblatt kann ein gutes Grünfutter im Milchviehstall sein. Leider bedingen Herbstwitterung und Ernteverfahren (Ablage im Schwad und Aufnahme mit Frontlader) häufig hohe Schmutzanteile, so daß vielfach bis zu 1/3 der T und teilweise mehr Schmutz ist. Im sorgfältig geernteten Rübenblatt mit 16 % T-Gehalt liegt der Nährstoffgehalt bei 23 g Rohprotein und 1,10 MJ NEL (d. s. 144 g Rohprotein

Abb. 23. Sauber geerntetes Rübenblatt ist ein gutes, aber niemals alleiniges Grünfutter für Kühe.

und 6,90 MJ NEL/kg T), ein für die Milchviehfütterung weitgehend günstiges Nährstoffverhältnis. Die Blätter der Kohl- und Stoppelrüben sind mit 20–22% Rohprotein eiweißreicher, und sie haben einen leichten Rohproteinüberschuß. Bei hoher Verdaulichkeit (über 80%) weist Rübenblatt von den Grundfuttermitteln die geringste Struktur auf und ist mit 12% Rohfaser in der T „pansenmotorisch" eher dem Kraftfutter zuzuordnen. **Rübenblatt kann deshalb niemals alleiniges Grundfutter in der Milchviehfütterung sein.** Zur Aufrechterhaltung normaler Verdauungs-

Tab. 28. Rationsbeispiele mit Rübenblatt für Kühe mit unterschiedlicher Leistung

Futtermittel		tägl. Milchleistung (4 % Fett), kg		
		10	20	30
Rübenblatt, sauber	kg:	40	35	30
Grassilage, grasreich, Beg.-Mitte Bl. (30 % T)	kg:		–	10
Maissilage (28 % T)	kg:	10	15	15
Heu, Wiese, grasreich, Ende Bl.	kg:	3	5	4
Trockenschnitzel	kg:		–	1,5
Eiweißr. Erg.-Futter (III/2)*	kg:	–	3	5
Nährstoffgehalt der Ration				
Rohpr., g		1326	2235	3070
MJ NEL		68,8	99,3	129,0

* s. Tab. 39

vorgänge im Pansen sind besonders bei höheren Leistungen mindestens 40% der Grundfutter-T als Rauhfutter oder angewelkte Grassilage zuzufüttern.

Eine Besonderheit des Rübenblattes stellt der relativ hohe Gehalt an Oxalsäure (bis zu 5% der T) dar. Sie liegt meist als Ca-Oxalat vor. Während beim monogastrischen Tier diese Verbindung zum größten Teil unverwertbar ist, kann sie vom Wiederkäuer nach KOLB (1971) zu etwa 30–40% abgebaut werden, so daß das Kalzium in einem beachtlichen Maß absorbiert werden kann.

Wie frisches Rübenblatt verdauungsphysiologisch richtig in Futterrationen für unterschiedliche Milchleistungen eingesetzt werden kann, ist in Tab. 28 beispielhaft angegeben. Zu große Mengen sind auch hinsichtlich der Milchqualität zu vermeiden (s. Seite 65).

Ist im Rübenbaubetrieb nicht genügend Anwelksilage oder Heu vorrätig, so kann im unteren Leistungsbereich auch Stroh (bis zu 2 kg) verfüttert werden. Mit ansteigender Leistung ist bei Strohfütterung ein Nährstoffausgleich über Kraftfutter erforderlich. Von aufgeschlossenem Stroh (s. Seite 99) sind bis zu 4 kg täglich vertretbar.

Stoppelrüben mit Blatt sollen möglichst nicht mehr als 30–35 kg je Kuh und Tag verfüttert werden.

4.5 Fütterung der Milchkühe im Winter

Für die Hälfte des Jahres und mehr muß unter den klimatischen Bedingungen in der Bundesrepublik Deutschland und den anliegenden Alpenländern konserviertes Futter für die Milchviehfütterung bereitgestellt werden. Im frisch geschnittenen Grünfutter tritt durch pflanzeneigene Enzyme und durch Bakterien ein rascher Abbau der Nährstoffe ein, wenn nicht entweder das Wasser möglichst rasch bis auf etwa 14% entzogen oder das Futter einem Gärvorgang unter Entstehen von Säuren und Verhindern des Luftzutritts ausgesetzt wird. Ob nun Verfahren der Trocknung oder der Gärfutterbereitung für die Futterkonservierung angewendet werden, hängt im wesentlichen von der Arbeits- und Investitionskraft des Betriebes sowie vom langfristigen Witterungsverlauf ab. In allen Fällen treten Verluste an gewachsenen Nährstoffen auf, deren Höhe zwischen den und innerhalb der einzelnen Konservierungsverfahren stark schwanken können. Jedenfalls stellen sie einen bedeutenden ökonomischen Faktor dar. Mit welchen mittleren Verlusten bei den verschiedenen Verfahren zu rechnen ist, soll die Abb. 24 verdeutlichen. In Anlehnung an die Angaben im „Futtermitteltabellenwerk" von NEHRING u.a. hat HUSS (1980, Seite 179), ausgehend von 1 kg Wiesengras-T, die T-Verluste für die einzelnen Konservierungsformen angegeben und die verbleibende T auf die einzelnen Energieformen (s. Seite 30) aufgeteilt.

Zum einen ist die Winterfütterung mit hohen Konservierungsverlusten behaftet (Atmungs-, Witterungs-, Bearbeitungs-, Lagerungs- und Gärverluste), zum anderen läßt sie sich aufgrund der fast gleichbleibenden Nährstoffgehalte in gut konserviertem Futter viel leichter gleichmäßiger gestalten als die Fütterung im Sommer mit ihrem täglich sich ändernden Nährstoffgehalt im Grünfutter. Da aber leicht verdauliche Nährstoffe beim Konservierungsvorgang in stärkerem Ausmaß verlorengehen als schwer verdauliche Rohfaser, sind die Nettoenergie-Verluste im konservierten Futter immer größer als die T-Verluste. Dadurch fallen die Verdaulichkeit der organischen Substanz und damit der Futterverzehr ab (s. 3).

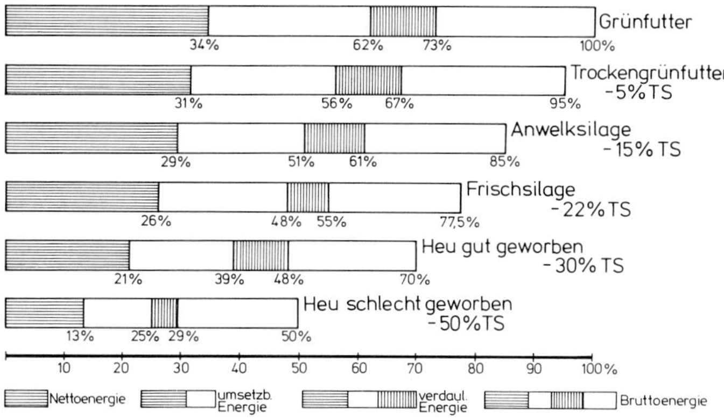

Abb. 24. Vergleich der Konservierungsverfahren hinsichtlich der T-Verluste und ihrer verbleibenden Anteile an Brutto-, verdaulicher-, umsetzbarer- und Netto-Energie (Bezug: 1 kg Wiesengras-T).

Hinzu kommen in Abhängigkeit vom Konservierungsverfahren die Wahl des Schnittzeitpunktes und die Risiken des Witterungsverlaufs. Am leichtesten ist es bei der weitgehend witterungsunabhängigen Heißlufttrocknung, den jeweils optimalen Schnittzeitpunkt zu verwirklichen, gefolgt von der Gärfutterbereitung, der Trocknung mit vorgewärmter Luft, der Unterdachtrocknung mit Kaltluft und schließlich der Bodentrocknung, die die größte Witterungsabhängigkeit und deshalb vielfach den am längsten verzögerten ersten Schnitt bringt. Die *Grundfutterleistung* kann dadurch stark beeinflußt werden. Sie liegt in den überwiegenden Fällen zwischen 6 und 10 kg Milch je Kuh und Tag. Dieser Bereich wird bei einseitiger Fütterung von nicht oder nur wenig angewelkter Grassilage oder bei solcher mit hohen Fermentationsverlusten unterschritten, mit sehr gut geworbenem Heu bei frühzeitigem Schnitt und mit Produkten der Warm- und Heißlufttrocknung teilweise beachtlich überschritten.

Die **Ansprüche der Milchkuh an das Grundfutter** in der Winterfutterperiode können wie folgt formuliert werden:

1. *Grundfutter für leistungsfähige Milchkühe muß eine gute Verdaulichkeit der organischen Substanz aufweisen (möglichst 70% und mehr), so daß davon viel gefressen werden kann.*
2. *Grundfutter ist der „Strukturlieferant" für hochverdauliche Milchviehrationen, damit die gesamte Futterration – einschließlich Kraftfutter und anderer, ähnlich wirkender Futtermittel – noch „wiederkäuergerecht" bleibt.*
3. *Grundfutter muß geschmacklich der Kuh entsprechend. Aussagen hierzu sind nur in negativer Hinsicht möglich: Grundfutter für Kühe muß frei von biologischem Fremdbesatz (Schimmel, Milben) und von Schmutz sein.*

4.5.1 Silagen und andere „Saftfuttermittel"

Die Gärfutterbereitung nimmt als schlagkräftiges, relativ verlustarmes Konservierungsverfahren regional unterschiedlich ständig zu. Alle technischen und betrieblichen Maßnahmen (schnelles Befüllen, dichtes Lagern, luftdichtes Abschließen) sind auf raschen Verbrauch des eingeschlossenen Luftsauerstoffes gerichtet, so daß die Pflanzenzelle schnell inaktiviert und anaerobe mikrobielle Vorgänge eingeleitet werden.

Die schnelle Entwicklung der Milchsäurebakterien schafft Voraussetzungen für eine verlustarme Konservierung. Diese wird unterstützt durch genügend Zucker im Futter und durch ein optimales Zucker-Pufferkapazitäts-Verhältnis (d.i. die zur Einstellung eines pH-Wertes von 4,0 notwendige Milchsäuremenge in mval/100 g T). Günstige Voraussetzungen für beide Forderungen liefern z.B. Mais und Zuckerrübenblatt, ungünstige Bedingungen sind bei eiweißreichem Grünfutter und sehr wasserreichen Futterpflanzen vorhanden. Der Zuckergehalt der Gräser ist unterschiedlich; durch Vorwelken auf 30–50% T kann er im Zellsaft relativ erhöht werden. Für normale Flach- und Hochbehälter wird man den Bereich um 40% anstreben, für gasdichte Behälter um 50%. Stärkeres Anwelken verlängert die Feldperiode und kann bei schlechter Dichtlagerung – oder geringer Schlagkraft bzw. langer Fülldauer (optimal 1–2 Tage) – die Selbsterwärmung und dadurch die Nährstoffverluste fördern (Eiweißfestlegung!). Bei halbhohen Behältern und mangelnder luftdichter Abdeckung ist die Gefahr der Schimmelbildung vorhanden, die gerade für tragende Tiere gefährlich werden kann (Aborte).

Schimmelpilzen und anderen obligat aeroben Gärschädlingen ist durch rasches Verdrängen des Sauerstoffes die Entwicklungsmöglichkeit einzuschränken. Schwieriger ist es bei wahlweise anaeroben Bakteriengruppen *(Coli-Aerogenes)* oder gar bei obligat anaeroben Bakterien (Clostridien), die dazu noch relativ säureverträglich sind. *Coli-Aerogenes*-Keime stehen als Kohlenhydratvergärer in Konkurrenz zu den Milchsäurebakterien; ihre Tätigkeit führt zu hohem Essigsäuregehalt in der Silage. Hoher Wassergehalt fördert sie, Anwelken des Futters wirkt hemmend. Essigsäurehaltige Silagen werden schlecht gefressen (Naßsilagen). Die anaeroben Clostridien sind sehr gefährliche Gärschädlinge: die kohlenhydratvergärenden „Saccharolyten" ergeben hohe Buttersäuregehalte (= Buttersäurebakterien), die eiweißabbauenden „Proteolyten" erhöhen den pH-Wert in der Silage. Beim Auskeimen ihrer Sporen entstehen durch Milchsäureverzehr weitere Energieverluste und durch sekundäre pH-Werterhöhung kann dies zum „Umkippen", in ungünstigen Fällen durch Fäulnisbakterien sogar zum Verderb der Silagen führen. Von Buttersäurebakterien können die Sporen nach der Darmpassage über Kotpartikel oder über die Stalluft in die Milch gelangen und diese geschmacklich verschlechtern bzw. zu Spätblähungen in der Hartkäserei führen (s. 4.3.3). Anwelken des Futters erhöht die Saftkonzentration und vermindert auf diese Art die Clostridienentwicklung.

Der Zusatz von Silierhilfsmitteln (Präparate mit Ameisensäure, Formiaten, Nitriten und Gemischen davon) drängt selektiv Gärschädlinge zurück und erleichtert dadurch den gewünschten Milchsäure-Gärverlauf. Zusätze von Milchsäurebakterien-Stämmen bedürfen weiterer Erprobungen. Propionsäurezusatz hemmt beim Auslagern mikrobiellen Nährstoffabbau („Nachgärung" = Erwärmung).

Gärfutterzusätze sind aber nur dann sinnvoll eingesetzt, wenn die grundlegenden gärbiologischen Voraussetzungen geschaffen werden; sie können diese nur unterstützen, aber nicht ersetzen!

4.5.1.1 Grassilage

Gras für Silagebereitung soll im Zeitraum der Ähren- oder Rispenbildung der wichtigsten Obergräser geschnitten und angewelkt siliert werden. Anwelken vermindert oder vermeidet die Gärsaftbildung. Bei Naßsilagen sind die Vorschriften zur Lagerung und Ausbringung des Gärsaftes unbedingt einzuhalten, denn er darf nicht in das Grundwasser gelangen. Wesentlich bedeutender für den Milchviehhalter sind aber drei **Vorteile der angewelkten Grassilage gegenüber der Naßsilage:**

1. *Angewelktes Gras bietet bessere Gärbedingungen, so daß je kg T in Anwelksilage eine etwas höhere Nährstoffkonzentration vorliegt.*
2. *Anwelksilage weist die erforderliche „Struktur" für die Verdauungsvorgänge im Pansen auf, Naßsilage nur unbefriedigend.*
3. *Anwelksilage wird in größeren T-Mengen verzehrt als Naßsilage, so daß die Grundfutterleistung mit dem Anwelkgrad ansteigt.*

In Abb. 25 sind die Zusammenhänge zwischen Anwelkgrad, T-Verzehr und Grundfutterleistung annäherungsweise dargestellt. Allerdings darf der höhere T Gehalt nicht Folge eines späten Vegetationsstadiums des Grases sein, da dadurch die Verdaulichkeit und der Nährstoffgehalt rasch abnehmen und der Futterverzehr zurückgeht (vgl. 3).

Angewelkte Grassilage kann aus physiologischen Gründen ohne weiteres alleiniges Grundfutter sein. Die in guter Silage vorhandene Milchsäure wird im Pansen zu Propionsäure umgewandelt. Allerdings werden, wie Versuche und exakte Futterwiegungen in praktischen Betrieben immer wieder bestätigen, bei ad libitum-Fütterung von Anwelksilage noch zusätzlich etwa 2–2,5 kg gutes Heu täglich gefressen, so daß die Milchleistung aus dem Grundfutter um 3–4 kg täglich ansteigen kann. Dieser Effekt kann bei sehr gutem „Gärheu" (d.s. Grassilagen mit mehr als 50% T) unbedeutend werden. Stärkere Erwärmung des Futters während des Gärverlaufes, die Folge von Mißverhältnissen zwischen Behältergröße und Schlagkraft des Be-

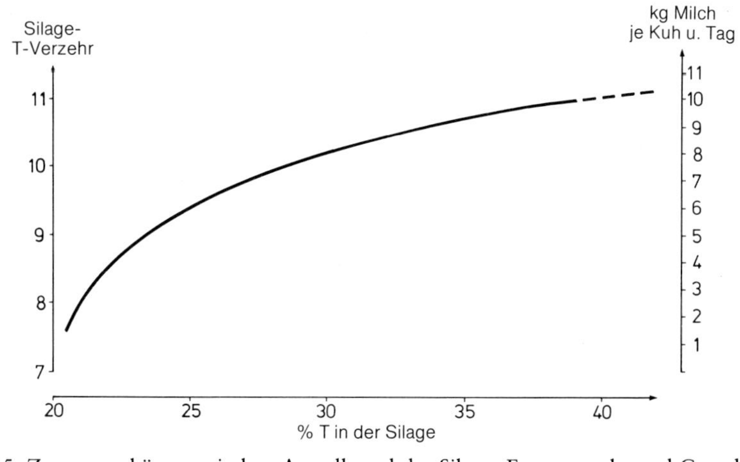

Abb. 25. Zusammenhänge zwischen Anwelkgrad der Silage, Futterverzehr und Grundfutterleistung.

triebes oder Befüllungsgrad, kann jedoch sehr rasch die Verdaulichkeit und damit die Nährstoffversorgung aus dem Grundfutter senken.

In Tab. 29 sind Rationsbeispiele mit Grassilagen, die sich im Anwelkgrad unterscheiden, aufgezeigt. Die Rationen sind nährstoffmäßig ausgeglichen, so daß die jeweilige Milch-Mehrleistung durch ein ausgeglichenes Leistungskraftfutter (s. 4.5.4) erfüttert wird. Zum Grundfutter: 100 g Mineralfutter, vitaminiert.

Tab. 29. Beispielrationen mit Grassilage unterschiedlichen T-Gehaltes und mit ausgeglichener Grundfutterleistung

Futtermittel	T, kg	Rohpr., g	MJ NEL
1. Beispiel			
35,0 kg Grassilage („naß", 20 % T)	7,0	1120	40,0
3,0 kg Wiesenheu	2,6	321	10,2
	9,6	1441	50,2
abzgl. Erhaltungsbedarf (650 kg LG)		500	37,7
verbleiben für Milchleistung		941	12,5
Grundfutterleistung, kg FCM (= MEW)		11,1	3,9
D-MEW (s. Seite 56)			7,2
Ausgleich durch Weizen/Trockenschnitzel, D-MEW			1,2
6,0 kg Weizen/Trockenschnitzel (50 : 50)	5,3	615	44,9
ausgeglichene Tagesration	14,9	1556	44,9
Tagesmilchleistung, kg FCM		18	18

Anmerkung: „Nasse" Grassilagen werden schlecht gefressen (s. Seite 39) und bringen deshalb unbefriedigende Grundfutterleistungen (s. Abb. 25).

Futtermittel	T, kg	Rohpr., g	MJ NEL
2. Beispiel			
15,0 kg Grassilage (35 % T)	5,2	840	30,0
15,0 kg Maissilage (32 % T)	4,8	405	31,8
2,5 kg Heu (2. Schnitt)	2,1	288	10,0
	12,1	1533	72,2
Grundfutterleistung, kg Milch (4 % Fett) (nach Abzug des Erhaltungsbedarfes)		12,1	10,9

Anmerkung: Mehrere Grundfutter in der Tagesration ergeben höheren Grundfutterverzehr (s. Seite 43) und damit verbesserte Grundfutterleistungen

4.5.1.2 Silagen aus Grünfutter des Feldfutter- oder Zwischenfruchtbaues

Sie sind aus zwei Gründen schwieriger herzustellen: Zum einen sind diese Futterarten (Leguminosen und Cruciferen) aufgrund ihres hohen Eiweiß- und relativ geringen Zuckergehaltes schwer silierbar, zum anderen ist ein Vorwelken mit der Gefahr stärkerer Verschmutzung verbunden oder bei Herbstzwischenfrüchten kaum mehr möglich. Bei stengelreichen Feldfutterpflanzen bewirkt der (Mäh-)Knickzetter ein stark beschleunigtes, gleichmäßiges Vorwelken. Durch Zusatz von Silierhilfsmitteln lassen sich bei sorgfältiger Siliertechnik aber auch mit diesen Grünfutterarten gute Silagen erzeugen. Ihre pansenphysiologische Wirkung hängt vom Ausgangsmaterial ab. Stengelreiche Kleearten enthalten reichlich „strukturierte" Rohfaser, Silagen aus blattreichen Zwischenfrüchten sind „pansenmotorisch" wenig wirksam. Sehr wasserreiches Grünfutter (um 90% Wassergehalt) bringt nicht nur sehr selten ein gutes Gärfutter, sondern schafft oft fast unlösbare Gärsaftprobleme. Bei ihrem Fütterungseinsatz sind unbedingt die für Frischfutter aufgezeigten Begrenzungen einzuhalten (s. Seite 76ff.).

Der Futterverzehr und die Nährstoffversorgung aus Silagen kann verbessert werden, wenn zwei Silagen gleichzeitig verfüttert werden. So werden eiweißreiche Grünfuttersilagen sehr gut durch energiereiche, aber eiweißarme Maissilagen ergänzt.

4.5.1.3 Maissilage

Maissilage ist nicht nur *das* Grundfutter für die intensive Jungbullenmast, sondern sie ist auch ein ausgezeichnetes ergänzendes Grundfutter im Milchviehstall. Es gibt bei uns keine Feldfutterpflanze, die je eine so stürmische Anbauentwicklung genommen hat wie Silomais. 1960 waren es in der Bundesrepublik Deutschland noch knapp 50000 ha Anbaufläche, 1985 betrug die Anbaufläche bereits 931557 ha. Die Gründe für die starke Ausdehnung dieser Futterpflanze sind vielschichtig; sicherlich einer der wichtigsten ist der hohe Nährstoffertrag/ha bei relativ geringem Arbeitsaufwand und ihre fast problemlose Konservierungsmöglichkeit.

Der Nährstoffertrag, bisher ausgedrückt in kStE, ist sehr stark vom Reifegrad der Maispflanze zum Silierungszeitpunkt abhängig. Im Gegensatz zum Gras, bei dem der Zustand der vegetativen Phase für Verdaulichkeit und Nährstoffgehalt maßgebend ist, bestimmt beim Silomais die generative Phase, also der Grad des Kolbenan-

Abb. 26. Eiweißreiche Zwischenfrüchte sind schwer silierbar. Der Zusatz von Silierhilfsmitteln ist notwendig.

Abb. 27. Silomais, in der Teigreife exakt gehäckselt und siliert, ist ein sehr gutes, energiereiches Futter – auch für Milchkühe!

satzes und der Kornreife, den Nährstoffgehalt. In der ganzen Pflanze steht einer relativen Abnahme des Rohfasergehaltes ein ansteigender Gehalt an N-freien Extraktstoffen (NfE), insbesondere an Stärke, gegenüber, wodurch der Energiegehalt ansteigt, wie Tab. 30 (nach DLG-Futterwerttabelle 1982) deutlich zeigt.

Tab. 30. Nährstoffveränderungen in der Maissilage mit zunehmendem T-Gehalt

T-Gehalt	Rohfaser i. T.	NfE i. T.	StE/kg T	MJ NEL/kg T
22 %	25,0 %	56,0 %	585	6,06
27 %	22,6 %	59,6 %	605	6,30
32 %	20,2 %	63,0 %	639	6,61

Die Veränderungen, die mit einer verbesserten Verdaulichkeit einhergehen, bewirken nicht nur ansteigende Energiewerte je kg Futter, sondern auch eine zunehmende Nährstoffkonzentration in der Silage-T.

Aus dem Wachstumsverlauf der Maispflanze zieht MORRISON die Schlußfolgerung, daß milchreifer Silomais nur etwa $^2/_3$ bis $^3/_4$ der Nettoenergie bringt gegenüber der Ernte im teigreifen Zustand. Diese Zusammenhänge werden sehr deutlich in der Abb. 28 nach ZSCHEISCHLER (1972) wiedergegeben.

Auch für den Einsatz der Maissilage in der Milchviehfütterung ist der richtige Erntezeitpunkt die Teigreife (26–32 % T). Fortschreitende Reife über dieses Stadium hinaus bringt keine weiteren Vorteile; im Gegenteil, die Silierfähigkeit kann durch abnehmenden Zuckergehalt, erhöhten biologischen Besatz (Hefen, Pilze), durch Frosteinwirkung erschwerte Dichtlagerung zurückgehen, und die Stabilität der Silagen kann sich bei der Entnahme, besonders bei stark auflockernden Entnahmegeräten (Frontlader, Greiferzange), vermindern. Mit zunehmender Kornreife – Druschfähigkeit ab 35% T-Gehalt der Pflanze – kann der Anteil ganzer, unverdauter Körner im Kot zunehmen. Nach Untersuchungen von HONIG und ROHR (1982) kann bei T-Werten über 30% und alleiniger Maissilagefütterung der Verlust durch ganze Körner im Kot bis zu 8% ansteigen. Bei den empfohlenen gemischten Grundfutterrationen werden angeschlagene Körner bereits der Verdauung zugängig, so daß in der Praxis diese Verlustquelle meistens überschätzt wird. Theoretische Häcksellängen von ca. 6 mm und gut geschliffene Häckselmesser erzeugen ein Futter, das in gärtechnischer und verdauungsphysiologischer Sicht („Struktur") einen guten Kompromiß darstellt.

Der hohe Anteil an leicht vergärbaren Kohlenhydraten in der teigreifen Maissilage führt im Pansen der Kuh zu einer verstärkten Propionsäurebildung. Diese flüchtige Fettsäure ist beim Wiederkäuer die Grundsubstanz der Energieversorgung (s. Seite 24). Aus ihr wird hauptsächlich Blutzucker gebildet. Parallel dazu steigt die absolute Menge des zweiten wichtigsten Fermentationsproduktes im Pansen, die Essigsäure, in geringerem Maße an, so daß sich das Verhältnis dieser beiden Säuren zueinander verengt. Dann kann bei der Kuh im Körpergewebe verstärkt Fett eingelagert werden. Das bedeutet nicht nur, daß dadurch die Milchfettsynthese negativ beeinflußt werden kann (s. 4.3.2), sondern auch eine verstärkte Fetteinlagerung in Unterhautbindegewebe, Organe und andere Depots. Bei hochtragenden Kühen führt dies zu einer Verfettung der Geburtswege, wodurch, wie allgemein bekannt ist, der Geburtsverlauf erschwert wird. Individuelle und rassebedingte Unterschiede sind diesbezüglich gegeben.

Wird also teigreife Maissilage bei gut ansatzfähigen Milchkühen zum weit überwiegenden oder gar zum alleinigen Grundfutter, so können die genannten Störungen vermehrt auftreten. Hinzu kommt, daß die während der Trächtigkeit angesetzten Fettreserven durch die „endokrine Umschaltung" nach der Geburt verstärkt

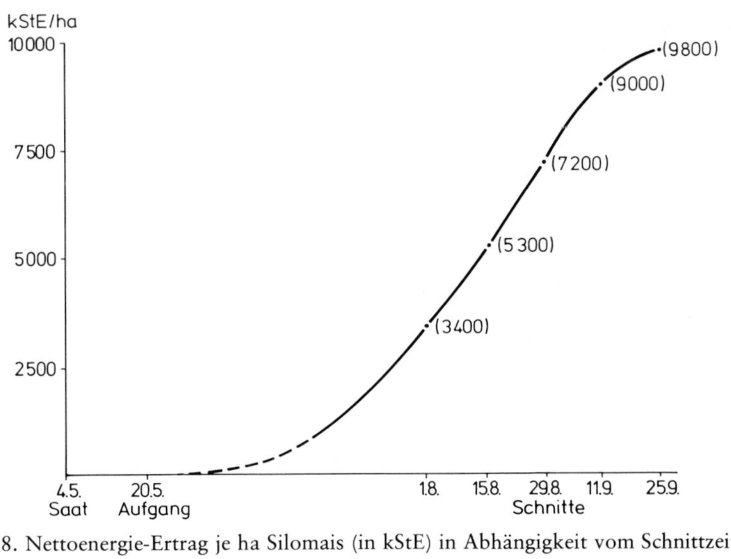

Abb. 28. Nettoenergie-Ertrag je ha Silomais (in kStE) in Abhängigkeit vom Schnittzeitpunkt.

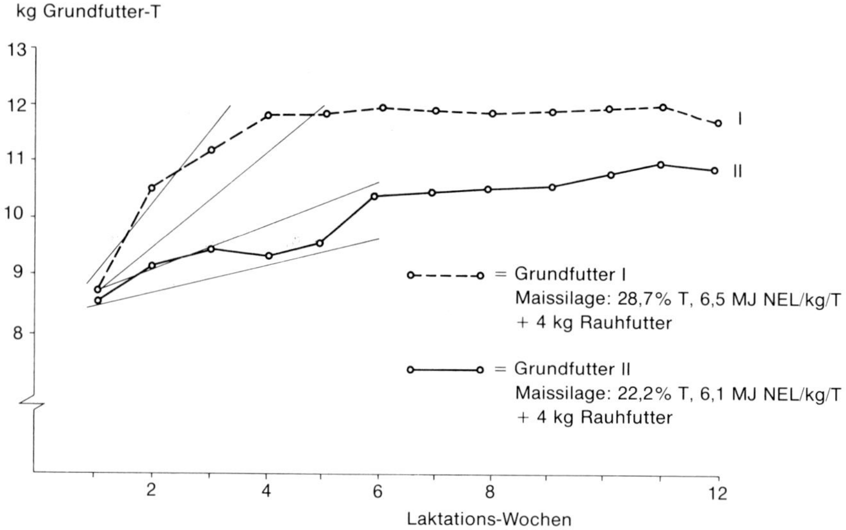

Abb. 29. Einfluß der Qualität von Maissilage auf den Grundfutter-T-Verzehr frischlaktierender Kühe.

mobilisiert werden. Dadurch wird die Futteraufnahme vermindert, der Nachschub für ausreichende Blutzuckerbildung ist unzureichend und Stoffwechselstörungen der frischlaktierenden Kuh mit allen nachteiligen Folgen (s. 4.2 und 4.8.1) werden „vorprogrammiert".

Teigreife Maissilage soll deshalb besonders bei Kühen mit gutem Ansatzvermögen auf die Hälfte der Grundfutterration begrenzt werden. Das sind immerhin noch etwa 20 kg täglich – oder rund 8 m³ Silage pro Kuh und Winterfütterungsperiode. Die andere Hälfte der täglichen Grundfutter-T (insgesamt etwa 11–12 kg) soll aus Anwelksilagen oder Rauhfutter stammen. Bei einer solchen Kombination wird das Futter ausreichend wiedergekäut, und im Pansen der Kuh wird sich insgesamt – also einschließlich der Kraftfutterergänzung – noch ein richtiges verdauungsphysiologisches Gleichgewicht einstellen.

Ein rasch ansteigender Grundfutterverzehr nach dem Abkalben ist für Stoffwechselstabilität, regelmäßigen Brunstzyklus und Befruchtungserfolg von entscheidender Bedeutung (s. 4.7). Wie vorteilhaft diesbezüglich teigreife Maissilage wirken kann, zeigt der Verzehrsverlauf in Abb. 29, dem umfassende Erhebungen an der Eidgenössischen Versuchsanstalt für viehwirtschaftliche Produktion, Grangeneuve, zugrunde liegen (SCHNEEBERGER 1979).

In Tab. 31 sind Tagesrationen mit relativ hohen Maissilageanteilen angegeben, die außerdem ein ausgeglichenes Nährstoffverhältnis aufweisen. Die „energetische Grundfutterleistung" ist sehr gut.

Mit fortschreitender Reife der Maispflanze verändert sich der Mineralstoffgehalt: der Ca-Gehalt nimmt ab, der P-Gehalt bleibt etwa gleich, der Mn-Gehalt geht zurück. Im Vergleich zu anderen Grundfuttermitteln und zu Getreide sind in Tab. 32 die mittleren Gehaltszahlen (DLG-Tabelle, Band 62) zusammengestellt.

Maissilage erfordert aufgrund ihres geringen Gehaltes an β-Karotin ein Mineralfutter mit hohem Vitamin-A-Gehalt (möglichst 1 Mio. IE Vitamin A/kg). Unter Umständen ist eine β-Karotin-Ergänzung erforderlich (s. Seite 116).

Tab. 31. Beispielrationen mit hohen Maissilageanteilen

Futtermittel	T, kg	Rohpr., g		MJ NEL
1. Beispiel				
22,0 kg Maissilage, teigreif (30 % T)	6,6	572		44,00
6,5 kg Heu, Wiese, grasreich, 1. Schnitt	5,6	618		26,26
	12,2	1190		70,26
abzgl. Erhaltung (650 kg LG)		500		37,7
verbleiben für Milchleistung		690		32,56
Grundfutterleistung, kg FCM (= MEW)		8,1		10,3
D-MEW (s. Seite 56)			2,2	
Ausgleichskraftfutter III/2, D-MEW			0,8	
2,8 kg Milchviehmischfutter III/2*	2,5	672		17,92
ausgeglichene Tagesration	14,7	1862		88,18
Tagesmilchleistung FCM		16		16
2. Beispiel				
25,0 kg Maissilage (25 % T)	6,3	525		39,35
15,0 kg Rotkleegrassilage, 1. Schnitt i. d. Kn. (35 % T)	5,3	900		29,70
10,0 kg Biertreber, siliert	2,6	650		16,10
	14,2	2075		85,15
Grundfutterleistung, kg FCM (= MEW)		18,5		15
D-MEW			3,5	
Ausgleich durch Gerste/Hafer, D-MEW			0,9	
4,0 kg Gerste/Hafer	3,5	428		27,00
ausgeglichene Tagesration	17,7	2503		112,15
Tagesmilchmenge, kg FCM		23,6		23,5

Anmerkung: Im 2. Beispiel sind bei hohen Milchleistungen und dementsprechend größeren Kraftfuttermengen 1–2 kg Heu zusätzlich zu empfehlen.

* s. Tab. 39

Maiskolbensilage als „Energie-Kraftfutter"? In jüngster Zeit wird vereinzelt empfohlen, auch für die Milchviehfütterung nur den Kolben mit Hüllblättern zu ernten und zu silieren. Diese „Lieschkolbenschrotsilage" (= LKS) soll als betriebseigenes, energiereiches Kraftfutter an Milchkühe leistungsgerecht verfüttert werden. Die Nährstoffkonzentration ist aufgrund der sehr hohen Verdaulichkeit diese stärke- und zellulosereichen Futters mit 8,03 MJ NEL/kg T sehr hoch; der Gehalt an Rohprotein beträgt etwa 100 g/kg T.

Auf die Trockensubstanz bezogen, ergibt 1 kg eines Gemisches aus 70% LKS und 30% Sojaextraktionsschrot sowohl nach NEL als auch nach Rohprotein den Nährstoffwert für 2,6 kg Milch (4% Fett). Besonders zu minderwertigem Grundfutter, das zum leistungsgerechten Nährstoffausgleich sehr viel Kraftfutter erfordert, kann eine solche ausgeglichene LKS verdauungsphysiologische Vorteile bringen. Die gehäckselten Lieschen sind nämlich pansenmotorisch günstiger zu beurteilen als gemahlene Kraftfutter. Allerdings: Klimatische Bedingungen, Fruchtfolge, Ertragsleistung und Betriebsgröße müssen den betriebswirtschaftlich vernünftigen „Freiraum" zur Maiskolbennutzung für die Milchviehhaltung offen lassen.

Abb. 30. Maisbeulenbrand ist bei starkem Auftreten ein schlimmer Nährstoffräuber. Direkte Gefahren für die Tiergesundheit bestehen jedoch nicht, wie umfassende Untersuchungen gezeigt haben (BURGSTALLER u. a. 1977).

Tab. 32. Mittlerer Ca-, P- und Mn-Gehalt in Maissilage, -kolben und -körnern im Vergleich zu anderen Futtermitteln (Mittelwerte mit Standardabweichung je kg T)

Futtermittel	Ca, g	P, g	Mn, mg
Maissilage (Milch- bis Teigreife)	3,9 ± 1,8	2,6 ± 0,6	44 ± 28
Wiesengrassilage (1. Schnitt im Schossen)	6,7 ± 2,9	3,3 ± 0,7	141 ± 85
Zuckerrübenblattsilage	12,9 ± 5,5	2,4 ± 0,5	157 ± 60
Wiesenheu (Beg. bis Mitte d. Blüte)	7,2 ± 2,8	2,7 ± 0,7	108 ± 65
Maiskolben (Teigreife)	0,8 ± 0,5	2,7 ± 0,7	8 ± 2
Massenrüben	2,5 ± 0,9	2,5 ± 0,5	80 ± 101
Maiskörner	0,4 ± 0,4	3,2 ± 0,6	9 ± 9
Hafer	1,2 ± 0,4	3,5 ± 0,7	48 ± 13
W-Weizen	0,7 ± 0,4	3,8 ± 0,6	35 ± 10
Gerste	0,8 ± 0,4	3,9 ± 0,5	18 ± 6

Abb. 31. Sorgfältiges Silieren lohnt sich. Jedoch nur sauberes Rübenblatt gibt eine gute Silage.

4.5.1.4 Zuckerrübenblattsilage

Silage aus Zuckerrübenblatt unterscheidet sich bei gutem Gärverlauf bezüglich Nährstoffgehalt und Einsatzmöglichkeit nur unwesentlich vom Frischblatt (s. Seite 78 ff.). Aufgrund des hohen Zuckergehaltes in den Rübenköpfen bietet es gute Gärbedingungen. In der Praxis wird aber gerade mit Rübenblatt des öfteren sehr sorglos umgegangen. Neben den hohen Atmungsverlusten im länger liegenden Schwad ist auch der Verschmutzungsgrad bei der Blattbergung meist sehr hoch, der bei trockenem Herbstwetter, sorgfältiger Blattablage und Aufladen ohne die unterste Schicht noch in Grenzen bleibt. Neue technische Möglichkeiten der Blattbergung ohne Zwischenablage am Acker bringen Vorteile. Häckseln der Blätter ist nicht erforderlich, wirkt sich aber vorteilhaft bei der Futterverteilung aus. Rübenblatt muß ebenso wie Silomais in festen Flachbehältern siliert werden; aus Hochbehältern ist die Entnahme erschwert. Die Gärsaftvorschriften unterbinden zukünftig den „Freigärhaufen"; eine begrüßenswerte Vorschrift hinsichtlich besserer Silagequalität.

Rübenblattsilage enthält vielfach hohe Buttersäureanteile, die zwar nicht die Futteraufnahme beeinträchtigen, aber die Nährstoffkonzentration mindern, die Milchqualität beeinflussen und bei frischlaktierenden Kühen störend im Stoffwechsel wirken können (s. 4.8.1). Schlechter Gärverlauf erhöht relativ den Rohfasergehalt. Rübenblattsilage ist aber trotzdem kein „Strukturfutter" und erfordert deshalb mindestens 4 kg Heu pro Tag oder entsprechende Mengen Anwelksilage als Ausgleich (s. Tab. 28).

Unter bestimmten Bedingungen kann auch Stroh, insbesondere im aufgeschlossenen Zustand (s. Seite 99), als „Strukturfaktor" eingesetzt werden. – Vorsicht jedoch, daß die Streichfähigkeit der Butter erhalten bleibt (s. 4.3.2). – Erfolgt dies nicht, so fällt der pH-Wert im Pansen, die Vormagenmotorik wird gestört, das Azetat : Propionat-Verhältnis verengt sich. Verdauungsstörungen, absinkender Milchfettgehalt und unerwünschter Körperfettansatz sind die Folge solcher Fütterungsfehler.

4.5.1.5 Futterrüben

Die Futterrübe unterstützt infolge ihrer hohen Verdaulichkeit (ca. 90%) und durch ihre gute Nährstoffkonzentration das Bestreben nach ausreichender Energieversorgung der Milchkühe. Die weite Spanne der Rübenarten und ihr Gehalt an Nährstoffen ist, auf mittlere T-Gehalte bezogen, zum Vergleich miteinander in Tab. 33 zusammengestellt.

Rüben bieten den großen Vorteil, daß sie sehr gerne gefressen werden. Dadurch kann die Grundfutteraufnahme nicht selten um 1–1,5 kg T über die Sättigung mit Silage und Rauhfutter gesteigert werden. Rüben liefern demnach zusätzliche Energie für etwa 2,5–4,0 kg Milch; bei allerdings sehr niedrigem Eiweißgehalt. Rüben sind jedoch in ihrer Wirkung auf die Verdauungsvorgänge im Pansen dem Kraftfutter gleichzustellen. Von *Massenrüben* sollen deshalb bei ausgeglichenen „wiederkäuergerechten" Futterrationen nicht mehr als 35 kg (ca. 4 kg T) verfüttert werden. Sind Rüben in der Winterfütterung das einzige „Saftfutter" zu Rauhfutter und ist die Tagesmenge höher als 25–30 kg je Kuh, so ergibt sich bei gutem Milchfettgehalt eine harte, schlecht streichfähige Butter (s. 4.3.2). Da die weit überwiegende Nährstoffgruppe innerhalb der N-freien Extraktstoffe Zucker ist (s. Tab. 33), können in Verbindung mit Rübenblattsilage, Trockenschnitzeln und ähnlichen Futtermitteln Belastungen der Pansenvorgänge und der Tiergesundheit auftreten. Besonders in azetonämiegefährdeten Beständen sind zuckerreiche Rüben wegen ihrer starken Buttersäureproduktion im Pansen (s. Tab. 3), die in den ersten Laktationswochen ketogen (= ketosefördernd) wirkt, in Rationen für frischmelkende Kühe zu begrenzen. Gerade unter diesen Bedingungen darf ihre hohe Verdaulichkeit und ihr guter Verzehr nicht dazu führen, die Energielücke mit sehr großen Rübenmengen schließen zu wollen.

Bei Futterrationen mit hohen Rübenanteilen zu Rauhfutter sollen zum Ausgleich der Konsistenz des Butterfettes in der Zusammensetzung des Kraftfutters die auf Seite 64 angegebenen Hinweise beachtet werden. In Tab. 34 sind Beispielsrationen mit Rüben wiedergegeben. Die Mineralstoff- und Vitaminversorgung ist extra zu

Tab. 33. Mittlere Gehaltswerte verschiedener Rübenarten

Rübenart	T %	org. Subst., %	N-fr. Extr.-stoffe, g	Zucker g	MJ NEL FS*	MJ NEL T
Zuckerrüben	24,0	22,0	195	160	1,94	8,11
Futterzuckerrüben	18,0	16,5	140	100	1,43	7,95
Gehaltsrüben	14,5	13,0	107	70	1,11	7,62
Massenrüben	11,0	10,0	80	45	0,85	7,77
Kohlrüben	11,0	10,0	75	45	0,93	8,43
Stoppelrüben	9,0	7,5	50	–	0,61	7,54

* FS = Frischsubstanz

berücksichtigen. Da das Ca : P-Verhältnis der Rüben etwa 1 : 1 beträgt (s. Anhangstabelle, Seite 188 f.), ergibt sich in Abhängigkeit vom übrigen Grundfutter für das ergänzende Mineralfutter meist ein solches von 1,5–2 : 1. An den Na-Gehalt im Mineralfutter sind bei Rübenfütterung keine besonderen Ansprüche zu stellen. Selbstverständlich muß es vitaminiert (Vitamine A und D_3) sein.

Die Beispielsrationen sind energetisch für 13 kg FCM (= Milch mit 4% Fettgehalt) ausgeglichen; im Eiweißgehalt weisen sie für die Beispiele 1 und 3 einen geringfügigen Überschuß auf.

Rüben werden grob geschnitzelt oder gewürfelt verfüttert. Erst dadurch ist eine gezielte Zuteilung möglich. Jungkühe, die eine energetische Ergänzung besonders notwendig haben, können trotz evtl. Zahnwechsels gut fressen, und die geschmacksverbessernde Wirkung kommt erst in dieser Aufbereitung zum Tragen. Außerdem wird durch eine Vorreinigung am Schnitzler selbst bei relativ sauber erscheinenden Rüben noch eine beachtliche Menge Schmutz beseitigt. Ganze Rüben vorzulegen ist besonders bei T-reichen Arten nicht sinnvoll.

Tab. 34. Rationsbeispiele für Milchkühe (600 kg LG) mit verschiedenen Rübenarten (Angaben in kg Futtermittel)

Futtermittel	Beispiel:	1	2	3
Massenrüben (11,2 % T)		25	–	–
Gehaltvolle Futterrüben (14,6 % T)		–	20	–
Stoppelrüben (8,1 % T)		–	–	40
Grassilage, 1. Schn., Beg.-M. d. Bl. (40 % T)		22	–	–
Kleegrassilage, 1. Schn., i. d. Kn. (30 % T)		–	25	24
Wiesenheu, 1. Schn., Beg.-M. d. Bl.		3	–	–
Weizenstroh, NH_3-aufgeschlossen		–	2,5	3
Gehaltswerte der Ration:	T, kg	14,2	12,6	12,4
	Rpr., g	1792	1628	1793
	NEL, MJ	77,8	77,6	77,1

4.5.1.6 Zuckerrübenschnitzel

Zuckerrüben sind frisch oder getrocknet (Vollschnitzel) in der Milchviehfütterung nicht am richtigen Platz, da ihr sehr hoher Zuckergehalt die aufgezeigten möglichen Störungen beschleunigen kann und die Verwertung der Saccharose durch den Wiederkäuer schlechter ist als durch Tiere mit einhöhligem Magen (s. Seite 17). Die Tagesmenge soll nicht höher als 15 kg bei frischen Zuckerrüben bzw. 2 kg bei Vollschnitzeln sein. Nach Untersuchungen von PIATKOWSKI u. a. (1977) werden bei Hochleistungskühen durch Zuckerrüben- oder Vollschnitzelfütterung zwar während der Trockenstehzeit die Blutzuckerwerte erhöht, im Stadium der Frühlaktation fallen diese aber stärker ab und der Ketonkörperspiegel im Blutserum kann soweit ansteigen, daß der Zustand einer Ketose gegeben ist.

Extrahierte Schnitzel aus der Zuckerproduktion stellen ein sehr beachtliches Futterreservoir dar. Geht man nach THIER (1982) davon aus, daß etwa 42% der Rübenverarbeitungsmenge als maximaler Feuchtschnitzelanfall (mit 12% T) gerechnet werden können, so sind dies von der Verarbeitungsmenge der Kampagne 1981 über

Abb. 32. Gut gereinigte und zerkleinerte Futterrüben können die Energieversorgung über das Grundfutter wesentlich verbessern.

10 Mio. t Feuchtware. Zum Vergleich dazu erbrachte der Silomaisanbau in der Bundesrepublik Deutschland im Jahre 1981 etwa die 3,5fache Grünmassenmenge mit etwa doppelt so hohem T-Gehalt.

Extrahierte Schnitzel könnten in Fabriknähe am kostengünstigsten als Naßschnitzel in den Futtertrog wandern. Frischfuttermengen von etwa 30 kg je Kuh und Tag sind aber nur kurzfristig haltbar. Ihr Fütterungsanteil ist auch sehr gering; 1981 waren es nur 79 433 t.

Preßschnitzel, die nach futtermittelrechtlichen Bestimmungen mind. 18 % T-Gehalt aufweisen müssen, haben dagegen im Rahmen der Energie-Einsparungsmaßnahmen seit 1980 zunehmende Bedeutung bekommen. Ihr Verwertungsanteil über den Tiermagen lag von der Ernte 1981 bei 307 300 t; das entspricht einer Naßschnitzelmenge von 513 100 t. Auf die Rekordernte 1981 mit insgesamt 24,51 Mio. t Rübenverarbeitungsmasse bezogen, ist das ein Anteil von 2,42 %. Legt man die Schnitzelmenge einer normalen Rübenernte von 19 Mio. t zugrunde, so müßten mit dieser Menge Preßschnitzel bereits über 7% nicht mehr getrocknet werden (THIER 1982).

Preßschnitzel müssen sofort fabrikwarm siliert und luftdicht abgedeckt werden. Die Haltbarkeit der Silage ist infolge ihres sehr niedrigen Gesamtsäure-Gehaltes – ca. ein Drittel gegenüber Maissilage – nicht immer befriedigend. Deshalb ist besonders für die Milchviehfütterung äußerste Sorgfalt notwendig, denn die Milchqualität ist ein beachtlicher wirtschaftlicher Faktor. Erhöhte Transportkosten (über 100 km Entfernung von der Fabrik) belasten zunehmend die Nährstoffkosten.

Zum Einsatz von Preßschnitzeln in der Milchviehfütterung sind inzwischen eine Reihe praxisbezogener Fütterungsversuche durchgeführt worden. Extrem hohe Tagesmengen von 40 kg je Kuh, die etwa 10 kg T darstellten, sind in den Versuchen von POTTHAST u.a. (1980) nicht nur gut vertragen worden, sondern haben auch noch erhöhte Milcheiweißwerte gebracht. Der Fettgehalt der Milch war im Vergleich zur Maissilagefütterung nicht erniedrigt. Aus französischen Versuchen werden als optimaler Anteil in der Tagesration 35 kg Preßschnitzelsilage (= 7 kg T) abgeleitet (THIER 1982). Um jedoch eventuelle Unzulänglichkeiten der Silage auszugleichen, können die in Tab. 35 zusammengestellten Futterrationen als Beispiele hoher Einsatzmengen von Preßschnitzelsilage in der Milchviehfütterung betrachtet werden.

Tab. 35. Rationsbeispiele für Milchkühe (650 kg LG) mit hohen Anteilen von Preßschnitzelsilage (Angaben in kg Futtermittel)

Futtermittel	Beispiel:	1	2	3
Preßschnitzelsilage (20 % T)		25	25	20
Grassilage, klee- und kräuterreich, 1. Schn., Ähren-/Rispenschn. (35 % T)		18	–	–
Maissilage (27 % T)		–	15	–
Rübenblattsilage, sauber		–	–	25
Heu, grasreich, 1. Schn., Beg.-M. d. Bl.		1	4	3,5
Gerstestroh, NH_3-aufgeschlossen		–	–	2
Gehaltswerte der Ration:	T, kg	12,2	12,5	12,7
	Rpr., g	1869	1290	1420
	NEL, MJ	76,2	77,2	74,9
abzgl. Erh.-Bedarf (s. Tab. 13)				
verbleiben für FCM (Rpr./NEL)		16,1/12,2	9,3/12,5	10,8/11,7
Ausgleichs-Kraftfutter (s. Seite 56)				
Gerste		3,7	–	–
Sojaextraktionsschrot		–	0,9	0,25
ausgegl. Ration für .. kg FCM		20,7	14,6	12,3

Trockenschnitzel stellen nach wie vor den weit überwiegenden Anteil der Verwertung von extrahierten Schnitzeln dar. Sie werden vorwiegend melassiert, und der Absatz erfolgt fast nur im pelletierten Zustand. Das hat Vorteile gegenüber losen Schnitzeln: etwa 3fach erhöhtes Schüttgewicht, bessere Transport- und Lagerfähigkeit. Ihr Rohproteingehalt ist vom Melasseanteil abhängig. Mit knapp 7 MJ NEL/kg ergibt sich ein Nährstoffverhältnis, das mit teigreifer Maissilage vergleichbar ist.

Trockenschnitzel sind sehr Ca-reich (9,7 g/kg T), während der P-Gehalt dagegen mit 1,1 g/kg T sehr niedrig, der Na-Gehalt mit 2,4 g/kg T aber relativ hoch ist. Sie sind aufgrund ihres weiten Nährstoffverhältnisses und ihrer guten Na-Werte eine ideale Ergänzung zu jungem Grünfutter (frisch oder konserviert). Trockenschnitzel stellen hinsichtlich ihres relativ hohen Rohfasergehaltes (ca. 18 %) jedoch keinen „Strukturausgleich" zu sehr jungem Gras oder zu Zwischenfrüchten dar. Tagesmengen von 3–4 kg – mit zunehmender Melassierung die untere Menge – sollten keinesfalls überschritten werden (s. Seite 72).

4.5.1.7 Schlempe, Biertreber und Bierhefe

Schlempen und Biertreber sind die bedeutendsten Futtermittel aus der Gärungsindustrie. Während der Schlempeanfall laufend am Brennereibetrieb verfüttert werden muß, können Biertreber in den Verkehr gebracht werden. Beim Brennereiprozeß gehen außer der in Zucker bzw. Alkohol umgewandelten Stärke keine weiteren Stoffe verloren, während beim Brauprozeß alle löslichen Stoffe mit der Würze abgehen und sich nichtwasserlösliche Substanzen in den Biertrebern anreichern. Das Verhältnis der Nährstoffe in der Schlempe bzw. in Biertrebern verändert sich gegenüber dem Ausgangsmaterial sehr stark: das Rohprotein steigt um das 2–3fache, die Rohfaser um das 2,5–3,5fache, die N-freien Extraktstoffe fallen auf die Hälfte ab.

Schlempen und Biertreber sind Futtermittel, die stärkereiche Futtermittel ergänzen können. Schlempen haben einen T-Gehalt von nur 5,5 bzw. 8,5%, so daß mit Tageshöchstmengen von 40–50 Liter nur 2,2–2,8 kg Futter-T mit 11,2–14 MJ NEL bei Kartoffelschlempe bzw. 24,8–31 MJ NEL bei Maisschlempe verzehrt werden. Frühere „Abmelkbetriebe" haben größere Mengen eingesetzt. Die Verfütterung im warmen Zustand verhindert die bei Zwischenlagerungen rasch auftretende Essigsäurebildung, Reinlichkeit ist also eine Grundbedingung der Schlempefütterung im Milchviehstall. Schlempefütterung verlangt ausreichende „Strukturfutter"-Ergänzung und eine gute Vitamin-A-Versorgung (Schlempemauke).

Die Verfütterung frischer Biertreber ist nur im brauereinahen Betrieb möglich, da sie nur 3–4 Tage haltbar sind. Beim Silieren ist ein Silierzusatz zu empfehlen, da vergärbarer Zucker fehlt und ansonsten höhere Essig- und Buttersäuremengen entstehen. Empfehlenswerte Biertrebermengen (frisch oder siliert) liegen bei 10–15 kg je Kuh und Tag. Damit werden etwa 650–975 g Rohprotein und 16,1–24,2 MJ NEL verabreicht; das sind Nährstoffe für 7,5–11,5 kg Milch nach Rohprotein, jedoch nur für 5–7,5 kg nach NEL.

Frische Bierhefe kommt mit zunehmender Verschärfung der Vorschriften gegen Umweltbelastungen verstärkt in die Fütterung. An Milchkühe kann sie im unbehandelten Zustand in Tagesmengen von 10–15 Litern verfüttert werden. Ihr hoher Rohproteingehalt von 50–60% in der T bringt bei mittlerem T-Gehalt von 10–15%, wie sie von Brauereien abgegeben wird, je nach Menge und T-Gehalt täglich etwa 700–1050 g Rohprotein bei unbedeutender eiweißfreier Energiemenge in die Tagesration. Der NEL-Gehalt beträgt in diesem Bereich 7,5–16,8 MJ. Ohne T-Bestimmung ist keine genaue Nährstoffschätzung möglich. Frische Bierhefe verlangt somit energiereiche Futtermittel (Maissilage, Getreideschrot, Trockenschnitzel) zum Ausgleich.

4.5.2 Heißluftgetrocknetes Grünfutter

Heißluftgetrocknetes Futter, auch Trockengrün genannt, kann nach dem Trocknungsprozeß entweder vermahlen (Grünmehl) und anschließend zu Pellets oder unvermahlen zu Cobs oder Briketts verpreßt werden. Grünmehl bzw. -pellets haben in der Milchviehfütterung nur eine sehr geringe Bedeutung. Cobs und Briketts dagegen sind wirtschaftseigene Grundfutter, die sich durch das Preßverfahren unterscheiden: Cobs werden in Matrizenpressen, Briketts in Kolben- oder Stempelpressen hergestellt. Im allgemeinen bleibt die Häckselstruktur in den kompakten Cobs nicht so gut erhalten wie in den Briketts; Cobs sind aber z.B. bei Transportbelastungen abriebfester.

Die Produktion von Trockengrün in Form der Cobs hat sich in den bayerischen genossenschaftlichen Trocknungswerken von Jahr zu Jahr ausgedehnt, wie aus den Angaben von MAYER (1986) in Tab. 36 zu ersehen ist.

Die Heißlufttrocknung kann ein sinnvoller Kernpunkt einer sehr hohen Grünlandintensität sein. Durch Cobs und Briketts kann die Fütterungsintensität aus dem Grundfutter, insbesondere in der Milchviehhaltung, wesentlich gesteigert werden.

Tab. 36. Herstellung von Trockengrün in der Bundesrepublik Deutschland mit Anteil in bayerischen Trocknungswerken (in t Trockengut)

Jahr	Bundesrepublik Deutschland	davon in Bayern absolut	relativ
1975	59774	49891	83 %
1977	68663	58762	86 %
1979	79411	72297	91 %
1981	90776	79802	88 %
1983	102494	91832	90 %
1985	110145	97581	89 %

Milchleistungen aus dem Grundfutter bis zu 20 kg je Kuh und Tag sind nach verschiedenen Versuchen und Erhebungen in Praxisbetrieben möglich, wenn Cobs oder Briketts das überwiegende Grundfutter sind. In vergleichenden Untersuchungen an der Bayerischen Landesanstalt für Tierzucht wurden neben 2,5 kg Rauhfutter je Kuh und Tag angewelkte Grassilage (31% T), Cobs oder Briketts aus Mähweidegras gleicher Herkunft und gleicher Erntezeit zur freien Aufnahme verfüttert. Die wichtigsten Ergebnisse dieses über vier Monate durchgeführten Einzelfütterungsversuches mit 27 Kühen sind in Tab. 37 zusammengefaßt (BURGSTALLER u. AVERDUNK 1977).

Für den Eiweißgehalt der Milch sind aufgrund der guten Energieversorgung beste Voraussetzungen gegeben. Sind Cobs oder Briketts das einzige oder vorherrschende Grundfutter, so kann der Milchfettgehalt deutlich absinken (s. Seite 63). Das ist

Abb. 33. Cobs und Briketts sind Preßlinge aus unvermahlenem, Pellets solche aus vermahlenem, heißluftgetrocknetem Grünfutter.

Tab. 37. Vergleich von Silage und heißluftgetrocknetem Gras gleichen Ausgangsmaterials

Merkmal		Silage	Cobs	Briketts
Verdaulichkeit der organ. Substanz	%	74,6	77,9	77,5
Nährstoffgehalt/ kg T	StE	613	659	641
tägl. T-Verzehr (ohne Heu)	kg	8,0	11,5	11,9
Energieaufnahme/ Tag (ohne Heu)	StE	4890	7600	7640
Energieaufnahme/ Tag (mit Heu)	StE	5800	8510	8550
tägl. „Grundfutter-leistung", Milch	kg	9,5	19,3	19,6

durch die Kombination mit „Strukturfutter" zu vermeiden. Anhand von Versuchsergebnissen und langjährigen Erfahrungen aus Praxisbetrieben läßt sich für die praktische Fütterung folgende Kombination als obere Grenze des Cobs- oder Brikettseinsatzes festlegen: mit etwa 1/3 „strukturiertem" Halmfutter und 2/3 Cobs oder Briketts – bezogen auf T – ist ohne Rückgang des Milchfettgehaltes eine hohe Energieversorgung aus dem Grundfutter zu erzielen. Als Ergänzung zum täglichen Mineralfutter sind 40 g Viehsalz je Kuh notwendig. Der hohe Gehalt an β-Karotin

Tab. 38. Rationsbeispiele für Milchkühe (625 kg LG) mit hohen Cobs-Gaben, abgestimmt auf 30 kg FCM (in kg Futtermittel)

Futtermittel		Grünlandbetrieb mit Silage	Grünlandbetrieb Hartkäserei	Grünland-Ackerbau-Betrieb
Cobs, 1. Schn., Ähren-/Rispenschieben		11	10	8
Grassilage, 1. Schn., Ähr./Risp. (30 % T)		15	–	–
Heu, 1. Schn., Ähren-/Rispenschieben		–	6	–
Heu, 1. Schn., Beg.-M. d. Bl.		–	–	3
Maissilage (30 % T)		–	–	15
Nährstoffgehalt, Rpr./MJ NEL		2645/97,04	2392/92,26	2060/96,29
ab Erh.-Bedarf, verbleibt kg FCM		25,4/19,1	22,4/17,6	18,5/18,8
D-MEW (s. Seite 56)		6,3	4,8	0,3
Ausgleichs-Kraftfutter Gerste/Trockenschnitzel, 50 : 50		4,75	4,5	–
Leistungs-Kraftfutter Milchviehfutter II/3*)		–	1,25	5,5
Nährstoffgehalt der Ration für 30 kg FCM (625 kg LG):	T, kg	18,8	18,8	18,7
	Rpr., g	3100	3050	3050
	NEL, MJ	131,3	132,0	133,7

*) s. Tab. 39

im Trockengrün (ca. 150 mg als Ausgangswert, 60 mg/kg T nach einjähriger Lagerung) ist sehr positiv zu beurteilen (s. Seite 116).

Mit dem Rückgang der täglichen Milchmenge in der zweiten Laktationshälfte unter die „Grundfutterleistung" sind Cobs oder Briketts aus wirtschaftlichen Gründen zu begrenzen, eventuell ganz wegzunehmen. Sonst kann sich bei Futterrationen mit hohen Cobs- oder Brikettsanteilen ein „Luxuskonsum" ergeben, der sich negativ auf die Wirtschaftlichkeit der Milchviehhaltung auswirkt. Erst in der Vorbereitungsfütterung werden Cobs oder Briketts wieder verfüttert, damit der steigende Nährstoffbedarf bei rückläufigem Futterverzehr gedeckt wird und die Futterumstellung vor dem Abkalben erfolgt.

Das rasche Anfüttern leistungsfähiger Kühe nach dem Abkalben mit Cobs oder Briketts als vorherrschende Rationsbestandteile führt infolge ihrer hohen Energiekonzentration und Verzehrsmengen nicht nur in kurzer Zeit zu einer ausgeglichenen Energiebilanz, sondern es sind beste Voraussetzungen für eine anhaltende hohe tägliche Milchleistung und für die Gesunderhaltung solcher Kühe vorhanden (s. Abb. 39). Zur Zeit der Wiederbedeckung sind sie trotz hoher Leistung nicht im Energiedefizit. Durch eine gleichbleibende Futterqualität ergibt sich eine gute Beharrlichkeit der Leistung.

4.5.3 Rauhfutter

Stroh als „Nebenprodukt" der Samengewinnung hat bei akutem Mangel an wirtschaftseigenem Grundfutter, besonders nach größeren Trockenperioden, den Charakter eines „Notfutters". Es kann aber auch fester Bestandteil von Milchviehfutterrationen sein, wenn zu strukturarmen Zwischenfrüchten, Rübenblatt u. a., Heu oder Anwelksilagen fehlen. Der Nährstoffgehalt von nativem (unbehandeltem) Stroh ist jedoch gering, und infolge der schlechten Verdaulichkeit wird bei größeren Mengen sehr rasch der Grundfutterverzehr gesenkt.

Mit Hilfe chemischer Aufschlußverfahren kann der Futterwert von Stroh beachtlich erhöht werden. Beim sog. Trocken-Laugeaufschluß-Verfahren wird je nach Konzentration der Lauge maschinell so viel dosiert, daß auf reine NaOH etwa 3–4% des Strohgewichtes entfallen. Das zweite bekannte Verfahren ist auf Ammoniakgas abgestimmt: Ein sorgfältig gestapelter und im Gewicht genau bekannter Haufen wird nach gasdichter Ummantelung mit Folien mit 3% NH_3 behandelt. Die Einwirkungszeit soll bei normaler Temperatur etwa 2 Monate dauern.

Durch diese chemischen Verfahren wird der „Ligninverband" der Zellwände „aufgesprengt", so daß die Zellwandkohlenhydrate dem Abbau durch die Enzyme der Mikroorganismen im Pansen zugänglich werden. Die Verdaulichkeit der organischen Substanz wird um etwa 1/4 verbessert (auf ca. 60%), wodurch das Stroh einem „mittleren Wiesenheu" vergleichbar wird.

Ob nun NaOH-behandeltes Stroh unter Melassezusatz zu „Strohcobs" verpreßt oder auf einem losen Häckselhaufen einer längeren Einwirkungszeit ausgesetzt wird, entscheiden die technischen und betrieblichen Voraussetzungen. Melasse kann den „seifigen Geschmack des Laugenstrohs" überdecken. Jedenfalls ist zu berücksichtigen, daß durch die genannte NaOH-Dosierung der Na-Gehalt im aufgeschlossenen Stroh auf etwa 23 g/kg ansteigt. Tägliche Strohmengen von etwa 3 kg je Milchkuh werden in den meisten Fällen ausreichend sein. Größere Strohmengen werden von Milchkühen nur gefressen, wenn anderes Grundfutter stark rationiert wird oder nicht zur Verfügung steht. In solchen Situationen deckt das Grundfutter kaum den Erhaltungsbedarf. Die leistungsgerechte Nährstoffversorgung erfolgt durch Kraftfutter. Zunehmende Mineralstoff- und Vitaminlücken müssen berücksichtigt werden.

Von entscheidendem Einfluß auf die Wirtschaftlichkeit des Strohaufschlusses kann auch die innerbetriebliche Substitution (Ersatz von Flächen des Feldfutterbaues durch aufgeschlossenes Stroh) werden, wenn dadurch Flächen für den Anbau von Marktfrüchten freigesetzt werden.

Das wichtigste Rauhfutter ist zweifelsfrei Heu der verschiedenen Schnittnutzungen. Heu vom ersten Schnitt hat vergleichsweise den höchsten Rohfasergehalt; deshalb eignet es sich vorzüglich zur „Strukturfutter"-Ergänzung. Aufgrund der besonderen Aufwuchsbedingungen in sehr intensiv bewirtschafteten Grünlandbetrieben des süddeutschen Raumes kann es vorteilhaft sein, für Hochleistungskühe, die größere Kraftfuttergaben erhalten, Heu vom ersten Schnitt zur Verfügung zu haben. In verschiedenen Regionen, insbesondere in den Silage-Verbotszonen der Hartkäsebereitung, ist Heu das einzige Grundfutter der Winterfütterung, wenn Cobs nicht zur Verfügung stehen.

Heu wird am Boden oder „unter Dach" getrocknet. Die Bodentrocknung ist voll witterungsabhängig und deshalb mit den größten Verlusten verbunden (s. Abb. 24). Die mechanischen Verluste (Abbröckeln der rascher trocknenden nährstoffreichen Blätter) sollen durch Gerüsttrocknung am Felde oder durch „Unter-Dach-Trocknung" (UDT) vermieden werden. Die Gerüsttrocknung scheidet infolge des relativ hohen Arbeitsaufwandes immer mehr aus. An ihre Stelle tritt verstärkt die UD-Trocknung, die mit Kaltluft (Einfahrfeuchte etwa 30%), mit leicht vorgewärmter Luft (+ 5–10°C, bis 40% Einfahrfeuchte) oder mit stark vorgewärmter Luft

Abb. 34. Durch Aufschlußverfahren (Natronlauge oder Ammoniakgas) wird der Futterwert des Strohs wesentlich verbessert. Die Wirtschaftlichkeit des Aufschlusses wird von den betrieblichen, technischen und fütterungsmäßigen Voraussetzungen beeinflußt.

Abb. 35. Die Gerüsttrocknung bringt besonders bei blattreichem Grünfutter ein gutes Heu, doch heutzutage fehlen „die Hände" dazu.

(+30–70° C, bis 60% Einfahrfeuchte) erfolgen kann. Während die ersten beiden UDT-Verfahren „am Stock" erfolgen, das getrocknete Gut also nicht mehr umgelagert wird, entwickelt sich in letzter Zeit für die Trocknung mit stark vorgewärmter Luft ein absetziges Verfahren: im Tag-Nacht-Rhythmus wird das eingefahrene Futter getrocknet und danach umgelagert. Bei allen UDT-Verfahren muß das mehr oder weniger stark vorgetrocknete Futter gleichmäßig ohne Verdichtungszonen im Trocknerbereich verteilt werden, da der Weg der durchgeblasenen Luft – im Gegensatz zur Heißlufttrocknung – nicht gesteuert werden kann.

Bei der Kaltbelüftung ist es wie bei der Bodentrocknung praktisch nicht möglich, unter eine Endfeuchte von 20% zu kommen. Im noch nicht lagerfähigen Futter tritt in diesen Fällen eine mikrobielle Nachgärung ein, die das Heu zwar durch Wärmebildung auf die Lagerfeuchte von 14–16% herabtrocknet, aber auch weitere Nährstoffverluste bedingt. Erwärmt sich der Heustock über 60° C, so vermindert sich zusätzlich insbesondere die Verdaulichkeit des Rohproteins. Mit angewärmter Luft kann dagegen sofort lagerfähig getrocknet werden, so daß bei ordnungsgemäßer Bedienung der Anlage keine Lagerverluste entstehen. Die Nährstoffverluste können von etwa 25% bei der Kaltbelüftung deshalb mit zunehmender Anwärmung der Trocknungsluft bis in den Bereich von 15–10% gesenkt werden. Entgegengesetzt dazu steigen die gesamten Trocknungskosten an.

Die Verdaulichkeit des Heues und damit dessen Nährstoffkonzentration fallen gegenüber dem Grüngut in Abhängigkeit vom Trocknungsverlauf ab. Neben der Erhöhung des Rohfasergehaltes bei verzögertem Schnitt kommt die relative Rohfaseranreicherung durch Verluste leichtlöslicher Nährstoffe hinzu. Der Futterverzehr geht rasch zurück (s. Tab. 9, Seite 38). Reine Heufütterung ist im Vergleich zur Silage-Heu-Fütterung mit höheren Futterkosten verbunden. Sie kann deshalb nur in Ausnahmefällen (Hartkäsereigebiet) wirtschaftlich sinnvoll sein. Ist jedoch nur Heu mittlerer Qualität vorhanden, so ist die „Grundfutterleistung" äußerst niedrig. Mit sehr gutem Heu kann sie aber höher liegen als mit guter Anwelksilage. Die Unterschiede im Futterverzehr und in der „Grundfutterleistung" werden im nachstehend aufgezeigten Fütterungsversuch mit Heu unterschiedlicher Qualität zur freien Aufnahme sehr deutlich.

1. Gruppe = 12 Tiere: Heu, Mähweide, 1. Aufwuchs, Ende Blüte, mit 3,73 MJ NEL/kg
   12 kg täglicher Verzehr = 44,76 MJ NEL = Erhaltungsbedarf + NEL für 2 kg Milch
2. Gruppe = 12 Tiere: Heu, Mähweide, 1. Aufw. i. Ähren-/Rispenschieben, mit 4,57 MJ NEL/kg
   16 kg täglicher Verzehr = 73,12 MJ NEL = Erhaltungsbedarf + NEL für 13 kg Milch

In Abhängigkeit von der Nährstoffkonzentration im Heu ergibt sich hinsichtlich des Heuverzehrs folgende *„Faustregel": Verändert sich der Nährstoffgehalt um ca. 0,25 MJ NEL/kg Heu, so ändert sich auch der Grundfutterverzehr durch Milchkühe um 1 kg.*

Es kommt also nicht nur aus ernährungsphysiologischer, sondern vor allem auch aus wirtschaftlicher Sicht darauf an, Rauhfutter mit hoher Verdaulichkeit und damit hoher Nährstoffkonzentration zu erzeugen. Dazu trägt ein frühzeitiger Schnitt bei, so daß im Heu der Rohfasergehalt möglichst nicht wesentlich über 28% liegt. Dadurch wird ein hoher Futterverzehr erreicht.

Abb. 36. Moderne Trocknungsverfahren mit stark vorgewärmter Luft erzeugen ein ausgezeichnetes Rauhfutter. Die Gesamtkosten sind jedoch denen der Heißlufttrocknung vergleichbar.

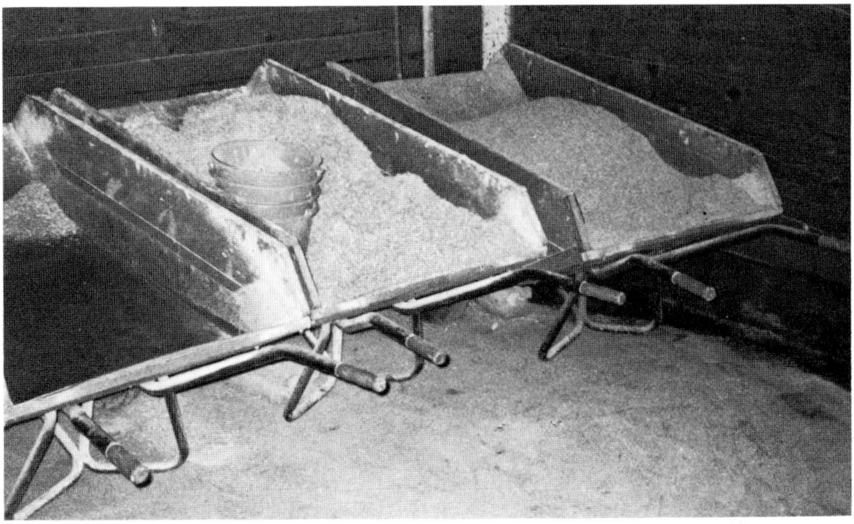

Abb. 37. Gutes Grundfutter durch das passende Kraftfutter leistungsgerecht ergänzen, darauf kommt es in einer wirtschaftlichen Milchviehfütterung an!

Wenn auch gutes Heu im Futterverzehr und damit in der gleichmäßigen Nährstoffversorgung der Kühe vielfach weniger Probleme bringt als die Silagefütterung, so wird Heu mit wenigen Ausnahmen aus arbeits- und betriebswirtschaftlichen Gründen immer mehr zu einem ergänzenden Grundfutter. Der Anteil in der Ration hängt neben der betrieblichen Verfassung (Arbeitskräfte, Lagerraum) und den Witterungsbedingungen von den physiologischen Anforderungen der Milchkuh ab, denn nur „wiederkäuergerechte“ Futterrationen halten die Kühe gesund und fruchtbar.

4.5.4 Kraftfuttereinsatz

Das Kraftfutter als hochverdauliche Futterkomponente mit hoher Nährstoffkonzentration hat in der Milchviehfütterung immer eine ergänzende Funktion. – Das Futtermittelgesetz verwendet für Milchviehmischfutter folgerichtig die Bezeichnung „*Ergänzungsfutter*“. – Nährstoffgehalt und -zusammensetzung sowie tägliche Kraftfuttermenge sind einerseits vom Grundfutter, andererseits von der Leistungshöhe der Milchkuh abhängig. Wirtschaftlicher Kraftfuttereinsatz kann und muß deshalb leistungsbezogen erfolgen. Die Leitlinie dazu liefert die laufende Milchleistungskontrolle.

Kraftfuttereinsatz nach Milchleistung verlangt als erstes – wie auf Seite 56ff. ausführlich beschrieben – den nährstoffmäßigen Ausgleich der Grundfutterration = **Ausgleichskraftfutter.** Dies kann entweder mit Einzelfuttermitteln erfolgen – Extraktionsschrot oder andere eiweißreiche Futtermittel (Ackerbohnen, Erbsen) bei Energieüberschuß im Grundfutter; Getreideschrote, Trockenschnitzel oder andere energiereiche Futtermittel bei Eiweißüberschuß –, oder es wird ein entsprechendes „Ergänzungsfuttermittel für Milchkühe“ verwendet.

Auf dieser Basis wird die noch offene Leistungslücke durch ein zweites Kraftfutter aufgefüllt, dessen Nährstoff-, Mineralstoff- und Vitamingehalt auf den Bedarf zur Milchbildung abgestimmt ist = **Leistungskraftfutter.**

Rationelle Milchviehfütterung verlangt deshalb folgende Schritte:

1. *Feststellung der „Grundfutterleistung" nach Rohprotein und NEL.*
2. *Ausgleich des Grundfutters mit einem „Ausgleichskraftfutter", das je nach „Grundfutterleistung" einen Energie- oder Eiweißüberschuß hat.*
3. *Ausgleich der Mineralstoff- und Vitaminlücken der nährstoffmäßig ausgeglichenen Grundfutterration durch ein entsprechendes (vitaminiertes) Mineralfutter.*
4. *Fütterung nach Milchleistung mit einem „Leistungskraftfutter", das ein ausgeglichenes Nährstoffverhältnis hat.*

Die Anlage 1 zur Futtermittelverordnung (FMV) vom 14.4.1981, geändert durch die 4. ÄVO zur FMV v. 31.1.1985, die „Typenliste für Einzelfuttermittel", bringt dem Landwirt im Zukauf von Einzelfuttermitteln Sicherheit. Die für den „Normtyp" angegebenen Mindestwerte stellen die Gehalte in der Originalsubstanz dar. Da aber viele Einzelfuttermittel nicht nach „Normtyp" gehandelt werden, sind die anzugebenden Inhaltsstoffe nach Spalte 5 bedeutend. Sie müssen entweder auf dem Futtermittelsack oder in den Begleitpapieren deutlich lesbar abgedruckt werden. So darf z.B. Sojaextraktionsschrot nur mit einem Rohfasergehalt bis 8% in den Verkehr gebracht werden, und es müssen bei max. Wassergehalt von 13% – wie bei den meisten übrigen Nebenerzeugnissen der Ölgewinnung – Rohprotein-, Rohfett- und Rohfasergehalt angegeben werden. Für Futter- und Nachmehle ist bei max. Wassergehalt von 14% Rohfaser- und Stärkegehalt deklarationspflichtiger, aussagefähiger Inhaltsstoff. Diese Vorschriften sollte man kennen und auf die Einhaltung achten!

Gerade beim Bezug durch den Landwirt können teilweise beachtliche Abweichungen nach der wertmindernden Seite vorkommen, wie nachstehende Ergebnisse von 1102 Sojaextraktionsschrot-Proben, die durch die amtliche Beratung in Bayern 1981–1984 gezogen wurden, deutlich zeigen. Die Gehaltswerte beziehen sich auf die Originalsubstanz:

Rohprotein: 43,5% im Mittel, 37,0% niedrigster, 50,0% höchster Wert,
Rohfaser: 7,0% im Mittel, 3,9% niedrigster, 13,4% höchster Wert,
Wasser: 12,8% im Mittel, 6,8% niedrigster, 19,6% höchster Wert.

Den „Normtyp"-Werten entsprechen 66% beim Rohprotein und 59% bei der Rohfaser (RUTZMOSER u. GFRÖRER, 1985). Wasser muß bei Werten über 13% angegeben werden und das Produkt ist „alsbald" zu verbrauchen.

Mit der 4. ÄVO vom 31. 1. 1985 wurde wiederum – wie vorher bis 1976 – die „offene" Deklaration obligatorisch. Danach ist nach § 13 (2) der FMV bei Mischfuttermitteln für Tiere außer Heimtieren die genaue Zusammensetzung in % der Einzelfuttermittel anzugeben. Die „Tpyenliste für Mischfuttermittel" berücksichtigt 4 *Milchleistungsfutter* mit folgenden Inhaltsstoffen des Normtyps (bezogen auf 88% T):

I. (Ergänzungsfuttermittel für Milchkühe)
13–17% Rohprotein,
max. 6% Rohfett,

max. 12% Rohfaser,
max. 9% Rohasche; min. 0,8% Ca, min. 0,5% P, min. 0,2% Na.

II. (Ergänzungsfuttermittel für Milchkühe)
18–22% Rohprotein, davon max. 3% aus NPN-Verbindungen,
max. 6% Rohfett,
max. 12% Rohfaser,
max. 9% Rohasche; min. 0,8% Ca, min. 0,5% P, min. 0,2% Na.

III. (Ergänzungsfuttermittel für Milchkühe)
23–30% Rohprotein, davon max. 6% aus NPN-Verbindungen,
max. 8% Rohfett,
max. 14% Rohfaser,
max. 12% Rohasche; min. 1,5%Ca, min. 0,6% P, min. 0,3% Na.

IV. (Eiweißreiches Ergänzungsfuttermittel für Milchkühe)
min. 31% Rohprotein, davon max. 6% aus NPN-Verbindungen,
max. 8% Rohfett,
max. 14% Rohfaser,
max. 14% Rohasche; min. 2,2% Ca, min. 0,7% P, min. 0,5% Na.

Nach der 5. Änderungsverordnung (ÄVO) vom April 1981 sind auch bei nicht normtypgerechten Mischfuttermitteln Rohprotein, Rohfett, Rohfaser, Rohasche, Kalzium, Phosphor und Natrium zu deklarieren. Mischfutterhersteller, die der FPM angeschlossen sind, müssen den Energiegehalt nach der festgelegten NEL-Berechnung in Verbindung mit dem Hohenheimer Futterwerttest (s. Seite 33) angeben. Die Energiestufen, für die nach der FPM-Regelung ein Schätzfehler von ± 0,25 MJ NEL/kg erlaubt ist, stimmen mit denen der DLG-Standardmischfutter überein (s. Tab. 39). Wenn auch der Landwirt nach der „offenen Form" wieder die %-Anteile der Einzelfuttermittel weiß, so sind für den Futterwert unverändert die Inhaltsstoffe des Mischfutters maßgebend. Und: *Gegenseitiges Vertrauen bewährt sich immer!*

Für DLG-Standardmischfutter gelten grundsätzlich die Bedingungen des Normtyps: Gehaltszahlen ohne nähere Angabe sind Festwerte, Mindest- bzw. Höchstwerte dürfen nur nach der wertverbessernden Seite abweichen. Die Bezeichnung der DLG-Standardmischfutter deckt sich mit der aus der Typenliste für Mischfutter. Dies trifft auch im wesentlichen für die Inhaltsstoffe zu, die vom „Normtyp" abweichend lediglich für Rohfett auch einen Mindestgehalt von 2% für alle Standards angeben und im Na-Gehalt in den Standards III und IV jeweils um 1 g höher liegen. Die vier DLG-Standardmischfutter für Milchvieh sind mit den einzelnen Energiestufen in Tab. 39 zusammengestellt.

Tab. 39. Milchleistungsfutter nach DLG-Standard (Energiestufen und Gehaltswerte je kg)

Standard	Energiestufe	MJ NEL	Rohpr., g
I	2	6,4	min. 130
	3	6,9	min. 130
II	2	6,4	min. 180
	3	6,9	min. 180
III	1	5,9	min. 240
	2	6,4	min. 240
IV	1	5,9	min. 310

Im intensiv und gut geführten Grünlandbetrieb liegt sowohl in der Sommer- als auch in der Winterfütterung meist ein Eiweißüberschuß im Grundfutter vor. Getreideschrot ist zum Ausgleich der Energielücke sehr willkommen. Energiereiche, hofeigene Leistungsfuttermischungen, also solche mit ausgeglichenem Nährstoffverhältnis, lassen sich mit eiweißreichen Ergänzungsfuttermitteln bzw. mit Sojaextraktionsschrot oder anderen eiweißreichen Nebenerzeugnissen der Ölgewinnung leicht herstellen. Wirtschaftseigene Körnerleguminosen sind dafür ebenfalls bestens geeignet: 40% Ackerbohnen + 60% Getreide bzw. 50:50 bei Erbsen. Von den Standardmischfuttermitteln ist nur II/3 mit 18% Rohprotein ein ausgeglichenes Leistungskraftfutter. Für solche Kombinationen einige Beispiele:

1 Teil III/2 + 1 Teil Getreideschrot
= 2 Teile Leistungskraftfutter
1 Teil IV + 2 Teile Getreideschrot
= 3 Teile Leistungskraftfutter
1 Teil Sojaextraktionsschrot + 4 Teile Getreideschrot
= 5 Teile Leistungskraftfutter

Bei den ersten beiden Kombinationen deckt das industrielle Mischfutter den leistungsbezogenen Mineralstoffbedarf ab. Die dritte Kombination erfordert – wie bei Bohnen und Erbsen – je kg Kraftfutter min. 20 g Mineralfutter (vitaminiert).

Kraftfutter mit niedrigem Energiegehalt sind bei der Hochleistungskuh vom begrenzten Aufnahmevermögen her nicht erwünscht, einer stärkeren Auffettung solcher Mischungen sind verdauungsphysiologische Grenzen gesetzt (s. Seite 19).

Kraftfutter unterstützt die mikrobielle Aktivität im Pansen, verringert bei größeren Gaben die Wiederkäutätigkeit und damit den Speichelfluß und liefert somit Bedingungen für abfallende pH-Werte. Größere Schwankungen im Tagesverlauf müssen jedoch genauso vermieden werden wie ein Absinken des pH-Wertes unter 6,0.

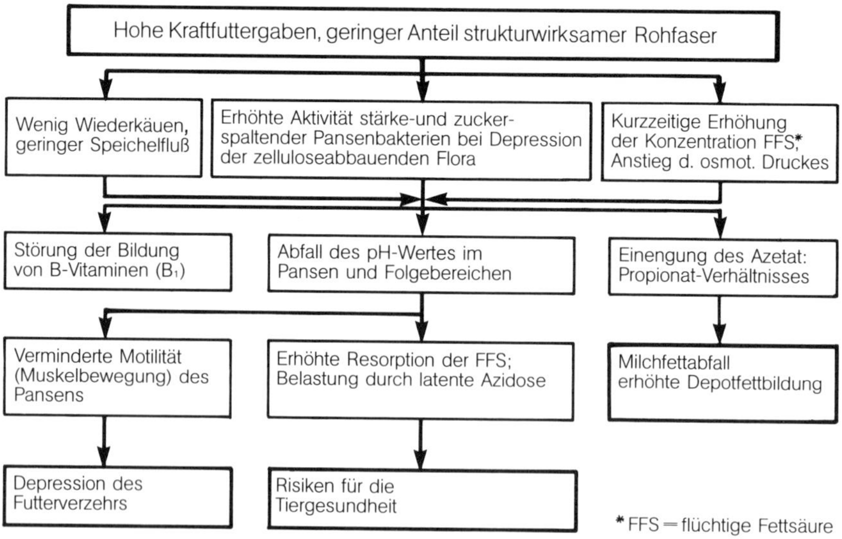

Abb. 38. Futterrationen mit ungünstigem Verhältnis von Strukturfutter zu Kraftfutter in ihren Auswirkungen auf den Organismus der Milchkuh.

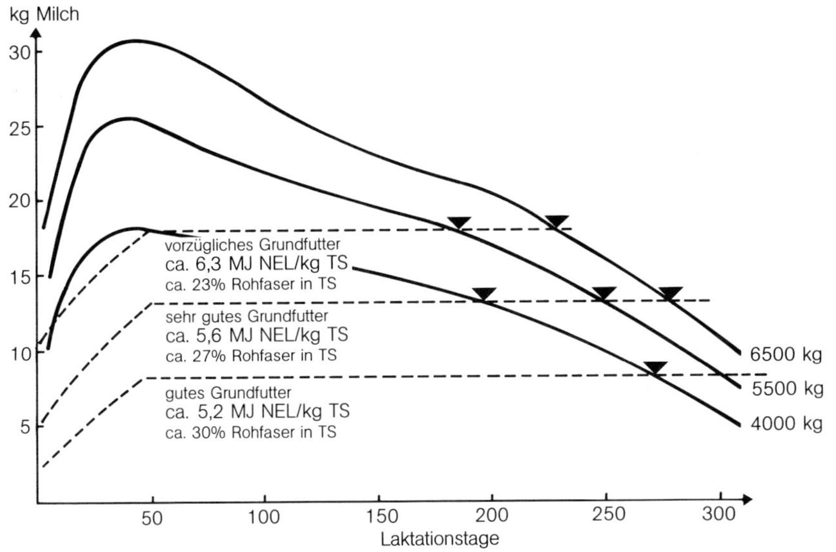

Abb. 39. Laktationskurven und tägliche Milchleistung aus Grundfutter unterschiedlicher Qualität.

Außerdem wird aus Kraftfutter in zunehmendem Maße Propionsäure gebildet (s. Tab. 3), so daß sich das Azetat:Propionat-Verhältnis verengt und der Milchfettgehalt abfallen kann. Diese Vorgänge werden besonders dann wirksam, wenn Kühe mit hoher Milchleistung weniger gutes, schlecht gefressenes Grundfutter bekommen und es aufgrund der erforderlichen hohen Kraftfuttermengen zu verstärkter „Grundfutterverdrängung" kommt. Der Anteil „strukturierter" Rohfaser in der Gesamtration wird dann zu gering (s. Seite 45). In Abb. 38 sind die Auswirkungen einer solchen unphysiologischen Futterration auf die Verdauungs- und Stoffwechselvorgänge und die Belastungen des tierischen Organismus nach ROSSOW u. JACOBI (1980) dargestellt.

Im Hinblick auf Lebensdauer und Fruchtbarkeit von Hochleistungskühen sind bedarfsgerechte Kraftfuttergaben langfristig nur auf der Basis sehr guten Grundfutters zu verwirklichen. Der schwierigste Fütterungsabschnitt bleibt aber immer noch der Zeitraum der ersten zwei Laktationsmonate. Während dieser Zeit hinkt der Anstieg des Grundfutterverzehrs der ansteigenden Laktationskurve deutlich hinterher. Diese Zusammenhänge zeigt Abb. 39. Selbst bei gutem Grundfutter sind für Tagesleistungen von 30 kg Milch tägliche Kraftfuttermengen von 10–12 kg erforderlich, wenn ein länger anhaltendes Energiedefizit vermieden werden soll.

Grundsätzlich werden Milchkühe 2mal täglich gefüttert und erhalten zu jeder Futterzeit die ihnen zustehende Kraftfuttergabe. **Nur 1mal täglich das gesamte Kraftfutter zu füttern, ist in jeder Hinsicht ein grober Fütterungsfehler.** Da Kühe auch 2mal täglich gemolken werden, hat sich die Kraftfutterfütterung im Melkstand angeboten. Die Aufenthaltsdauer im Melkstand ist im allgemeinen auf 10 Min. begrenzt. Eine Kuh kann im Mittel von ungepreßtem Schrotfutter etwa 2,5 kg, von pelletiertem Futter etwa 3,5 kg während dieser Zeit aufnehmen. Damit sind Tagesgaben von 5–7 kg unterzubringen. Die flüssige Verabreichung von Kraftfutter im

Melkstand, mit der größere Mengen in der Zeiteinheit gefressen werden können, hat sich bei uns – zum Glück! – nicht eingeführt. Denn: **der Kraftfuttermenge je Futterzeit sind verdauungsphysiologische Grenzen gesetzt;** 3–4 kg je Vorgabe sind besonders bei minderwertigem Grundfutter als obere Grenze zu betrachten. Tagesmengen von über 8 kg sollen deshalb auf mehr als 2 Vorgaben aufgeteilt werden. Dadurch wird nicht nur der Stoffwechsel entlastet, sondern es kann ein trotz „wiederkäuergerechter" Rationsgestaltung auftretender Milchfettabfall vermieden werden.

Der Milchviehhalter muß sich also Gedanken machen, wie er unter seinen Bedingungen hier Abhilfe schaffen kann. Im Anbindestall erfolgt dies bereits durch die Halbierung der Morgen- und Abend-Kraftfuttergabe und Verabreichung mit mindestens einstündiger Zwischenzeit. Im Laufstall werden in zunehmendem Maße Möglichkeiten zur individuellen Kraftfutterfütterung geschaffen. Mit einer extremen Aufteilung der Gesamtration hat KAUFMANN (1975) sogar bei einem Grundfutter : Kraftfutter-Verhältnis von 1 : 2 noch gleichmäßige Verdauungsabläufe im Pansen feststellen können (Abb. 40).

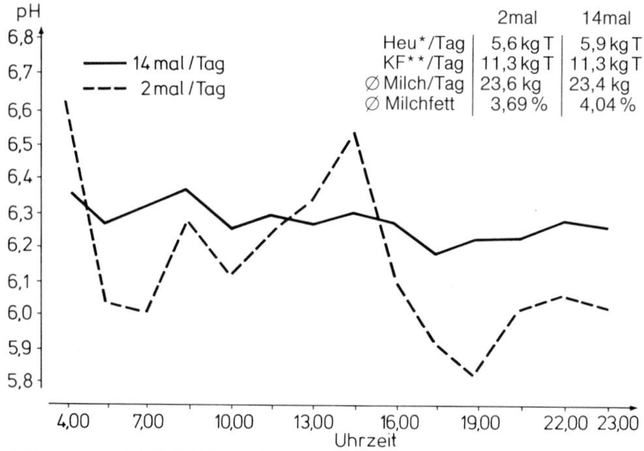

* Kleegras = 32 % Rohfaser i. T; ** Kraftfutter = 11 % Rohfaser i. T

Abb. 40. Verlauf der pH-Werte im Pansen bei täglich 2- bzw. 14maliger Fütterung.

4.6 Zur Fütterungstechnik im Milchviehstall

Es sollen in diesem Abschnitt nicht technische Fütterungseinrichtungen beschrieben werden, sondern *das Wort „Fütterungstechnik" ist hier im Sinne der „Orientierung der Fütterungssysteme am biologischen System des Tieres" zu verstehen.*

Es steht außer jedem Zweifel, daß die täglich 2malige Fütterung der Milchkühe, die am Stand fixiert sind (Anbindestall, Fangboxenstall), für einen ausreichenden Grundfutterverzehr notwendig ist. Das Futter liegt im unmittelbaren Einflußbereich der Kühe, und eingespeicheltes Futter wird nicht mehr so gerne gefressen wie frisch vorgelegtes. Die mehrmalige Fütterung mit Grund- und Kraftfutter kann noch eine Steigerung bringen, scheidet aber in der Regel aus arbeitswirtschaftlichen Gründen aus. Bei gutem Grundfutter werden dadurch die Leistungsmerkmale der Kühe nicht verändert (LINDNER 1978). Im Laufstall (Freßboxen- und Liegeboxenstall) hat die sog. Selbstfütterung am Flachsilo stark an Bedeutung verloren. Das meist sehr weite

Abb. 41. Zur „Selbstfütterung" am Flachsilo werden wegen unzureichender Grundfutteraufnahme immer mehr Bedenken laut.

Tier : Freßplatz-Verhältnis (über 3 : 1) läßt eine ausreichende Grundfutteraufnahme der rangniedrigeren Kühe schwer zu. In den gängigen Laufstallsystemen ist dagegen fast immer ein Tier : Freßplatz-Verhältnis von 1 : 1 ohne größere zusätzliche Bauaufwendungen zu verwirklichen. Werden Grundfuttermittel rationiert verfüttert, z.B. begrenzte Heu- oder Maissilagemengen neben freier Aufnahme von Grassilage, so muß auf jeden Fall ein Tier : Freßplatz-Verhältnis von 1 : 1 vorliegen, Fangfreßgitter sind dann vorteilhaft.

Wie schon des öfteren erwähnt, wirken mehrere Grundfutterarten (z.B. zwei Silagen und Heu) erhöhend auf den Grundfutterverzehr. Die Vorgabe aller Grundfuttermittel zu einer Futterzeit ist verdauungsphysiologisch grundsätzlich zu fordern. Einseitig wirkende Grundfuttermittel, wie z.B. Rüben oder Rübenblattsilagen, dürfen keinesfalls allein zu einer Futterzeit verabreicht werden, da sie in größeren Mengen störend auf den Verdauungsablauf im Pansen wirken. Zu solchen Futtermitteln gehört zur selben Futterzeit „Strukturfutter" (Heu, Anwelksilage).

Die Reihenfolge in der Verabreichung der Futtermittel ist ein viel diskutiertes Thema. Es muß jedenfalls vermieden werden, daß Kühe nach langer Fütterungspause große Kraftfuttermengen fressen. Deshalb sollen besonders Kühe in guter Milchleistung zwischendurch jederzeit Grundfutter in kleinen Mengen aufnehmen können. Das ist bei ausreichender Futtervorlage im nicht abgesperrten Futterbarren ohne zusätzlichen Aufwand möglich.

Bei Aufstallungen mit Absperrgitter sollte man im Hinblick auf einen ungestörten Verdauungsablauf im Pansen die Fütterung mit dem „Rohfaserreichen" beginnen. Infolge der verstärkten Speichelbildung beim Fressen „groben" Futters kommen größere Mengen Puffer in den Pansen. Dann wird der Abfall des pH-Wertes, der durch große Kraftfuttergaben bei mangelnder Faserstruktur unweigerlich eintritt (s.

Abb. 42. Der Futtermischwagen eröffnet für größere Tierbestände neue Möglichkeiten einer tiergerechten, arbeitswirtschaftlich günstigen Fütterung. Außerdem wird des öfteren ein höherer Futterverzehr beobachtet.

Abb. 40), rechtzeitig gestoppt. Die zellulosespaltenden Bakterien werden nicht unterdrückt, und das Wachstum der Protozoen, die stabilisierend auf die Vorgänge im Pansen wirken, wird nicht gehemmt (s. Seite 14).

In größeren Kuhbeständen ist die wirtschaftliche Basis zum Einsatz des Futtermisch- und -verteilwagens zunehmend gegeben. Er ist nicht an ein bestimmtes Aufstallungssystem gebunden, setzt aber befahrbaren Futtertisch und gut mischbares, also gehäckseltes Futter voraus. Der Futtermischwagen erfüllt die Forderungen nach gleichzeitiger Verabreichung mehrerer Grundfutterarten. Das ist verdauungsmäßig von Vorteil und kann somit eine stabilisierende Maßnahme sein. Ein höherer Grundfutterverzehr kann nach SCHWARZ (1982) dann erzielt werden, wenn zum einen einzelne Grundfutterkomponenten insbesondere aufgrund minderer Qualität bei getrennter Vorlage nicht so gerne gefressen werden oder zum anderen z. B. Mais- und Grassilage alternierend, d. h. wechselnd zur Morgen- bzw. Abendfütterung, verabreicht werden. Stehen alle Einzelkomponenten in qualitativ einwandfreier Beschaffenheit zu jeder Futterzeit zur Verfügung, so ist durch den Einsatz des Futtermischwagens kein positiver Effekt auf den Futterverzehr und somit auch nicht auf die Milchleistung zu erwarten.

Da Selektieren bei gut durchmischtem Futter erschwert ist, können auch rationierte, gern gefressene Futterkomponenten vorrätig gefüttert werden. Trotzdem ist ein Tier : Freßplatz-Verhältnis von 1 : 1 erstrebenswert; eine Erweiterung ist bis max. 3 : 1 möglich, sollte aber bei hohem Leistungsniveau vermieden werden. Die täglich 1malige Vorlage ist bei großem Trogvolumen und stabilen Silagen im Laufstall möglich, aber kaum einmal zwingend nötig. 2maliges Füttern soll das Normale bleiben. Bei 1maliger Futtervorlage pro Tag ist öfteres Nachräumen des Futters in den Trog erforderlich. Verdorbene Futtermittel dürfen im Sinne des „Verschneidens“ oder „Verdünnens“ nicht untergemischt werden, da sie den gesamten Futterverzehr stark mindern können.

Bei Grünfütterung im Stall ist bei allen Aufstallungssystemen in der Regel mindestens 2mal täglich vorzulegen, da sich Grünfutter in großen Schwaden rasch erwärmt (s. 4.4.2). Der Futterverzehr geht dann zurück. Besondere Vorsicht ist bei eiweißreichen, blattreichen Herbstzwischenfrüchten und am Stengelgrund angebräuntem Herbstgras (Fäulnisbakterien) geboten (s. Seite 76 ff.).

Die Kraftfutterfütterung im Sinne der „Orientierung am biologischen System der Kuh" ist im Anbindestall problemlos. Ein deutlicher Sichtvermerk zur täglichen Kraftfuttermenge ist leicht auf der Stalltafel am Kuhplatz anzubringen – und zu korrigieren. Ferner bedarf es keines wesentlichen Zeitaufwandes, öfter als 2mal täglich bei größerer Kraftfuttermenge zu füttern.

In jedem Laufstallsystem (einschließlich des Fangboxenlaufstalles) ist die deutliche Kennzeichnung der einzelnen Kuh die Grundlage der individuellen Kraftfutterzuteilung. Mengenangaben sind am Gerät erforderlich. Die Abtrennung der trokkenstehenden Kühe von den laktierenden Kühen erleichtert nicht nur die Melkarbeit, sondern auch die Verabreichung des Kraftfutters.

Da die alleinige Kraftfutterfütterung im Melkstand bei hohem Leistungsniveau sowohl aus arbeitswirtschaftlicher als auch aus ernährungsphysiologischer Sicht ausscheidet, ergeben sich verschiedene Alternativen im Laufstallsystem:

1. Vollkommene Auslagerung aus dem Melkstand; Ausgleichskraftfutter mit dem Grundfutter, Leistungskraftfutter individuell.
2. Ausgleichskraftfutter im Melkstand, Leistungskraftfutter individuell außerhalb.
3. Leistungskraftfutter für mittlere Milchleistung im Melkstand, Ausgleichskraftfutter und Spitzenmengen außerhalb.
4. Lockfutter und Spitzenmengen im Melkstand – wobei Überfütterung vermieden werden muß – und Leistungskraftfutter für untere und mittlere Leistungsbereiche im Laufstallbereich.

Kraftfutterzuteilung an der Krippe ist nur bei einem Tier : Freßplatz-Verhältnis von 1 : 1 möglich. Seitliche Begrenzung des Futtertroges durch einfache, der Trogform angepaßte Trennklappen verhindert das gegenseitige Wegfressen. Auf einem Rohr, das an der Trogkante entlanggeführt wird, festgeklemmt, lassen sich diese Trennscheiben nach der Kraftfuttergabe leicht wieder hochklappen. Fangfreßgitter sind während der Kraftfuttergabe zu schließen, im Freß-Liegeboxenstall sind sie nicht erforderlich, da Kühe ihren seitlich begrenzten Standplatz erfahrungsgemäß kaum verlassen. Die Einzelzuteilung ist bei kleineren und mittleren Beständen erforderlich. Die Gruppenzuteilung verlangt mindestens 3 Leistungsgruppen (ohne trokkenstehende Kühe), die räumlich variabel sein müssen und erst bei Kuhbeständen ab etwa 100 Stück reibungslos durchführbar sind. Jede Gruppenzuteilung führt tendenziell zu einem höheren Kraftfutterverbrauch je Tier, da die obere Leistungshöhe in der Gruppe die Kraftfuttermenge je Tier vorgibt. (Fütterung der trockenstehenden Kühe nach Körperzustand orientieren – s. 4.2.)

Beim Einsatz des Futtermischwagens mit Vollaufwertung der Ration durch Kraftfutter treffen die genannten Bedingungen der Gruppenfütterung ebenfalls zu. Die Teilaufwertung für die gesamte Herde auf ein Leistungsniveau von 12–15 kg Milch ist bei hohem Leistungsstand der Herde ein recht guter Kompromiß, da sie die Leistungskraftfuttermenge auf Bereiche bis zu täglich 6–8 kg begrenzt. Diese Kraftfuttermengen sind auch ohne Probleme im Melkstand unterzubringen, wenn das Futter pelletiert ist.

Die technische Entwicklung der Kraftfutterzuteilung im Laufstall geht in letzter Zeit verstärkt in Richtung Kraftfutterautomaten. Durch die tierspezifische, leistungsgerechte „Abrufmenge", die elektronisch gesteuert wird, ist bei richtiger Einstellung und Kontrolle ein Mehrverzehr an Kraftfutter durch einzelne Kühe ausgeschlossen. Die Verteilung der Gesamtmenge auf mehrere Tagesgaben entspricht

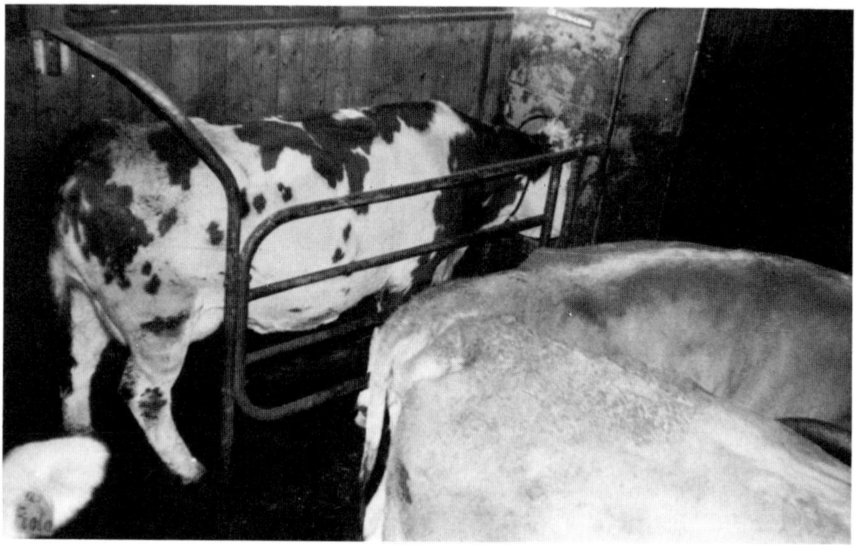

Abb. 43. Öfteres Fressen am elektronisch gesteuerten Kraftfutterbehälter im Laufstallbereich ist bei sehr großen Kraftfuttermengen verdauungsphysiologisch günstig. Die „Rückmeldung", ob die zugeteilte Tagesmenge auch „abgerufen" wurde, bietet eine wichtige gesundheitliche Überwachungsmöglichkeit.

dem „biologischen System" der Kuh, insbesondere bei hohen Leistungen; **und das allein ist schon hinsichtlich zunehmender Leistungsanforderung und Gesundheit der Kühe ein beachtlicher Fortschritt.** Der „Abrufautomat" macht aber die Tierbeobachtung während des Fressens praktisch unmöglich. Deshalb sind die Systeme mit „Rückmeldung" der gefressenen Menge anderen vorzuziehen. Bleiben zwei Tage hintereinander größere Mengen übrig, so ist mit dieser Kuh bestimmt etwas nicht in Ordnung. Anlaß genug, sich dieses Tier etwas genauer anzusehen!

4.7 Fütterung und Fruchtbarkeit

Die Fruchtbarkeit ist neben der Milchleistung der bedeutendste wirtschaftliche Faktor der Milchviehhaltung. Die Milchleistung einer Herde – und auch der einzelnen Kuh – hängt entscheidend von der rechtzeitigen, erfolgreichen Belegung und damit von der Dauer der Zwischenkalbezeit ab. WIESNER (1972) geht davon aus, daß Fruchtbarkeitsstörungen nur zu etwa 10% genetisch bedingt sind und zu 90% von einer Vielzahl von Umweltfaktoren abhängen. Neben der Beobachtung des Zyklusgeschehens durch den Tierbetreuer – das leider zunehmend vernachlässigt wird –, der Zuchthygiene und der Haltung übt die Ernährung den stärksten Einfluß auf das Fortpflanzungsgeschehen aus. Insbesondere der Zeitraum des Trockenstehens und der ersten beiden Laktationsmonate ist hinsichtlich der Fütterung kritisch „unter die Lupe zu nehmen" und nach wissenschaftlich gut fundierten Erkenntnissen zu gestalten. In dieser Zeit wird über die Gesundheit und den Ablauf bei und nach der Geburt entschieden. Ein störungsfreies Puerperium (= „Wochenbett") und eine bal dige ausgeglichene Energiebilanz in der Frühlaktation sind die wichtigsten Voraussetzungen für gut erkennbare Brunsterscheinungen, für eine erfolgreiche Belegung und für ungestörtes Einbetten des befruchteten Eies in die Plazenta. Fütterungsmaßnahmen zur Erhaltung normaler Fruchtbarkeit unterscheiden sich prinzipiell nicht von denen zur Sicherung einer optimalen, wirtschaftlichen Milchleistung. **Die leistungsbezogene, „wiederkäuergerechte" Fütterung ist deshalb die beste Fütterungsmethode auf Gesundheit und Fruchtbarkeit der Kühe.**

Die Betrachtung des Komplexes Fütterung und Fruchtbarkeit muß also schon lange vor dem Befruchtungszeitpunkt ansetzen. Hinsichtlich der Energieversorgung kann der Fruchtbarkeitsablauf von zwei Bereichen ganz wesentlich beeinflußt werden: Zum einen von der angefütterten Energiereserve (Fett) zum Zeitpunkt des Abkalbens, also von der Fütterungsintensität gegen Ende der Laktation und insbesondere während der Trockenstehzeit (s. 4.2), zum anderen von der direkten Versorgung während der ersten Laktationsmonate. Belastend auf das Fruchtbarkeitsgeschehen wirken eine Energieüberversorgung während der Trockenstehzeit und eine energetische Unterversorgung im ersten Teil der Laktation. Als besonders deutliches Beispiel sind diese Zusammenhänge nach FARRIES (1979) in Tab. 40 aufgezeigt: In diesem Versuch wurde die Hälfte der Kühe (insges. 60 Stück) während der letzten 10 Trächtigkeitswochen beachtlich überversorgt (Nährstoffe entsprechend Erhaltung + 16 kg Milch) und während der ersten 10 Laktationswochen teilweise bis zu 30% unterversorgt. Im Vergleich dazu wurden die übrigen Kühe sehr knapp (2 kg Milch) bzw. nach dem Abkalben leistungsgemäß gefüttert.

Nach einer richtigen Vorbereitungsfütterung mit Futterumstellung vor dem Abkalben und – zu bestem Grundfutter – **langsamer Kraftfuttersteigerung nach dem Abkalben** bietet eine ausreichende Energieversorgung während der ersten Laktationsmonate die besten Voraussetzungen für einen geregelten Fruchtbarkeitsablauf. Als Folge einer ausreichenden Propionsäurebildung aus stärkereichem Kraftfutter bei ungestörten Verdauungsvorgängen im Pansen ergeben sich normale Blutzuckerwerte, die die Follikelbildung und -reifung fördern. Bei energetischer Unterversorgung und niedrigen Glukosewerten im Blut treten dagegen verstärkt Eierstockzysten auf. Die Stoffwechselbelastungen und -störungen sind gehäuft (s. 4.8.1). Im Zu-

Tab. 40. Verlauf des Puerperiums und Beeinflussung einiger Fruchtbarkeitsmerkmale bei unterschiedlicher Nährstoffversorgung 10 Wochen vor und 10 Wochen nach der Kalbung (Angaben in % der Kühe)

Merkmal	Nährstoffversorgung vor der Kalbung: nach der Kalbung:	Gruppe I sehr hoch unterversorgt	Gruppe II knapp leistungsgerecht
abgeschlossene Uterusinvolution 4 Wochen nach der Kalbung		46%	83%
puerperale Gebärmutter-Schleimhautentzündung (Endometritis)		71%	27%
nachpuerperale Genitalkatarrhe		55%	23%
Eierstockzysten		45%	19%
Erstbesamungsergebnisse		36%	52%
Abgänge wegen Sterilität		21%	13%
Abgänge wegen Stoffwechselstörungen		10%	3%

sammenhang mit der Intensivierung des Grünlandes und den Verbesserungen der Futterkonservierung treten teils beachtliche Rohproteinüberschüsse während des ganzen Jahres auf. Ein bedarfsgerechter, energetischer Ausgleich der Futterration wird vielfach unterlassen. Dadurch bedingte Belastungen des Energiehaushaltes und der Leberfunktionen wirken störend auf das Fruchtbarkeitsgeschehen. Auswirkungen einer überhöhten Proteinzufuhr bei gleichzeitigem Energiemangel sind in Abb. 44 nach ROSSOW (1980) aufgezeigt.

Untersuchungen von SONDEREGGER und SCHÜRCH (1976) haben nachgewiesen, daß bereits ab 300 g täglicher Eiweißüberschuß/Kuh das Intervall Abkalben–Dekken spürbar verlängert wird.

Neben der leistungsmäßigen Nährstoffversorgung ist eine ausreichende, abgestimmte Mineralstoffversorgung für ein normales Fruchtbarkeitsgeschehen wichtig. Nach GÜNTHER (1976) sind insbesondere die in Tab. 41 zusammengefaßten Elemente für die Fruchtbarkeit (Fertilität) von Bedeutung.

Die Einflußbereiche der Mineralstoffe sind vielschichtig. Auf den ovariellen Zyklus mit Follikelreifung, Ovulation und Brunst wirken insbesondere Kalzium, Kalium, Mangan, Zink und Jod. Die Vorgänge im Eileiter und in der Gebärmutter (Samentransport, Befruchtung, Einbettung des befruchteten Eies und frühembryo-

Tab. 41. Einfluß von Mengen- und Spurenelementen auf das Fruchtbarkeitsgeschehen weiblicher Rinder

Mengenelemente	Spurenelemente
Kalzium**, Kalium** Phosphor*, Natrium*	Mangan**, Zink**, Jod** Kupfer*, Kobalt*, Selen*

* = geringerer Einfluß, ** = stärkerer Einfluß

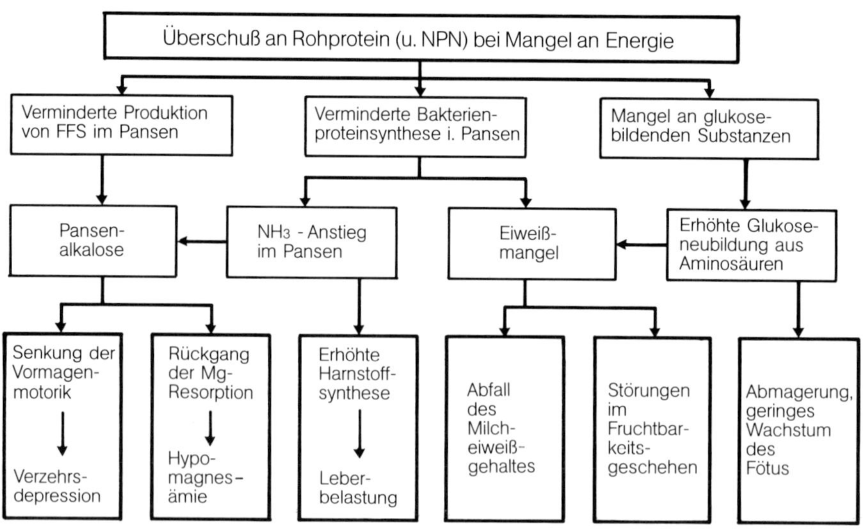

Abb. 44. Einige Auswirkungen eines Überschusses an Rohprotein bei gleichzeitigem Energiemangel in der Milchviehration.

Tab. 42. Gewichtsverhältnis zwischen Mineralstoffen hinsichtlich optimaler Fruchtbarkeitsverhältnisse beim weiblichen Rind

Mineralstoffe	engstes Verhältnis	weitestes Verhältnis
Ca : P	1 : 1	3,5 : 1
K : Na	4 : 1	20 : 1
K : P	1 : 1	7 : 1
Ca : Mn	100 : 1	200 : 1
Ca : Zn	100 : 1	200 : 1
Ca : Cu	300 : 1	500 : 1

nale Entwicklung) beeinflussen besonders Mangan und Kupfer. Für die Weiterentwicklung von Plazenta und Fötus bis zur Geburt sind neben den Mengenelementen insbesondere Mangan, Jod, Selen und Kobalt zu nennen.

Mit der zunehmenden Intensivierung der Grünlandnutzung und mit dem ansteigenden Einsatz von teigreifer (Ca-armer) Maissilage muß das Kalzium im Rahmen der gesamten Mineralstoffversorgung (s. 4.1.2) verstärkt beachtet werden. Manganmangel begünstigt die stille Brunst oder totale Anöstrie (= Brunstausfall) sowie vermehrte Aborte. Zinkmangel führt zu Eierstockschwund. Die deutliche Jodwirkung kann über die engen Zusammenhänge zwischen Schilddrüsenfunktion und Eierstocktätigkeit erklärt werden.

Neben der täglichen Bedarfsdeckung der einzelnen Elemente über Grund-, Kraft- und Mineralfutter (s. Tab. 17) sollten nach GÜNTHER (1976) die in Tab. 42 zusammengestellten Gewichtsverhältnisse zwischen einzelnen Mineralstoffen für eine gute Fruchtbarkeitsleistung möglichst eingehalten werden.

Es wird aber nochmals darauf hingewiesen, daß es **keine Mineralstoffversorgung auf optimale Fruchtbarkeit gibt, die von der leistungsgemäßen, täglichen Versorgung losgelöst ist.** Die Überprüfung der Mineralstoffwerte in der gesamten Tagesration und die richtige Korrektur vorhandener Fehler darf in keiner Hinsicht vernachlässigt werden.

Dasselbe gilt auch für die laufende Versorgung mit den bedarfsgerechten Mengen an fettlöslichen Vitaminen, insbesondere an Vitamin A (s. 4.1.3). An einem Schema nach TAGWERKER (1968) sei die besondere Bedeutung des Vitamins A für einen geordneten Fruchtbarkeitsablauf nochmals aufgezeigt.

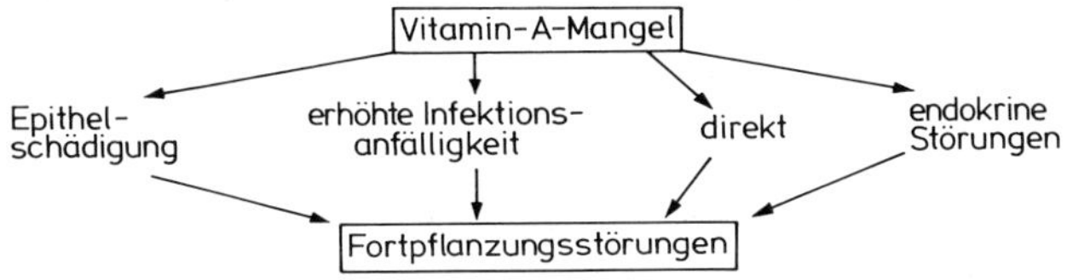

Wie bereits festgestellt, ist β-Karotin die Vorstufe von Vitamin A (s. Seite 55). *In den letzten Jahren wird erneut auf die spezifische Wirkung von β-Karotin auf das Fruchtbarkeitsgeschehen beim weiblichen Rind hingewiesen,* nachdem BRÜGGEMANN und NIESAR (1957) bereits vor 30 Jahren feststellen, daß „für das Rind eine spezielle physiologische Wirkung des β-Karotins" anzunehmen ist. KARG (1966) definierte einen β-Karotin-Bedarf von 200 mg in der Tagesration einer Milchkuh.

Nach Untersuchungen an der Tierärztlichen Hochschule Hannover und an der Technischen Universität München-Weihenstephan treten bei β-Karotin-Mangel schlecht erkennbare Brunst, verzögerte und verringerte Ausbildung des Gelbkörpers, verminderte Progesteronbildung und verzögerter Follikelsprung auf. LOTTHAMMER (1976) leitet aus diesen Untersuchungen einen β-Karotin-Bedarf für eine Milchkuh von 80–100 mg/Tag und zusätzlich 10–20 mg β-Karotin je kg Milch ab. Für eine Kuh mit 30 kg Milch ergibt sich daraus eine Tagesmenge von 400–700 mg. Diese Menge wird als Bedarfsangabe von Tierernährungs-Wissenschaftlern für zu hoch erachtet.

In den weit überwiegenden Fällen werden mit dem Grundfutter ausreichende β-Karotin-Mengen den Milchkühen zugeführt. Grünfutter führt immer zu einer sehr reichlichen Karotinversorgung, desgleichen auch heißluftgetrocknetes Grünfutter (s. Seite 55). Eine ausreichende Versorgungssituation ergibt sich bei Rationen mit größeren Grassilagemengen. Lediglich bei starker Maissilage- oder Rübenfütterung und Ergänzung mit schlecht geworbenem Heu oder gar Stroh kann es zu einer Unterversorgung, besonders während der zweiten Hälfte der Winterfütterung, kommen. In Problembetrieben kann deshalb der Einsatz eines Mineralfutters mit β-Karotin sinnvoll sein, wenn die übrige Fütterung in Ordnung ist. Wie sich der β-Karotingehalt im Blutplasma von Milchkühen in Abhängigkeit vom Grundfutter einstellt, ist in Abb. 45 nach LOTTHAMMER und JANSSEN (1975) dargestellt.

Viele Pflanzen haben sexualaktive Inhaltsstoffe. Die bedeutendsten sind östrogenwirksame Substanzen = **Phytöstrogene** und antiöstrogen wirksame Stoffe = **Antiöstrogene**. Auch in manchen Futterpflanzen, wie in Leguminosen und auch im Mais, hat man östrogene Wirksamkeit nachgewiesen. Ein Einfluß dieser Stoffe auf die Fruchtbarkeit ist in – seltenen – Fällen aufgezeigt worden. Nach WIESNER (1972) kann ein solcher Einfluß aber nur vermutet werden. Verschiedene Futterproben aus zeitweilig fruchtbarkeitsgestörten Herden zeigten neben der östrogenen fast immer eine antiöstrogene Wirkung, so daß angenommen werden kann, daß aufgrund des antagonistischen Verhaltens sich beide Stoffgruppen in ihrer Wirkung meistens aufheben. KARG und VOGT empfehlen deshalb, bei Verdacht auf fütte-

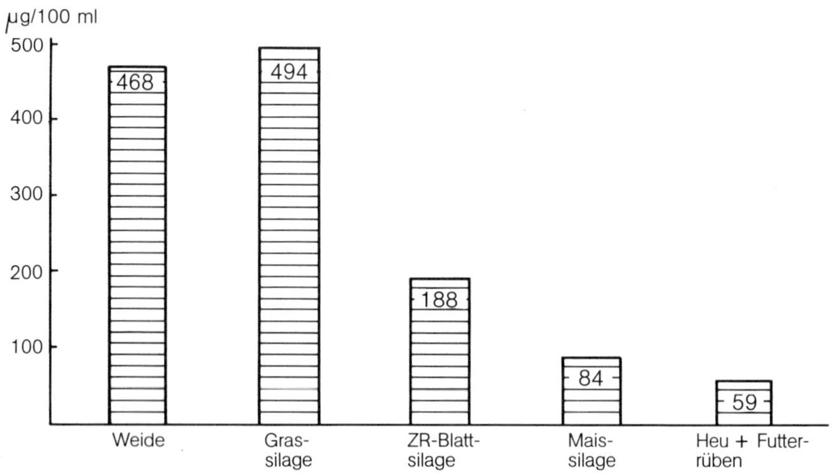

Abb. 45. β-Karotin im Blutplasma von Milchkühen in Abhängigkeit von der Art des Grundfutters.

rungsbedingte Fruchtbarkeitsstörungen zunächst andere Faktoren, wie Energieversorgung, spezifische Mineralstoff- und Vitaminversorgung zu überprüfen, bevor man der östrogenen oder antiöstrogenen Wirkung größere Bedeutung zuschreibt. Außerdem ist zu berücksichtigen, daß stärkeres Anwelken des Grünfutters zur Silagegewinnung oder gar zur Heugewinnung die östrogene Aktivität weitgehend zerstört. In Naßsilagen kann dagegen nach WIESNER (1972) die Aktivität bis auf das 5fache erhöht sein. Deshalb bei Verdacht besonders Rotklee und Luzerne vor dem Silieren möglichst stark anwelken.

Schließlich kann die verantwortungsbewußte Betreuung durch Tierpfleger und Besamungswart sowie die Samenqualität bei Natursprung oder instrumenteller Besamung ein bedeutender, jedoch vielfach unbeachteter „Fruchtbarkeitsfaktor" sein.

4.8 Fütterungsbedingte Stoffwechselstörungen der Milchkuh

Mit diesem letzten Abschnitt zur Milchviehfütterung soll nicht die schädliche Wirkung verdorbenen, verpilzten oder anders geschädigten Futters angesprochen, sondern der Versuch gemacht werden, extreme Stoffwechselbelastungen oder -störungen durch falsch zusammengesetzte Futterrationen oder andere Fütterungsfehler in einer kurzen Zusammenfassung aufzuzeigen.

Das schwierigste Problem bei der Fütterung einer Hochleistungskuh ist die Dekkung des Energiebedarfs. Mit 30 kg Milch werden z. B. täglich 1200 g Milchfett, 1350 g Milchzucker und 1100 g Milcheiweiß sowie etwa 40 g Ca, 27 g P, 4 g Na neben weiteren Mineralstoffen von der Kuh abgegeben. Dabei folgt der tierische Organismus einem „inneren Produktionszwang", d. h. die Leistung geht der Bedarfsdeckung von außen vor. Ein Mehrfaches der genannten Stoffmengen muß mit der täglichen Futterration aufgenommen oder aus den Speicherorganen mobilisiert werden. Dabei ist zu berücksichtigen, daß die Kuh energetisch aber nicht über den sparsamen Weg der Stärke-Zucker-Verdauung, sondern über den stoffwechselbelastenden Weg der Blutzuckerneubildung (Glukoneogenese) aus Propionsäure und glukoplastischen Aminosäuren lebt. Erfolgt der Energienachschub teilweise aus angelagerten Fettreserven, wie zu Beginn der Laktation, so ist für diese Stoffwechselvorgänge ebenfalls Blutzucker erforderlich. Reicht er nicht aus, so kommt es zu „Stoffwechselentgleisungen".

Eine der bedeutendsten Stoffwechselkrankheiten ist die Ketose, die auch „Berufskrankheit der Hochleistungskuh" genannt wird. Bei Streben nach ausreichender Energieversorgung darf nicht übersehen werden, daß energiereiche, aber vielfach „strukturarme" Futterrationen nicht mehr „wiederkäuergerecht" sind, so daß der pH-Wert im Pansen zu weit abfällt – ein Zeichen wesentlicher Störungen (s. Seite 15 f.) – und Pansenversäuerung = Azidose eintreten kann.

Der hohe Mineralstoffbedarf frischlaktierender Kühe, insbesondere an Kalzium, kann, durch vorangegangene Versorgungsfehler bedingt, nicht sofort befriedigt werden. Es kommt zu einem Absinken des Ca-Blutspiegels, eine Stoffwechselstörung, die unter der Bezeichnung Gebärparese bekannt ist. Schließlich ist die Mg-Versorgung bei Störungen im Pansenstoffwechsel unter extremen Weidebedingungen nicht sichergestellt; Weidetanie kann die Folge sein.

4.8.1 Ketose (Azetonämie bzw. Azetonurie)

Die Ketose ist eine leistungsgebundene Stoffwechselkrankheit, die während der ersten 8 Laktationswochen (kritische Phase etwa 3 Wochen nach dem Abkalben) auftritt. Eine gewisse genetische Disposition kann unterstützend wirken. Kommt es bei Kühen unter 20 kg Tagesmilchmenge verstärkt zu dieser Störung, so müssen erhebliche Fütterungsmängel vorliegen.

Die Hauptursache liegt in der energetischen Unterversorgung, die durch unzureichenden Futterverzehr nach dem Abkalben unterstützt wird (s. Abb. 11). Die wichtigsten Fütterungseinflüsse sind nach DIRKSEN (1969) in Abb. 46 dargestellt, wobei den ersten beiden Möglichkeiten weit überwiegende Bedeutung zukommt.

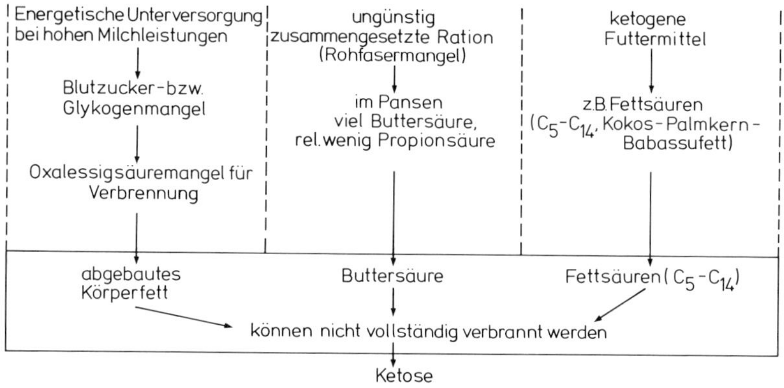

Abb. 46. Fütterungsbedingte Ursachen der Ketose.

Kennzeichen der erkrankten Kühe sind: Appetitlosigkeit, rasche Abmagerung – fette Kühe sind besonders gefährdet –, starkes Absinken der Milchleistung; nervöse Erscheinungen (Trippeln), in krassen Fällen Festliegen (nicht zu verwechseln mit Gebärparese); der Kot ist meist schleimig; Atemluft und Milch riechen obstartig. Todesfälle sind selten. Verläuft die Ketose nur unterschwellig, so sind nur Leistungsabfall, Gewichtsverlust und nicht klar definierbare allgemeine Störungen festzustellen. In allen Stadien werden aber die im Stoffwechsel entstehenden Ketonkörper das Lebergewebe schädigen, so daß die Leistungsfähigkeit dieses wichtigen Stoffwechselorgans nach dieser Krankheit eine Zeitlang vermindert ist.

Die wichtigsten **Gegenmaßnahmen liegen in der Vorbeuge.** Sie erfolgt durch

1. *Richtige Vorbereitungsfütterung: Vermeidung von zu starkem Fettansatz gegen Ende der Laktation und ganz besonders während der Trockenstehzeit. – Richtige Vorbereitungsfütterung, aber nicht nur nährstoffmäßig, sondern gerade auch mit dem Ziel, Anpassung der Pansenmikroben an die Futterration nach dem Abkalben.*
2. *Leistungsgerechte und „wiederkäuergerechte" Fütterung, Anregung der Propionsäurebildung bei intakten Verdauungsvorgängen im Pansen (Getreide) und Vermeidung erhöhter Futterfettzufuhr (nicht mehr als 400 g mit dem täglichen Kraftfutter), insbesondere von Fetten aus Kokos-, Palmkern- und Babassukuchen; keine buttersäurereichen Silagen. Also: Überprüfung der Futterration in energetischer und pansenverträglicher Sicht („Struktur").*

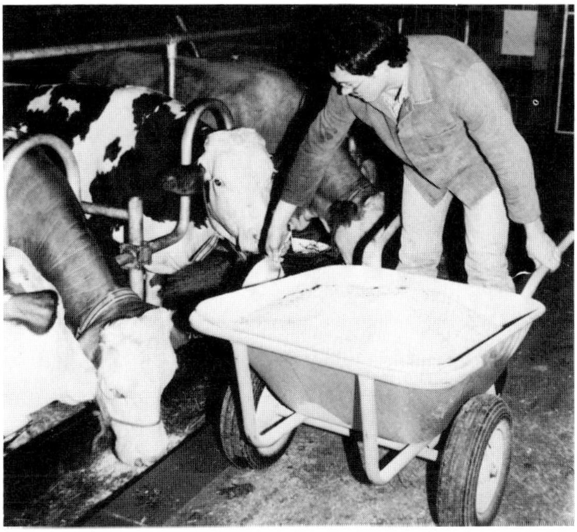

Abb. 47. Ausreichender Verzehr guten Grundfutters und öftere Kraftfutterzugabe sind die beste Vorbeuge gegenüber stoffwechselbedingten Erkrankungen.

3. *Zufütterung von glukoplastischen Substanzen: Propylenglykol als Zusatz im Kraftfutter.*
4. *Ausscheiden „stoffwechsellabiler" Tiere.*

Tritt die Krankheit auf, so ist sofort der Tierarzt zu holen. Die Bestimmung der Ketonkörper im Blut ist der sicherste Erkennungsweg. Die tierärztlichen Maßnahmen werden auf ein rasches Anheben des Blutzuckerspiegels sowie auf eine Leberschutztherapie ausgerichtet sein. Dem müssen aber eine gewissenhafte, gesamtheitliche Überprüfung der Fütterung und Abstellen der Fütterungsfehler folgen.

4.8.2 Pansenazidose

Nicht die akute Erkrankung, sondern der latente Zustand einer stoffwechselbedingten Azidose (latente metabolische Azidose) kann in der Milchviehhaltung beachtliche wirtschaftliche Einbußen bringen. Diese Erkrankung kann dann entstehen, wenn im Übermaß leichtverdauliche Kohlenhydrate mit strukturarmen, vor allem gemahlenen Rationen verabreicht werden. Mit dem Abfall der methanogenen Bakterien wird zwar die Energieverwertung verbessert, aber auch die Konkurrenz zu den Laktatbildnern (Milchsäurebakterien) so abgeschwächt, daß sich diese ungehemmt entwickeln können. Dadurch steigt das Risiko zur Pansenazidose stark an (Rossow u. a. 1980). Besonders belastend auf diese Vorgänge wirkt ein momentaner Übergang auf strukturarme, jedoch sehr kraftfutterreiche Rationen, ein beachtlicher Fütterungsfehler, der nach dem Abkalben mit zu rasch ansteigenden Kraftfuttergaben häufig gemacht wird.

Als azidosefördernde Faktoren sind deshalb zu betrachten: verminderte Speichelproduktion infolge mangelnden Wiederkäuens bei wenig „strukturiertem" Futter, niedriger pH-Wert, verstärkte Bildung und Absorption von Milchsäure bei gleichzeitig erhöhter Propionsäurekonzentration. Die Folgen sind akute Störungen der Säuren-Basen-Bilanz im Körper, verbunden mit Verschiebungen in den Blutelektrolyten, im Kohlenhydrathaushalt und in anderen Stoffwechselvorgängen.

Der tierische Organismus hat einige Regulationsmechanismen, die ihn bei der metabolischen Azidose zumindest so weit schützen, daß nicht extrem akute Fälle auftreten. Es sind dies u. a. Rückgang im Futterverzehr, „um den Nachschub zu unterbinden", erhöhte Ausscheidung saurer Stoffwechselprodukte über die Nieren, Beschleunigung der Atemfrequenz, um H^+-Ionen über H_2CO_3 abzubinden und als CO_2 und H_2O auszuscheiden, sowie Einsatz der Pufferkapazität. Die Verfütterung von $NaHCO_3$ (Natriumbikarbonat) kann im Zustand der latenten Azidose keine Abhilfe bringen (DIRKSEN 1969), da diese Substanz im tiefen pH-Bereich nicht mehr wirkt. Aus der Fülle der Arbeiten zur latenten metabolischen Azidose sind im nachstehenden Schema nach ROSSOW und EDVI (1976) die wichtigsten Störungen wiedergegeben:

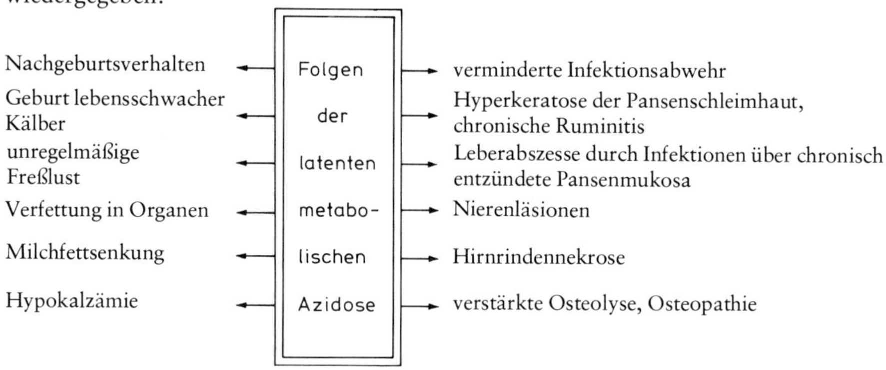

Die latente metabolische Azidose ist also Wegbereiter für eine Reihe von Störungen und Erkrankungen, die z. T. besonders bei jungen, wachsenden Tieren gefährlich werden können. Ihre Ursache liegt in einer falschen Rationsgestaltung und Fütterung. Durch den Einsatz pansenverträglicher Rationen muß von vorneherein verhindert werden, daß es erst zu solchen „Stoffwechsel-Entgleisungen" kommt. Besonders bei der frischlaktierenden Hochleistungskuh daran denken: auch sie ist ein Wiederkäuer!

4.8.3 **Gebärparese** (Milchfieber, Gebärkoma, hypokalzämische Gebärlähmung)

Die Gebärparese tritt in den meisten Fällen innerhalb der ersten zwei Tage nach dem Abkalben auf. Die Vielzahl der Bezeichnungen zeigt schon, in welchem physiologischen Bereich diese Stoffwechselkrankheit auftritt, daß sie mit Lähmungserscheinungen und Bewußtseinsstörungen verbunden ist und daß sie mit erniedrigtem Ca-Blutspiegel einhergeht. Sie entsteht durch den Ca-Verlust mit der Milch durch das Einsetzen der Laktation, wobei die Mechanismen zur Ca-Regulation außerstande sind, die erforderliche Ca-Menge aus Darm und Knochen zu mobilisieren.

Nach DIRKSEN (1969) gibt es über 30 Ursachentheorien. Ungeachtet dessen haben sich insbesondere zwei vorbeugende Maßnahmen entwickelt. Die Verabreichung hoher Dosen Vitamin D 7–3 Tage vor dem Kalbetermin (10 Mio. IE als Injektion), wobei allerdings der richtige Zeitpunkt schwierig zu erfassen ist, und die Ca-arme, aber P-reiche Fütterung über einen Zeitraum von 6–8 Wochen vor der Geburt, also während der Trockenstehzeit. Dadurch soll die Aktivität der Nebenschilddrüse angeregt werden, so daß zur Zeit des erhöhten Bedarfs genügend Kalzium aus dem Knochendepot mobilisiert werden kann. Dieser Regulationsmechanismus nimmt mit zunehmendem Alter ab (s. Seite 52), und er kann auch genetisch beeinflußt sein. Außerdem ist der Darm nach Ca-armer Fütterung besser befähigt, auf erneute Ca-Zufuhr durch höhere Absorptionsraten zu reagieren. Die erhöhte Ca-Zufuhr mit dem Futter und das Verabreichen leicht absorbierbarer Ca-Präparate unmittelbar nach dem Abkalben ist deshalb eine sehr zu empfehlende Maßnahme zur Vermeidung der Gebärparese (BLUM 1980).

Besonders wichtig ist aber auch bei dieser Stoffwechselstörung eine nähr- und mineralstoffmäßig ausgeglichene Vorbereitungsfütterung und die zeitgerechte Anpassung an die Laktationsfütterung sowie die Vermeidung von andauernden Ca-Überschüssen im Grundfutter. Die Therapie besteht in einer Ca-Injektion, um den Ca-Blutspiegel kurzfristig anzuheben.

4.8.4 **Weidetetanie** (Hypomagnesiämie)

Die Weidetetanie tritt verstärkt im Frühjahr bei Kühen mit guter Milchleistung bei Weidegang auf. Aber auch zu anderen Zeiten und bei Silagefütterung wurde sie beobachtet. Sie beruht auf einer gestörten Mg-Absorption. Seit kurzem ist bekannt, daß der Hauptort der Mg-Absorption der Pansen ist; womit ein direkter Zusammenhang zwischen gestörten Verhältnissen im Pansen und verminderter Mg-Überführung aus dem Futter aufgezeigt ist. Der Schaden durch diese Krankheit führt zu Rückgang der Milchleistung, Abmagerung infolge verminderter Futteraufnahme und Schädigung wichtiger Organe, wodurch die spätere Gesundheit belastet wird, und schließlich Totalausfällen.

Kurz vor den tetanischen Krämpfen haben die Kühe einen steifen, schleppenden und taumelnden Gang und sie reagieren auf äußere Reize sehr empfindlich. Sie sondern sich meist von der Herde ab und fressen wenig. In leichteren Fällen (latente Tetanie) sind Muskelzuckungen, krampfhaftes Aufeinanderpressen der Kiefer, meist gekrümmter Rücken und zurückgebogener Kopf zu beobachten. In schweren Fällen erstarren plötzlich die Extremitäten und das Tier stürzt zu Boden, liegt mit ausgestreckten Beinen und zurückgeschlagenem Kopf, knirscht mit den Zähnen und sondert stark Speichel ab. Der Herzschlag ist pochend und mit erhöhter Frequenz, der Pulsschlag unregelmäßig.

Folgende **Fütterungsfehler begünstigen die Tetanieanfälligkeit:**

- unzureichende Mg-Zufuhr während der Winterfütterung,
- zu früher Weideaustrieb bei unzureichender Zufütterung stärkereicher *und* rohfaserhaltiger Beifutter,
- energetische Unterversorgung durch zu geringes Futterangebot, verstärkt durch zu weites Nährstoffverhältnis (Rohprotein, g : NEL, MJ).

Von den äußeren tetanieauslösenden Faktoren sind naßkalte Witterung sowie akustische und mechanische Reize (gewaltsames Treiben der Kühe unterlassen) zu nennen.

Die Vorbeuge liegt in der Vermeidung der negativ wirkenden Fütterung (s. Seite 68). Von den Mg-Verbindungen hat sich Mg-Oxid (MgO) – täglich 50 g/Tier – am besten bewährt, das man als nicht stäubendes Granulat im Kraftfutter (3%; Futterkuchen oder Pellets) oder mit Silage, Schnitzel oder Treber als Weidebeifutter anbietet. 8–14 Tage späteres Beweiden gefährlicher Flächen bzw. Abmähen dieses Grases und Grünfütterung sowie Regelung der Na- und P-Versorgung sind ebenfalls vorbeugende Maßnahmen. Der Mg-Gehalt des Weidegrases ist durch entsprechende Düngung zu verbessern, und erhöhte K-Werte sind zu vermeiden. **Wichtigste Vorbeugemaßnahmen sind die richtige Vorbereitungsfütterung für die Weide und die „wiederkäuergerechte", energetisch ausgeglichene Weidefütterung** (s. **4.4.1**).

5 Fütterung der Aufzuchtkälber

Die Fütterung der Aufzuchtkälber muß das Ziel verfolgen, diese Tiere rasch zu Wiederkäuern zu machen. Eine beschleunigte Pansenentwicklung vermindert fütterungstechnische Gefahren für die Gesundheit, wenn ein ungestörtes, zügiges Wachstum gewährleistet ist. Infolge des relativ geringen Fassungsvermögens des Verdauungstraktes müssen Futtermittel mit hoher Nährstoffkonzentration und gutem Geschmack verabreicht werden.

5.1 Kolostralmilchperiode

Während der ersten Lebenswoche ist Kolostralmilch (auch Biestmilch genannt) die alleinige Nahrung für das Kalb, unabhängig von der anschließenden Fütterungsmethode. Außerdem wird diese Milch erst nach mehreren Tagen molkereitauglich.

Die Zusammensetzung der Kolostralmilch ist auf die Bedürfnisse des neugeborenen Kalbes abgestimmt: hoher Gehalt an leichtverdaulichen Nährstoffen sowie erhöhter Mineralstoff-, Vitamin- und Schutzstoffgehalt.

Das Erstgemelk enthält 17–18 % Eiweiß, davon über die Hälfte Globuline, insbesondere γ-Globuline, die als Immunglobuline (IgA, IgG und IgM) das Neugeborene gegen Infektionen der Atem- und Verdauungswege schützen können. Die Anreicherung dieser Schutzstoffe im Blutserum des Kalbes ist stark zeitabhängig, wie die Ergebnisse von KIM u.a. (1983) in Tab. 43 nachweisen.

Mit zunehmender Milchsekretion fällt die Globulinkonzentration der Kolostralmilch stark ab, und die Durchlässigkeit des Kälberdarmes für diese hochmolekularen Immunoglobuline geht rasch zurück. Eine ausreichende passive Immunisierung des Kalbes gegen stallspezifische Infektionskrankheiten ist deshalb nur möglich, wenn innerhalb der ersten Lebensstunden Kolostralmilch gegeben wird.

Tab. 43. Zeitpunkt der ersten Kolostralmilchaufnahme und Immunglobulingehalt im Serum des Kalbes

Immunglobulin-klasse	1. Saugen Stunden nach Geb.	Serum-Ig-Gehalt (mg/100 ml) 2 Std. n. 1. Saugen	36 Std. n. Geburt
IgA	bis 3 Std.	101	436
	nach 3 Std.	65	292
IgG	bis 3 Std.	1007	6108
	nach 3 Std.	655	3628
IgM	bis 3 Std.	110	575
	nach 3 Std.	99	366

Tab. 44. Kolostralmilchfütterung während der ersten Lebenswoche

Zeitraum	Liter je Mahlzeit	Häufigkeit der tägl. Fütterung
1. Tag	0,75–1,00	4–3mal
2. und 3. Tag	bis 1,5	3mal
4.–7. Tag	bis 3,0	2mal

Kolostralmilch soll in den ersten Tagen öfters gefüttert werden. Als Orientierung können die Angaben in Tab. 44 betrachtet werden. Auf „körperwarme“ Tränketemperatur, Sorgfalt und Sauberkeit ist selbstverständlich zu achten.

Nach holländischen und deutschen Erfahrungen (von BOTHMER 1982) soll Kolostralmilch auch 2mal am 1. Lebenstag über Nuckeleimer angeboten werden können. Diese zur freien Aufnahme angebotene Kolostralmilch kühlt sich vom körperwarmen Zustand allmählich auf Stalltemperatur ab, ohne den Kälbern zu schaden. Ab 2. Lebenstag ist Tagesmenge in Liter etwa gleich der der Anzahl der Lebenstage.

Der Gehalt an Immunglobulinen im Erstgemelk hängt vom Immunisierungsgrad des Muttertieres ab. Die Ig-Konzentration steigt ab der 3. Laktation beachtlich an (KIM u.a. 1983). Deshalb wird insbesondere das Erstgemelk älterer Kühe durch Tiefgefrieren konserviert, wenn im Bestand hochtragende Jungkühe zugekauft werden. Da diese noch keine „Stallimmunität“ besitzen oder ausbilden konnten, erhalten Kälber dieser Tiere Kolostralmilch älterer Kühe allein oder zusammen mit dem mütterlichen Kolostrum als zusätzlichen, vorbeugenden Schutz.

Kolostralmilch wird zum Tiefgefrieren in Portionen zu etwa 2 Liter abgefüllt. Dabei darf jedoch nicht vergessen werden, daß gefrorene Milch um etwa $^{1}/_{11}$ mehr Raum braucht – also die Plastikflaschen nicht ganz füllen. Vor dem Füttern wird die Portion sorgfältig im warmen Wasserbad aufgetaut, auf etwa 35° C erwärmt und sofort verfüttert. Reste sollen nicht länger als einige Stunden aufgehoben werden. Eine 2malige Verfütterung von je 2 Liter Fremdkolostrum innerhalb von 4–14 Stunden ist zu empfehlen. Eine weitere Konservierungsmöglichkeit besteht durch Zugabe von 0,5% K-Sorbat. Die Haltbarkeit beträgt nach MEYER u.a. (1982) bei Stalltemperatur bis zu 2 Wochen, im Kühlschrank mindestens 3 Monate.

Während der ersten Lebenswoche sollen die Kälber in eingestreuten, leicht zu reinigenden Einzelboxen gehalten werden. Erst mit dem Übergang auf die nachfolgende Aufzuchtfütterung ist die Gruppenhaltung angebracht.

5.2 Fütterungsmethoden in der Kälberaufzucht

Das Fütterungsziel sieht vor, die Aufzuchtkälber nicht zu lange zu tränken und frühzeitig trockenes Futter in Form von Kraftfutter und bestem Heu beizufüttern. Es besteht keine Notwendigkeit, die Tränkeperiode über 12 Wochen auszudehnen und lange Absetzperioden einzuschalten. Die zunehmende Nährstofflücke während der Tränkezeit wird über die freie Kraftfutteraufnahme geschlossen. Die gleichzeitig einsetzende Beifütterung von gutem Wiesenheu fördert die Vormagenentwicklung (s. Seite 12f.).

Die einzelnen Aufzuchtmethoden unterscheiden sich im wesentlichen in Art und Dauer der Tränkefütterung. Fütterungsempfehlungen zur Aufzucht müssen die ernährungsphysiologischen Gesichtspunkte berücksichtigen und möglichst einfach sein.

Für die Kälberaufzucht stehen einige Mischfuttermittel zur Verfügung, für die der Normtyp in der Tab. 45 mit Inhalts- und Zusatzstoffen laut Anlage 2 nach dem Stand Januar 1985 aufgeführt ist.

Tab. 45. Mischfuttermittel für Aufzuchtkälber

	Milchaustausch-futtermittel für Aufzuchtkälber (Alleinfuttermittel)	Erg.-Futtermittel zur Magermilch für Aufzuchtkälber	Erg.-Futtermittel für Aufzuchtkälber
Inhaltsstoffe, in %			
Rohprotein	min. 20		min. 18
Lysin	min. 1,45		
Rohfett	5–30		
Rohfaser	max. 3		max. 10
Rohasche			max. 10
Kalzium	min. 0,9		
Phosphor	min. 0,7		
Milchpulver	min. 35		
Zusatzstoffe je kg			
Kupfer	4–15 mg	max. 120 mg	
Vitamin A	min. 12000 IE	min. 80000 IE	min. 8000 IE
Vitamin D	min. 1500 IE	min. 10000 IE	min. 1000 IE
Vitamin E	min. 20 mg	min. 160 mg	

Selbstverständlich kann außerhalb des Normtyps produziert werden. Dann sind für Milchaustauschfutter folgende Inhaltsstoffe auf dem Futtermittelsack anzugeben: Rohprotein, Lysin, Rohfett, Rohfaser, Rohasche, Kalzium, Phosphor und Milchpulver (enthält das Milchaustauschfuttermittel kein Milchpulver, so ist dies ebenfalls anzugeben!). Für die Ergänzungsfuttermittel zu Magermilch sind Rohprotein, Rohfett, Rohfaser, Rohasche, Natrium, für die Ergänzungsfuttermittel außer den Normtypangaben Rohfett, Ca, P und Na zu deklarieren.

Die in den Milchaustauschfuttermitteln enthaltenen Fette dürfen lt. Anlage 2 zum Futtermittelgesetz, soweit es sich um den „Normtyp" handelt, folgende Werte nicht überschreiten: Anisidinzahl max. 25, Fließschmelzpunkt max. 40°C, Oktadekadiensäuren max. 12% der Gesamtfettsäuren.

Die Aufzuchtperiode wird im allgemeinen – ohne Berücksichtigung der Tränkedauer – auf die ersten vier Lebensmonate beschränkt. Mit diesem Alter sollen die Tiere etwa 130 kg schwer sein. Das erfordert mittlere Tageszunahmen von etwa 750 g ab Geburt, die in den einzelnen Bereichen etwas abweichen können. Größere Schwankungen sollen jedoch vermieden werden, denn ein gleichmäßiges Wachstum ist am besten.

5.2.1 Aufzucht mit Milchaustauschfuttermittel

Vollmilch ist auch nach der Kolostralmilchperiode ein physiologisch vollwertiges, aber zu teueres Nahrungsmittel für das Aufzuchtkalb. Nur als „Übermilch" der

Milchkontingentierung kann ihr Einsatz wirtschaftlich sinnvoll sein. Normalerweise tritt an ihre Stelle Milchaustauschfuttermittel, dessen Zusammensetzung sich nährstoffmäßig weitgehend von der Muttermilch ableitet, wenn auch bei der Sauertränke der Magermilchpulveranteil stark oder ganz reduziert sein kann.

Milchaustauschfutter ist trocken und kühl zu lagern, es muß klumpenfrei und frei von Fremdgeruch sein. Die Lagerdauer ist durch die garantierte Haltbarkeit der Vitamine vorgegeben. Sorgfältiges Anrühren der Tränke nach den Herstellerangaben ist neben Reinlichkeit notwendig, und geregelte Tränkezeiten sind einzuhalten.

5.2.1.1 Aufzucht mit verkürzter Tränkezeit (Frühentwöhnungsmethode)

Die Frühentwöhnungsmethode ist besonders für die spezialisierten Aufzuchtbetriebe (Jungrindermast und -aufzucht) mit Kälberzukauf in Gruppen das Aufzuchtverfahren der Wahl geworden. Dafür ausschlaggebend sind geringerer Arbeitsanfall, vermindertes Aufzuchtrisiko und geringere Futterkosten. Die starke Begrenzung der Milchtränke regt das Kalb zu frühzeitiger Kraftfutter- und Heuaufnahme an. Die beschleunigte Pansenentwicklung läßt relativ schnell wirtschaftseigene Futtermittel in größeren Mengen einsetzen. Diese Methode kann zwar auch zur Aufzucht von Einzeltieren angewandt werden, ihre Vorteile liegen jedoch bei der Aufzucht in gleichmäßigen Gruppen.

Die *Fütterung soll nach folgendem Plan* durchgeführt werden:

Am Ankaufstag wird nur warmer Tee oder Wasser, eventuell mit Zusatz von 50 g Traubenzucker und 9 g Kochsalz pro Liter, u. U. mit einem tierärztlich verordneten Präparat zur vorbeugenden Vitamin-Antibiotika-Versorgung, verabreicht. Die tägliche Tränkemenge von 6 Liter mit je 100 g Milchaustauschfutter wird innerhalb von 2–3 Tagen erreicht, auf zwei Tränkezeiten verteilt und bis zum Absetzen beibehalten. Kraftfutter und Heu wird von Anfang an in kleinen Portionen vorgelegt und der Rest täglich entfernt. Frisches Wasser ist zur freien Aufnahme bereitzustellen. Ab 5./6. Lebenswoche kann körnerreiche Maissilage oder angewelkte Grassilage vorgelegt werden, die in einwandfreiem Zustand sein muß. Die Tränke wird abgesetzt, wenn der tägliche Kraftfutterverzehr mindestens 1 kg je Tier beträgt; das ist erfahrungsgemäß in der 7.–9. Lebenswoche. Nach dem Absetzen von der Tränke wird Kraftfutter zur freien Aufnahme verfüttert, bis täglich pro Tier zu gutem Grundfutter etwa 1,5 kg, bei schlechtem Grundfutter (T-arme Silagen oder minderwertiges Heu) 2 kg aufgenommen werden. Die tägliche Heumenge sollte 1 kg betragen.

Das Milchaustauschfutter ist nach Menge und Fütterungsdauer stark begrenzt. Da es insbesondere während der ersten Lebenswochen die Nähr- und Wirkstoffversorgung sicherstellen und die Transport- und Umstellungsbelastungen der Zukaufkälber ausgleichen muß, sind an dieses Futter bei verkürzter Tränkezeit erhöhte Anforderungen hinsichtlich der Verdaulichkeit und Bekömmlichkeit der Rohstoffkomponenten und der Mineral- und Wirkstoffdosierung gestellt. Dem wird ein „*Milchaustauschfuttermittel I für Mastkälber*" in diesem Falle eher gerecht als das „Milchaustauschfuttermittel für Aufzuchtkälber".

Das Kraftfutter muß bei dieser Aufzuchtmethode besonders früh angenommen werden. Auf den Futterverzehr wirken fördernd:

- hoher Getreideanteil (bis $^{2}/_{3}$),
- Pelletieren,

Abb. 48. Knappe Tränkemengen fördern die Aufnahme trockenen Futters, regen die Entwicklung der Vormägen an, vermindern das Aufzuchtrisiko und sind arbeitssparend.

Abb. 49. Täglich frisch vorgelegtes Kraftfutter – während der ersten 3 Monate pelletiert – liefert die Nährstoffe kostengünstiger als die Tränke.

- Vorlage kleiner Gaben und Entfernen von angefeuchteten Resten,
- genügend große Futtertröge,
- Aufstellen der Kälber in Gruppen, um Nachahmungstrieb und Futterneid auszunutzen.

Industriell hergestelltes pelletiertes Kraftfutter („Ergänzungsfutter für Aufzuchtkälber") bietet während der ersten 9–10 Wochen erhöhte Sicherheit für eine gleichmäßige Versorgung mit Nähr- und Wirkstoffen. Der Rohproteingehalt muß mindestens 18% betragen.

Einige Wochen nach dem Absetzen von der Tränke kann hofeigenes Kraftfutter in Schrotform das zugekaufte Mischfutter ersetzen. Ein einfaches Mischungsbeispiel sieht etwa so aus:

25% Hafer	28% Soja- und Leinextraktionsschrot
24% Weizen	3% vitaminiertes Mineralfutter
20% Gerste	

Je kg Mischung sind etwa 200 g Rohprotein und knapp 700 StE bzw. 7,0 MJ NEL enthalten. Kälbernährmehle mit einem hohen Anteil von Extraktionsschroten werden nicht so gerne gefressen und sind auch in ihrer Zusammensetzung ungeeignet. Das Kraftfutter darf nicht in Tränkeform verabreicht werden.

Um der Unart des gegenseitigen Besaugens während der Tränkezeit vorzubeugen, sollen die Kälber noch eine Zeitlang im Fangfreßgitter bleiben und es kann dem Kalb unmittelbar nach dem Tränken anfangs eine Handvoll Kraftfutter ins Maul gegeben werden. Neben dem Ablenken vom Saugen wird dadurch das „Fressenlernen" erleichtert.

Der **Futterverbrauch für eine Aufzuchtperiode** (2.–16. Lebenswoche) beträgt bei der Frühentwöhnung je Kalb etwa:

25–30 kg Milchaustauschfutter, 120–130 kg Kraftfutter, 100 kg bestes Heu, Silage je nach T-Gehalt.

Eine weitere Verkürzung der Tränkedauer am Zukaufsbetrieb wird dann möglich, wenn Kälber mit 70–80 kg mit einem Alter von 4–5 Wochen zugekauft werden. Darauf sind besonders süddeutsche Kälbermärkte eingestellt. Bei diesen, bisher vorwiegend auf Milchbasis ernährten Tieren kann die Tränkezeit ohne Beeinträchtigung der Zuwachsleistung weiter reduziert werden. Unter solchen Bedingungen hat sich auch die täglich einmalige Tränke, mit der ca. 400 g Milchaustauschfutter verabreicht werden, bewährt. Die sorgfältige Anfütterung (s. Seite 125) darf allerdings nicht vernachlässigt werden; daß hierbei der ausreichenden Wasserversorgung eine noch größere Bedeutung für den Aufzuchterfolg zukommt, bedarf keiner weiteren Erläuterung.

Die Aufzucht von Kälbern nach der Methode der Frühentwöhnung mit Tränkeautomaten und ad libitum-Tränke ist nach den bisherigen Versuchsergebnissen der Praxis nicht zu empfehlen. Die Tiere nehmen neben dem freien Zugang zur Tränke kaum Heu und Kraftfutter auf. Dagegen können Tränkeautomaten mit elektronisch gesteuerter, portionsmäßiger Tränkezuteilung mit Rückmeldung am „Tagesprotokoll" für größere Betriebe aus arbeitswirtschaftlichen Gründen sehr wohl geeignet sein. Durch die exakte Zudosierung in mehreren Tagesgaben nehmen die Kälber rechtzeitig ausreichend Kraftfutter und Heu auf, und das Absetzen nach der dem Alter entsprechenden Tränkedauer bereitet keine Schwierigkeiten, wenn je Kalb im Mittel mindestens 1 kg Kraftfutter täglich gefressen wird. Dosierung und Funktions-

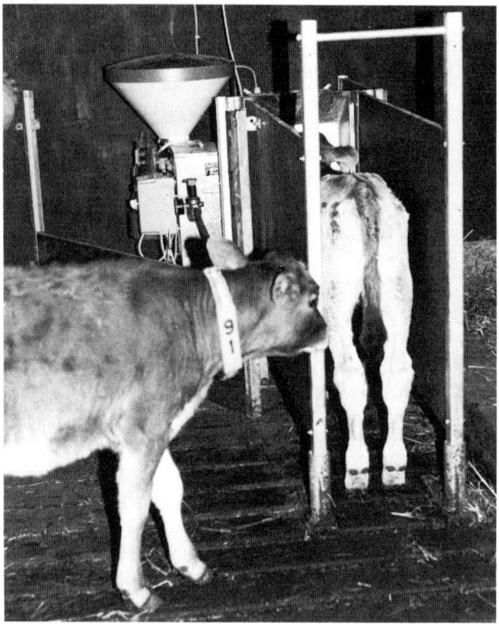

Abb. 50. Die Elektronik ermöglicht nicht nur täglich mehrmaliges Tränken in kleinen Portionen, sondern auch eine „dokumentierte" Überwachung der aufgenommenen Tagesmenge.

fähigkeit sind selbstverständlich laufend zu kontrollieren. Die Überwachung hinsichtlich des Tränkeverzehrs der einzelnen Kälber ist aus dem „Protokoll" möglich (s. Seite 112) und erforderlich.

5.2.1.2 Aufzucht mit 10–12wöchiger Tränkedauer

Diese Methode wird vorwiegend bei laufend anfallenden betriebseigenen Kälbern angewandt. Nach der Kolostralmilchperiode werden sie auf Milchaustauschtränke umgestellt. Die Tränkekonzentration wird allmählich auf 125 g Milchaustauschfutter pro Liter gesteigert, die tägliche Tränkemenge von 8 Liter pro Tier am Ende der Umstellungsperiode erreicht. Diese Tagesmenge wird bis zur 10. (12.) Lebenswoche beibehalten und innerhalb weniger Tage abgesetzt. Da der Wasserbedarf nur eine Zeitlang durch die Tränke gedeckt werden kann, muß ab der 5./6. Lebenswoche frisches Wasser zur freien Aufnahme verfügbar sein.

Neben der Tränke wird ab der 3. Lebenswoche Kälberaufzuchtfutter und gutes Heu zur beliebigen Aufnahme vorgelegt. Im allgemeinen wird die Tageskraftfuttermenge bei 1,5 kg je Tier begrenzt, minderwertiges Grundfutter erfordert täglich 2 kg. Körnerreiche Maissilage oder gute, angewelkte Grassilage können ab dem 3. Lebensmonat zugefüttert werden.

Der **Futterverbrauch während der 16wöchigen Aufzuchtperiode** beträgt ca.: 60–70 kg Milchaustauschfutter, 100 kg Kälberaufzuchtfutter, 50 kg Heu, Silagen je nach T-Gehalt.

Die uneingeschränkte Tränkeaufnahme aus dem Automaten bei normaler Tränkekonzentration (125 g Milchaustauschfutter/Liter Wasser) führt in der Aufzucht sehr rasch zu einem zu hohen, unwirtschaftlichen Milchaustauschfutterverbrauch.

Trockenfutter wird neben der Tränke kaum angenommen, und die Voraussetzungen für die Pansenentwicklung sind ungünstig. Versuche mit 8 Tage alten schwarzbunten Kälbern haben zwar gezeigt, daß nach einem Verbrauch von etwa 40 kg Milchaustauschfutter je Kalb das Absetzen ohne Übergang möglich ist. Trotzdem hat die Aufzucht mit Tränkeautomaten bislang in der Praxis keine wesentliche Bedeutung gewonnen.

5.2.1.3 Sauer- bzw. Kaltmilchtränke

Die zwei Bezeichnungen für dieses Tränkeverfahren kennzeichnen die Methode: Durch Zugabe von bestimmten Säuren fällt der pH-Wert der Tränke beachtlich ab, sie wird „sauer“. Werden die Salze dieser Säuren verwendet, so tritt nur eine Konservierung ein, die etwa 2 Tage anhält. Für zwei Säuren und ihre Salze sind äquivalente Dosierung und Verlauf des pH-Wertes während der ersten 3 Tage in Tab. 46 nach Beck u.a. (1978) angegeben. Die Milchaustauschtränken werden – schon durch die angewandte Tränketechnik auf Vorrat bedingt – kalt verabreicht. Als optimale Tränketemperatur haben sich 15–20° C erwiesen.

Tab. 46. Veränderung des pH-Wertes in der Tränke in Abhängigkeit vom Säure- bzw. Salzzusatz (Ausgangs-pH = 6,7)

Konservierungsstoff	Dosierung je Ltr. Tränke	pH-Wert sofort	pH-Wert nach ... Tagen 1	2	3
Ameisensäure	3,0 ml	4,2	4,2	4,2	4,2
Ca-Formiat	5,1 g	6,6	6,7	7,0	4,8
Propionsäure	3,0 ml	5,2	5,3	5,2	5,2
Ca-Propionat	3,8 g	6,5	6,6	5,8	4,5

Durch die Säurezusätze blieben die pH-Werte während 3 Tagen konstant. Die Salze haben dagegen keine über 3 Tage reichende Konservierung ergeben. Die abfallenden pH-Werte am 3. Tag werden durch eine unkontrollierte Vermehrung säurebildender Mikroorganismen erklärt. Daraus leitet sich ab, wie lange man auf Vorrat anrühren kann.

Die Sauertränke hat sich insbesondere für koligefährdete Betriebe zur Aufzucht der betriebseigenen Kälber und für Aufzuchtbetriebe mit Zukauf 7–10 Tage alter Kälber als alternative Methode der Frühentwöhnung gut bewährt. Fundierte Kenntnisse zur Rohstoffauswahl, Dosierung und Säuerung bzw. Konservierung des Milchaustauschfuttermittels, gesicherte Kenntnisse über die Anwendung und praxisreife technische Tränkeverfahren haben dazu wesentlich beigetragen.

Die beste und sicherste pH-Absenkung wird durch Ameisensäure in der in Tab. 46 angegebenen Dosierung (85%ige Säure) erreicht. In diesem pH-Bereich finden insbesondere Kolikeime – aber auch Salmonellen – nicht mehr ihre Lebensbedingungen. Da der optimale Bereich dieser „Schädlinge“ bei 6,0–6,3 liegt – wie ihn ansauere Milch bietet –, kann die Sauertränke zur Eindämmung der gefürchteten Koliruhr (= Koliseptikämie) wesentlich beitragen. Nach 10jähriger Versuchsarbeit und Erfahrung mit dieser Methode wird von von Bothmer (1985) folgende Empfehlung gegeben:

1. Milchaustauschfutter mit 60% Magermilchpulveranteil verwenden.
2. Ameisensäure als Dünnsäure nach Herstellerangaben hinzugeben.
3. Tränke im pH-Bereich 3,8 bis 4,5 anbieten.
4. Vorratsbehälter mit Rührwerk und Zeitschaltuhr verwenden.
5. Frisches Wasser immer bereitstellen.

In Betrieben mit starker Kolibelastung ist jedoch auch bei Anwendung der Sauertränke die Vitamin-A-Gabe in den ersten Lebensstunden unbedingt erforderlich. 2 Mio. IE Vitamin A, wasserlöslich bzw. -mischbar, später als 3 Stunden nach der Geburt gegeben, scheinen bei Infektionsdruck im Stall zwecklos zu sein, da die Entwicklung der Koli-Darmflora der Vitamin-A-Absorption vorauseilt.

Die Frage, ob Zukaufskälber im Gewicht von etwa 75–90 kg auch nach dieser Methode aufgezogen werden sollen, hat DAENICKE (1981) ausführlich bearbeitet. Nach einer 5tägigen, sorgfältigen Einfütterungsperiode mit Warmtränke lassen sich bei richtiger Handhabung, tiergerechten Stallverhältnissen und sorgfältiger Tierbeobachtung bei unerheblichen Unterschieden in den Futterkosten sowohl mit Warm- als auch mit Kalttränke bei Anwendung der Frühentwöhnungsmethode gleich gute Gewichtsentwicklungen erzielen. Bei höherem Zeitaufwand für das Angewöhnen der Kälber an die Sauertränke in den ersten Tagen nach der Einfütterung dürfte die Arbeitszeitentlastung, insbesondere der Wegfall zeitgebundener Arbeit, für manchen Aufzuchtbetrieb von Vorteil sein.

Bei Verwendung sog. Nullaustauscher kann kurz nach der Umstellung oder gelegentlich auch später dünner Kot auftreten. Die Ursache liegt in der laktose- und mineralstoffreichen Tränke, die zu einem erhöhten osmotischen Druck im hinteren Teil des Dünndarms und im Dickdarm führt, womit eine erhöhte Wasserausscheidung mit dem Kot verbunden ist. Für die ausreichende Ausscheidung der Elektrolyte ist deshalb nach BERNER (1982) neben der Sauertränke „stets Wasser zur freien Aufnahme anzubieten, damit eine Na-K-Intoxikation vermieden wird".

5.2.2 Aufzucht mit Frischmagermilch

Frischmagermilch steht manchmal kostengünstig zur Verfügung. Der Übergang von Vollmilch auf Magermilch soll sobald wie möglich erfolgen und etwa in der 4. Lebenswoche vollzogen sein. Die mit dem Milchfett entzogenen fettlöslichen Vitamine werden über ein „Ergänzungsfuttermittel zu Magermilch für Aufzuchtkälber", das in erster Linie die Wirkstoffversorgung sicherstellt, zugegeben. Die übrige Fütterung gleicht sich der Aufzuchtmethode mit Milchaustauschtränke an.

Für eine **Aufzuchtperiode beträgt der mittlere Futterverbrauch etwa:**
60 Liter Vollmilch, 530 Liter Magermilch, „Ergänzungsfutter für Magermilch für Aufzuchtkälber" je nach Zusammensetzung, 100 kg Kälberaufzuchtfutter, 50 kg Kälberheu, Silagen je nach T-Gehalt.

Es ist nicht notwendig, in der Kälberaufzucht das energiereiche „Ergänzungsfuttermittel zu Magermilch für Mastkälber" zu verwenden, da die ergänzende Energie im Kälberaufzuchtfutter billiger ist als im genannten Mischfutter und die nährstoffmäßige Zusammensetzung der Magermilch die Versorgung des jungen Kalbes mit hochwertigen Nahrungskomponenten sicherstellt.

Milch säuert in kurzer Zeit. Diese unkontrollierte Säuerung ist wegen der möglichen Gefahren für die Gesundheit der Kälber nicht unbedenklich (s. Seite 129). Eine gezielte Säuerung mit Säurewecker oder Zitronensäure verhindert dies und ist deshalb zu empfehlen. Sauermilchtränke aus Magermilch, mit 3 ml 85%iger Ameisensäure je Liter Tränke hergestellt, ist ebenfalls gut verwendbar. Das Ausflocken des Kaseins der Magermilch erfordert zwar ein ständiges Umrühren mit einem langsam laufenden Rührwerk (50 Umdrehungen pro Min.), da sonst Leitung und Sauger verstopfen können. Bei Verwendung einer Paste – anstelle der flüssigen Säure – genügt 2maliges Aufrühren je Tag von Hand (von Bothmer 1982). Ein Problem bleibt jedoch: Rücklieferungsmagermilch darf nicht in den Milchanlieferungsbehältern transportiert werden. Deshalb hat diese futterkostengünstige Aufzuchtmethode nur noch geringe Bedeutung.

Für Bullenkälber, die später zur Zucht benutzt werden sollen, werden immer noch höhere Vollmilchmengen als angegeben gefordert. Wie jedoch inzwischen genügend Versuche und Praxisbetriebe nachweisen, besteht diese Forderung zu Unrecht, da die teure Vollmilch jederzeit durch die Milchaustauschfuttermittel ersetzt werden kann. Das bessere Wachstumsvermögen von männlichen Kälbern wird durch höhere tägliche Kraftfuttermengen (etwa 2 kg) unter Berücksichtigung aller sonstigen Forderungen für ein Aufzuchtkalb ausgeschöpft.

5.2.3 Aufzucht mit Vollmilch

Jeder Milchviehhalter muß bestrebt sein, sein Milchkontingent voll „auszuschöpfen". Dabei kann es jedoch zu sog. „Übermilch" kommen, die bei Verkauf nur noch etwa ein Viertel des Normalpreises erbringt. Diese Vollmilch ist mit wirtschaftlichem Erfolg in der Kälberaufzucht zu verwerten.

1 kg trockenes „Milchaustauschfuttermittel für Aufzuchtkälber" ist nährstoffmäßig etwa 5–6 Liter Vollmilch gleichzusetzen. Deshalb sind mehr als täglich 2mal 3 l Vollmilch je Kalb nicht erforderlich. Rechtzeitige Beifütterung von Kraftfutter und Heu machen einen „Vollmilchergänzer" überflüssig. Vollmilch wird „körperwarm" verfüttert. Wasserzugabe ist nicht zu empfehlen, es sei denn, man schafft mit 1 l heißem Wasser zu 3 l Vollmilch die richtige Tränketemperatur. Ein gleitender Übergang auf Milchaustauschtränke bei Wegfall der überschüssigen Milch ist jederzeit möglich.

5.3 Fütterungsfehler vermeiden!

Fütterungsbedingte Störungen führen beim Aufzuchtkalb, besonders während der Tränkephase, sehr schnell zu Durchfällen und anderen Erkrankungen. Die Ursachen können im Futter oder in der Fütterungstechnik liegen. Als **häufigste Fehler** können genannt werden:

1. *Feuchte Lagerung des Milchaustauschfutters mit einsetzendem Futterverderb.*
2. *Zu niedrige Anrühr- und Tränketemperatur (Herstellerangaben zu den notwendigen Temperaturbereichen beachten!), Klumpenbildung durch unzureichendes Rühren (Mixer verwenden) sowie ungleichmäßige Dosierung.*
3. *Zu rasches Anfüttern, besonders bei Zukaufskälbern.*
4. *Nicht einwandfreie Beschaffenheit der Magermilch bzw. Vollmilch.*
5. *Mangelnde Reinlichkeit sowie unregelmäßige Futterzeiten mit gelegentlicher Überfütterung.*
6. *Einseitige Kraftfuttergaben bei zu wenig oder schlechtem Heu.*

Abb. 51. Licht, gute Luft, trockene Stroheinstreu und das richtige Futter: gesunde Kälber werden der Lohn dafür sein.

Erste Abhilfe bei auftretenden Durchfällen ist der Entzug der Tränke. An deren Stelle tritt Kamillen- oder Fencheltee, dem 50 g Glukose und 9 g Kochsalz/l oder ein vom Tierarzt verordnetes Präparat beigemischt werden. Leinsamenschleim oder pulverisierte Holzkohle wirken ebenfalls mindernd auf den Durchfall.

Fütterungsfehler werden durch zugige, kühle, feuchte und schlecht gelüftete Ställe in ihrer Wirkung verstärkt. **Deshalb: neben der Fütterung auch an eine einwandfreie Haltung denken!**

6 Aufzuchtfütterung weiblicher Zuchtrinder

Zwischen Ernährungsniveau während der Aufzucht und späterer Fruchtbarkeitsleistung bestehen biologische Zusammenhänge. Die Geschlechtsreife kann durch eine intensive Aufzuchtfütterung, die eine beschleunigte Gewichtsvermehrung bewirkt, vorverlegt werden. Das Körpergewicht ist für die Zuchtreife der Jungrinder wesentlicher als deren Alter. Darauf ist bei unterschiedlicher Fütterungsintensität Rücksicht zu nehmen. Der Praktiker orientiert sich mit dem ersten Decktermin vielfach noch stärker nach dem Alter als nach dem Entwicklungszustand des Jungrindes. Zu häufiges Umrindern kann jedoch nachteilig sein. Aber auch der negative Einfluß einer knappen Fütterung auf verschiedene Fruchtbarkeitsmerkmale – gehemmte Follikelentwicklung, späte erste Brunst, Geburtsschwierigkeiten u.a. – ist mehrfach nachgewiesen worden.

Die unterschiedliche Aufzuchtintensität ist nicht nur ein ernährungsphysiologisches Problem, sondern sie wird sehr rasch zu einer ökonomischen Frage. **Mit zunehmender Fütterungsintensität steigt der Aufwand an konzentrierten Futtermitteln,** so daß die Aufzuchtkosten stärker zunehmen können als der Fütterungserfolg. Andererseits belastet eine knappe Fütterung durch erhöhte Festkosten den Aufzuchterfolg.

Der Einfluß der Aufzuchtintensität auf die spätere Milchleistung – eine immer wieder stark diskutierte Frage – ist nicht eindeutig zu beantworten. Dagegen ist der positive Einfluß einer verstärkten Fütterung der Färse während der letzten 4–6 Trächtigkeitswochen auf die folgende Laktation mehrfach nachgewiesen worden. Zwischen Aufzuchtniveau und Nutzungsdauer der Kühe können keine schlüssigen Zusammenhänge gefunden werden, wenn auch des öfteren ein negativer Einfluß einer sehr intensiven Aufzucht auf die Langlebigkeit der Kühe angenommen wird. Allerdings ist experimentell belegt, daß durch eine intensive Aufzucht der Anteil an Drüsengewebe rückläufig ist und die Milchdrüse zur Verfettung neigt sowie Physiologie (erhöhte Puls- und Atemfrequenz) und Stoffwechsel belastet werden. Dadurch kann ein erhöhter Nährstoffverbrauch entstehen; ein weiterer ökonomisch negativer Faktor, der eine normale Aufzuchtintensität richtig erscheinen läßt.

6.1 Nährstoff-, Mineralstoff- und Vitaminbedarf

Die Gesellschaft für Ernährungsphysiologie der Haustiere hat entschieden, auch für die Aufzucht der weiblichen Jungrinder das Energiebewertungssystem NEL anzuwenden. Mit diesem Kompromiß sollte eine zweigeteilte Energiebewertung im Milchviehbetrieb vermieden werden.

Wegen der größeren körperlichen Bewegung bei vorwiegend Laufstallhaltung und verstärkter Stoffwechselaktivität ist der Energiebedarf für die Erhaltung gegenüber der Milchkuh um 8% höher (vgl. Seite 49). Demnach gilt für Färsen:

$$\text{Erhaltungsbedarf (MJ NEL/Tag)} = 0{,}317 \text{ MJ NEL} \times W^{0{,}75}.$$

Aus dem mit fortschreitendem Wachstum rückgängigen Protein- und leicht ansteigendem Fettansatz wurden vom Ausschuß für Bedarfsnormen der GEH die in Tab. 47 angegebenen Werte für den Gesamtbedarf an NEL (MJ) errechnet. Die Richtzahlen sind unterschiedlichem Tageszuwachs zugeordnet. Der Rohproteinbedarf ist bei diesen Leistungserwartungen ein N-Bedarf für die mikrobielle Proteinsynthese im Pansen, der durch 18–20 g/MJ NEL abgedeckt wird. Daraus – bzw. min. 9% Rohprotein in der Trockenmasse – ergeben sich die Richtzahlen zur Proteinversorgung für Aufzuchtrinder. Aus den angegebenen mittleren T-Verzehrsmengen kann die mittlere Nährstoffkonzentration je kg T abgeleitet werden.

Tab. 47. Richtzahlen zur Nährstoffversorgung weiblicher Jungrinder

Lebend-gewicht kg	T-aufnahme kg/Tag	Lebendgewichtzunahme von ... g je Tag 400 MJ NEL	g Rpr.	500 MJ NEL	g Rpr.	600 MJ NEL	g Rpr.	700 MJ NEL	g Rpr.	800 MJ NEL	g Rpr.
150	3– 4	–	–	17,6	360	19,4	385	21,2	410	23,2	435
200	4– 5	–	–	21,1	440	23,0	465	24,9	490	27,0	520
250	5– 6	23,4	485	25,1	510	27,0	540	28,6	570	30,7	605
300	6– 7	27,3	550	29,3	580	31,3	615	33,4	645	35,6	685
350	7– 8	30,3	630	32,3	655	34,5	680	36,7	720	38,9	765
400	8– 8,5	33,0	720	35,2	735	37,4	750	39,8	795	42,3	845
450	8,5–9,5	36,8	775	39,3	790	41,8	820	44,4	870	47,0	925
500	9–10	40,5	830	43,3	845	46,1	890	48,9	945	51,8	1005

Der mittlere tägliche Futterverzehr steigt im stärkeren Maße als der NEL-Bedarf. Deshalb ist **zu Beginn der Aufzucht eine Nährstoffkonzentration im Gesamtfutter von mindestens 6,0 MJ NEL/kg T, gegen Ende derselben eine solche von etwa 4,5 MJ NEL/kg T** zur Nährstoffsättigung bei mittlerer Aufzuchtintensität erforderlich. Eine solche mittlere Aufzuchtintensität ist mit den Zahlen in Tab. 48 gekennzeichnet.

Ein gleichmäßiger Wachstumsverlauf ist anzustreben. Wechselnde Perioden stärkerer Unter- bzw. Überernährung nach der Auffassung, daß sich das Gesamtwachstum kompensiert, sind auf jeden Fall zu vermeiden, da wir es mit Tieren zu tun haben, die für eine langanhaltende Leistungsphase aufgezogen werden müssen. **Das einjährige Aufzuchtrind sollte etwa die Hälfte des ausgewachsenen Lebendgewichtes erreichen.** Als wirtschaftlich **optimales Erstkalbealter** wird meistens ein Alter der Jungkühe von **25–28 Monaten** betrachtet.

Tab. 48. Alter, Gewicht, Tageszuwachs und Nährstoffbedarf bei mittlerer Aufzuchtintensität

Alter	Gewichts-bereich kg	mittl. tägl. Zuwachs g	mittl. tägl. T-Verzehr kg	tägl. Nährstoffbedarf Rohpr. g	NEL MJ
5–6 Monate	130–180	800	3–5	400–500	22–26
½–1 Jahr	180–310	700	5–7	500–630	26–33
1–1½ Jahre	310–420	600	7–8,5	630–740	33–38
1½–2 Jahre	420–510	500	8,5–10	740–840	38–44

Das wachsende Zuchtrind ist auf eine gute Mineralstoff- und Vitaminversorgung angewiesen. Dadurch kann der Ansatz an Mineralstoffen voll ausgeschöpft werden, so daß in der Trächtigkeit und zu Beginn der Laktation von diesen lebenswichtigen Bau- und Betriebsstoffen im Körper genügend vorhanden sind. Eine Ergänzung über die tägliche Futterration ist im allgemeinen nur für die Mineralstoffe Kalzium (Ca), Phosphor (P), Magnesium (Mg) und Natrium (Na) notwendig. Die Gesellschaft für Ernährungsphysiologie der Haustiere empfiehlt die in Tab. 49 angegebenen Richtzahlen zur Mineralstoffversorgung, die auf unterschiedlichen Tageszuwachs bezogen sind.

Die Mineralstofferganzung erfolgt über ein vom Gehalt im Grundfutter abhängiges Mineralfutter. Der *Spurenelementbedarf* der Aufzuchtrinder wird im allgemeinen mit diesen Mineralfuttermengen abgedeckt. Als Richtwerte gelten für die gesamte Tagesration nach HENNIG (1972) folgende Gehaltszahlen *(mg/kg Futter-T)*: **Kupfer = 8, Eisen = 50, Zink = 40–50 und Mangan = 60.**

Tab. 49. Richtzahlen zur Mineralstoffversorgung weiblicher Aufzuchtrinder in g/Tag

	Kalzium			Phosphor			Magnesium	Natrium
Zuwachs, g/Tag	500	600	700	500	600	700	500–700	500–700
Gewichtsbereich								
bis 150 kg	21	24	27	11	12	13	4	3
150 – 200 kg	23	26	29	14	15	16	5	3
200 – 250 kg	27	29	32	16	17	18	6	4
250 – 300 kg	30	33	37	19	20	22	7	5
300 – 350 kg	31	34	37	22	23	24	8	5
350 – 400 kg	32	35	39	23	24	26	9	6
400 – 450 kg	33	36	39	26	27	28	10	7
über 450 kg	32	36	40	29	30	31	11	8

Das Aufzuchtrind versorgt sich mit allen Vitaminen der B-Gruppe und mit Vitamin C selbst (s. Seite 22). Eine laufende Ergänzung über die Fütterung ist für die *Vitamine A und D* erforderlich, während die Notwendigkeit der laufenden Vitamin-E-Zufuhr unterschiedlich beurteilt wird. Als Richtwerte für die tägliche Versorgung können für wachsende Rinder nach KIRCHGESSNER (1982) **70–100 IE Vitamin A und etwa 10 IE Vitamin D je kg Körpergewicht** betrachtet werden. Der **Tagesbedarf einer wachsenden Färse steigt** also von etwa **15 000 auf 50 000 IE Vitamin A** an. Eine Ergänzung über vitaminiertes Mineralfutter ist in der Winterfütterung notwendig.

6.2 Fütterung im ersten Aufzuchtjahr

Die Fütterungsmethode der Kälberaufzucht im vierten Lebensmonat muß im allgemeinen während der nächsten Monate beibehalten werden, da nur so die erforderliche Nährstoffkonzentration für den erwarteten Zuwachs verwirklicht werden kann. Erst in der zweiten Hälfte des ersten Aufzuchtjahres kann in Abhängigkeit vom Grundfutter die tägliche Kraftfuttermenge allmählich reduziert werden. Dies ist insbesondere bei Herbstkälbern der Fall, denen im folgenden Jahr sehr gute Weide zur Verfügung steht. Im Spätwinter und im Frühjahr geborene Kälber müssen während des ersten Weidesommers auf jeden Fall Kraftfutter zugefüttert bekommen. Die Winterfütterung erfordert auch zu bestem Grundfutter eine zusätzliche Kraftfuttergabe.

Im 5.–6. Lebensmonat können **als Beispiele folgende Tagesrationen** gelten:

1. 1,0 kg gutes Mähweideheu,
   2,0–5,5 kg gute Grassilage (30% T)
   1,5 kg Kraftfutter (Beispiel s. Seite 127)

2. 1,5 kg gutes Wiesenheu,
   1,5–4,0 kg teigreife Maissilage,
   1,5 kg „Ergänzungsfutter für Aufzuchtkälber" (24% Rohprotein)

Diese Beispiele decken durch die ansteigenden Silagemengen den zunehmenden Nährstoffbedarf und enthalten im angegebenen Kraftfutter auch die notwendige Mineralstoff- und Vitaminergänzung.

Eine nennenswerte Nährstoffversorgung über Weide erfolgt erst in der zweiten Hälfte des ersten Lebensjahres. Auf einer gut gepflegten Weide im „weidereifen" Zustand können nach einer mehrwöchigen Eingewöhnungszeit 1/2jährige Rinder täglich etwa 12 kg Gras, 1 jährige Jungrinder ca. die doppelte Menge fressen. Damit bleibt anfangs noch eine Energielücke offen, die durch 0,5–1 kg Getreideschrot, auch kombiniert mit Trockenschnitzeln, geschlossen werden kann. Jungrinder mit 3/4–1 Jahr Alter können bei sehr guter Weide ohne Kraftfutter leistungsgemäß ernährt werden. Jungrinder im ersten Weidesommer sollen im Stall immer noch etwas Heu aufnehmen können. Die Mineralstoffversorgung erfolgt mit 30–40 g Mineralfutter mit 10% Na und mit einem Ca:P-Verhältnis von etwa 2:1.

Für die Winterfütterung sind aus einer Vielzahl von möglichen Futterrationen in Tab. 50 einige Beispiele für Jungrinder im Alter von 1/2–1 Jahr zusammengestellt.

Tab. 50. Futterrationsbeispiele für weibliche Jungrinder im Altersbereich vom 7.–12. Monat

Futtermittel		Ration I (190 kg LG)	Ration II (240 kg LG)	Ration III (290 kg LG)
Wiesenheu		1,0 kg	–	2,0 kg
Kleegrasheu		–	1,5 kg	–
Grassilage (30 % T)		9,0 kg	–	–
Maissilage (29 % T)		–	10,0 kg	5,0 kg
Rübenblattsilage		–	–	10,0 kg
Getreideschrot		1,0 kg	0,75 kg	–
Trockenschnitzel		–	–	0,8 kg
Sojaextr.-Schrot		–	0,25 kg	0,2 kg
Mineralfutter, vit.		50 g	50 g	50 g
Tagesration:	T, kg	4,4	5,1	6,0
	Rohpr., g	620	620	705
	MJ NEL	25,4	31,9	34,2

6.3 Fütterung im zweiten Aufzuchtjahr

Aus zwei Gründen kann im zweiten Lebensjahr weitgehend oder ganz auf Kraftfutter verzichtet werden: zum einen ist das Fassungsvermögen des Pansens inzwischen relativ groß und zum anderen beginnt dieser Bereich mit einer erforderlichen Nährstoffkonzentration von etwa 5,2 MJ NEL/kg T, die weiterhin abfällt. Allerdings darf das nicht dazu führen, daß die Jungrinder, besonders während der ersten Hälfte des zweiten Lebensjahres, nur noch mit minderwertigem Futter ernährt werden. Wie die Abb. 52 zeigt, sinkt die dem Nährstoffbedarf entsprechende Verdaulichkeit der organischen Substanz laufend ab. Hoch verdauliche Grundfuttermittel müssen deshalb rationiert verfüttert werden.

Während der Vegetationszeit erfolgt die wirtschaftlichste Fütterung über die Weide. Alpweiden verlangen eine gute Vorbereitung auf Heimweiden, da sonst die physiologischen Belastungen anfangs zu groß sind. Jungviehweiden fallen in der Bewirtschaftungsintensität gegenüber dem Mähweidebetrieb in der Milchviehhaltung stark ab. Trotzdem können täglich 6–8 kg Grünfutter-T gefressen werden. Bei einer Nährstoffkonzentration von etwa 5,6 MJ NEL/kg T (Weide, extensiv) decken sie den Nährstoffbedarf. Eine Überversorgung durch das voluminöse Weidegras tritt nicht ein. Da dieses fast immer sehr Na-arm ist (unter 0,5 g/kg T), sind Leckschüsseln oder ähnliches laufend, am besten in den Weide-Unterständen, bereitzustellen. Auch die Bekämpfung der Weideparasiten darf nicht vergessen werden, da sie die Gewichtsentwicklung der Weidetiere stark schmälern können.

In der Winterfütterung werden konservierte Produkte des Grünlandes mittlerer Nährstoffkonzentration zur freien Aufnahme vorgegeben. Minderwertiges Grundfutter erfordert die Zufütterung von Trockenschnitzel u. a. **Bei freier Aufnahme von teigreifer Maissilage werden Jungrinder meist überfüttert.** Die Maissilagemenge muß deshalb begrenzt werden, und minderwertiges Heu oder Stroh ist beizufüttern. Mit 4,5–6 kg Maissilage-T und 2 kg Heu ist zwar die Energieversorgung ausreichend, aber es fehlen noch bis zu 230 g Rohprotein. Knapp $^1/_2$ kg Sojaextraktionsschrot oder eiweißreiches Ergänzungsfutter bringen den Ausgleich, dem auch ein Ca-reiches (über 20% Ca), vitaminiertes Mineralfutter zuzugeben ist. Rübenblattsilagen müssen mit Heu oder gutem Futterstroh ergänzt werden. Neben 3–4 kg

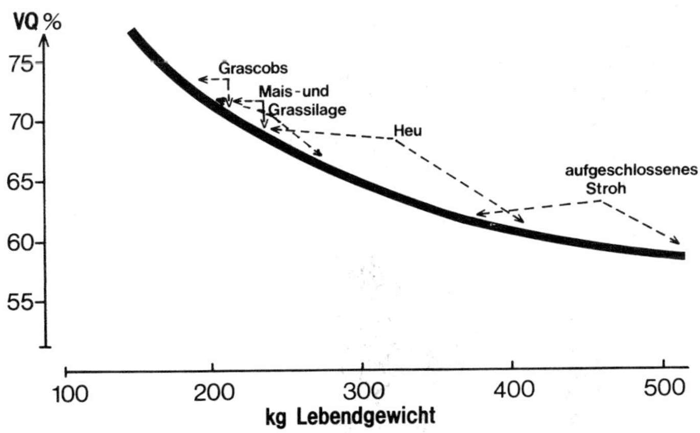

Abb. 52. Mittlere Ansprüche des weiblichen Zuchtrindes an die Verdaulichkeit der organischen Substanz (VQ%) und VQ-Bereiche einiger Grundfuttermittel.

Abb. 53. Stengelreiche Zwischenfrüchte ergänzen bei nachlassender Ertragskraft im Herbst die Weide.

Rauhfutter sind noch etwa 20–25 kg Blattsilage notwendig. 1 kg Trockenschnitzel und 50–70 g eines P-reichen, vitaminierten Mineralfutters ergänzen diese Grundfutterration.

Aufgrund der geringen Ansprüche an die Nährstoffkonzentration kann **aufgeschlossenes Stroh** zum überwiegenden bis alleinigen Grundfutter im zweiten Aufzuchtjahr werden. In mehreren Fütterungsversuchen mit Färsen der Rasse Deutsches Fleckvieh an der Staatl. Lehr- und Versuchsanstalt für Viehhaltung in Aulendorf hat

Abb. 54. Für weibliche Jungrinder kann aufgeschlossenes Stroh im 2. Lebensjahr zum überwiegenden Grundfutter werden.

sich gezeigt, daß besonders NH_3-behandeltes Stroh problemlos angenommen wird und weibliche Rinder ab etwa 350 kg Lebendgewicht zu einem sehr beachtlichen Teil durch dieses Futter versorgt werden können. Aus Versuchen von SCHOLZ (1981) mit 18 Monate alten, tragenden Färsen der Rasse Deutsche Schwarzbunte wird eine Verzehrsmenge je Tag an NH_3-aufgeschlossenem Stroh abgeleitet, die anfangs etwa 1,4%, nach 15 Wochen Versuchsdauer ca. 1,9% des Lebendgewichtes der Färsen betrug. Die Tiere erhielten neben der bedarfsgerechten Mineralstoff- und Vitaminversorgung täglich nur 500 g Weizenkleie je Tier zugefüttert, und sie erreichten einen mittleren Tageszuwachs von knapp 400 g. Auf Gesundheit der Tiere, Verlauf der Abkalbung, Vitalität der Kälber und Leistung der Jungkühe hatte diese Fütterungsperiode keine negativen Auswirkungen.

Der optimale erste Deck- oder Besamungstermin liegt im Gewichtsbereich von 400 kg. Bei vorgegebener Fütterungsintensität sind die Jungrinder zu diesem Zeitpunkt etwa 1 1/2 Jahre alt. Eine stärkere Aufzuchtintensität verlangt eine Vorverlegung; ein Decken vor 1 1/4 Jahren kommt aber nur bei der Mutterkuhhaltung in Frage. Als optimales Erstkalbealter gelten etwa 2 1/4 Jahre.

6.4 Vorbereitungsfütterung der hochtragenden Färsen

In zahlreichen Untersuchungen wurde ein positiver Einfluß einer erhöhten Fütterungsintensität während der letzten 4–6 Wochen vor dem Abkalben auf die erste Laktation nachgewiesen. Die Notwendigkeit einer solchen Fütterungsmaßnahme ist durch folgende Punkte begründet:

1. Rasche Gewichtszunahme und stark ansteigender Ansatz des Fötus in den letzten Trächtigkeitswochen.
2. Starke Einengung des Pansenraumes durch die Konzeptionsprodukte und dadurch Rückgang des T-Verzehrs bzw. Anstieg der erforderlichen Nährstoffkonzentration (s. Tab. 11).
3. Vorverlegung der Futterumstellung auf die letzten drei Trächtigkeitswochen. Die Umstellung ist bei der Jungkuh meist krasser als in nachfolgenden Laktationen.

Tab. 51. Beeinflussung der Milchleistung von Jungkühen durch die Vorbereitungsfütterung der Färse im letzten Trächtigkeitsmonat

Fütterung der Färse/Tag	Leistung	Milchmenge kg/Tag	Milchfett %	Milchbestandteile kg/Tag
A = gute Weide ad. lib.	3. – 8. Lakt. Woche			
+ 3,6 kg Kraftfutter	A	16,56	3,72	2,06
	B	14,35	3,38	1,70
B = Weide begrenzt	3. – 14. Lakt. Woche			
	A	15,84	3,74	1,96
	B	13,23	3,49	1,58
	3. – 30. Lakt. Woche			
	A	14,08	3,75	1,74
	B	11,74	3,59	1,42

Besonders bei knapper Fütterung der tragenden Färsen wirkt die Vorbereitungsfütterung während der ersten Laktation lange nach, wie Versuche von FOOT u.a. nachgewiesen haben. Während der Laktation wurden alle Kühe gleich gefüttert. In Tab. 51 sind diese Ergebnisse aufgezeigt.

Die Vorbereitungsfütterung soll möglichst in zwei 3-Wochen-Abschnitten erfolgen, deren Unterschied durch 1–2 kg Kraftfutterzulage je Tier und Tag im zweiten Abschnitt – entsprechend einem Milchleistungsfutter I/3 (s. Tab. 39) – zu sehen ist. Insgesamt sollen unter Berücksichtigung des Bedarfs für das Wachstum während der Vorbereitungsfütterung im ersten Abschnitt in der Tagesration etwa 1000 g Rohprotein und 46 MJ NEL, im zweiten Abschnitt 1080 g Rohprotein und 52 MJ NEL enthalten sein (s. Tab. 16). Die Zulage von 2 kg Kraftfutter gleicht die verminderte Grundfutteraufnahme und den steigenden Bedarf aus.

Selbstverständlich wird man bei hochtragenden Färsen, die einen stärkeren Fettansatz vermuten lassen – ein Fehler der Aufzuchtfütterung –, sehr vorsichtig mit der Vorbereitungsfütterung sein. Die Futterumstellung auf die Laktationsfütterung sollte trotzdem durch Kraftfutterzulagen in den letzten drei Wochen vor dem Abkalben eingeleitet werden. Der erhöhte Mineralstoffansatz des Fötus in den letzten Trächtigkeitswochen und die verstärkte Stoffwechselleistung der hochtragenden Färse verlangt eine ausgeglichene Mineralstoff- und Vitaminversorgung. Das Ca:P-Verhältnis der Gesamtration soll möglichst bei 1,5:1 liegen. Ca-Überschüsse sind in diesem Bereich genauso zu vermeiden wie P-Mangel. Da die hochtragende Färse nach den neuen Empfehlungen der Gesellschaft für Ernährungsphysiologie der Haustiere auch in der Mineralstoffversorgung der trockenstehenden Kuh gleichzustellen ist (DLG 1982), sollen in der **Tagesration etwa 45 g Ca, 35 g P, 14 g Mg und 10 g Na** enthalten sein. Eine ausreichende Versorgung mit Vitamin A ist für eine vitaminreiche Kolostralmilch unbedingt notwendig. Mit der täglichen Mineralfuttermenge von etwa 100 g soll die hochtragende Färse ca. 100000 IE Vitamin A aufnehmen können.

7 Fütterung der Zuchtbullen

Mit der Aufzuchtfütterung von Zuchtbullen sind Voraussetzungen für eine lange Lebensdauer zu schaffen, da gerade die angewandten Prüfverfahren für Deckbullen im Besamungseinsatz dreijährige Wartezeiten mit einschließen.

7.1 Aufzuchtfütterung

Die züchterische Selektion auf größere Tiere mit ausgeprägtem Proteinansatzvermögen hat im letzten Jahrzehnt eine wesentlich höhere Aufzuchtintensität ermöglicht, und zwar – wie die Besamungsstationen allgemein festgestellt haben –, ohne die Spermaqualität zu beeinträchtigen. Durchschnittliche Tageszunahmen von 1200 g ab Geburt bis zum 420. Lebenstag gelten für Zuchtbullen mit bester genetischer Veranlagung für hohen Proteinansatz in Züchterkreisen keineswegs als überhöht. Seit Beginn der Eigenleitungsprüfung in Bayern im Jahre 1971 sind nach GOTTSCHALK (1986) folgende Ergebnisse erreicht worden:

	1971– 30. 9. 78	1. 10. 78– 30. 9. 81	1. 10. 81– 30. 9. 85
Bullen zur Körung	1975 Stück	931 Stück	1178 Stück
Gewicht am 420. Tag	563 kg	554 kg	561 kg
tägl. Zunahmen seit Geburt	1244 g	1224 g	1241 g
tägl. Zunahmen v. 112.–420. Tag	1319 g	1289 g	1309 g
Bullen in Prüfeinsatz gestellt	791 Stück	485 Stück	578 Stück

Eine erhöhte Fütterungsintensität mit mehr als 1100 g mittleren Tageszunahmen von Geburt bis zum ersten Deckeinsatz soll die Langlebigkeit negativ beeinflussen. Wie weit dies unter den veränderten Bedingungen noch zutrifft, kann nicht überprüft werden. KIRCHGESSNER (1978) gibt an, daß nach einer zu starken Jugendentwicklung der Alterungsprozeß früher einsetzt. Trotzdem kommt man nicht umhin, die **Aufzuchtintensität nährstoffmäßig nach den Richtzahlen zur Jungbullenmast für mittlere Tageszunahmen von 1200 g zu orientieren,** wie sie für die einzelnen Gewichtsabschnitte früh- und spätreifer Rassen in den Tabellen angegeben sind.

Aufzuchtfütterung von Zuchtbullen ist aber keine Fütterung kurzlebiger Mastbullen. Erhöhte Aufmerksamkeit ist auf eine ausreichende Mineralstoff- und Vitaminversorgung zu legen, da besonders das Keimgewebe der männlichen Geschlechtsdrüsen außerordentlich empfindlich gegenüber einer mangelnden Versorgung mit lebenswichtigen Stoffen ist. Die in Tab. 58 angegebenen Mineralstoffwerte für 1200 g Tageszunahmen sind jedoch auch für Zuchtbullen ausreichend. Die Spurenelement- und Vitaminversorgung ist sichergestellt, wenn während der Aufzucht von 50 auf 100 g/Tag ansteigende Mineralfuttermengen mit 1 Mio. IE Vit. A/kg zugefüttert werden. Das Mineralfutter muß auch die entsprechend abgestuften Mengen der Vitamine D und E enthalten.

7.2 Fütterung der Deck- und Besamungsbullen

Für Zuchtbullen im Deckeinsatz sind in Tab. 52 in Anlehnung an HENNIG (1972) Richtwerte einer leistungsgerechten Nährstoffversorgung gegeben. Ab 550–600 kg Lebendgewicht sollen die täglichen Zunahmen zurückgehen, damit eine stärkere Verfettung von vorneherein vermieden wird. Gewichtszunahmen im rassebedingten Bereich über 1000–1200 kg Lebendgewicht bestehen nur mehr in Fetteinlagerungen, die jedoch vermieden werden sollen. Der Erhaltungsbedarf eines 1000 kg schweren Deckbullen errechnet sich mit 4650 StE und 750–800 g Rohprotein. Für 1000 g Tageszuwachs sind 2110 StE angesetzt worden. Den Angaben zur Rohproteinversorgung liegt die Annahme zugrunde, daß mit 20 g Rohprotein je 100 StE der Bedarf zur mikrobiellen Proteinsynthese in den Vormägen erfüllt ist und daß kein zusätzlicher Bedarf bei dieser Leistungserwartung besteht. Tab. 52 enthält die Ergebnisse.

Deckbullen müssen immer auf gute Zuchtkondition gefüttert werden, da Fetteinlagerungen sehr schnell auch das Hodengewebe betreffen und negativ auf die Fruchtbarkeitsleistung wirken können. **Futterumstellungen sind möglichst zu vermeiden.** Wenn sie durchgeführt werden müssen, wie z. B. bei Grünfütterung, so sind sie gleitend und nicht vollständig zu machen, d. h., es wird immer noch konserviertes Futter (gutes Heu) beigefüttert. Über den unmittelbaren Einfluß von Futterumstellungen auf die Spermaqualität lassen sich keine eindeutigen Aussagen machen, da die Spermien bereits etwa zwei Monate vor der Ejakulation gebildet werden; die Ursache für das Absinken der Dichte kann nach LEIDL sogar bis zu 10 Wochen zurückliegen. Die Grundsätze einer „wiederkäuergerechten" Fütterung müssen immer die Leitlinie der Deckbullenfütterung sein.

Bei der Fütterung von Deckbullen muß insbesondere auf einwandfreie Beschaffenheit der Futtermittel geachtet werden. Vor allem Fremdbesatz (Milben, Schimmel u. a.) muß vermieden werden, da unkontrollierte Einflüsse auf die Spermaqualität möglich sind. Als ein sehr gutes und über das ganze Jahr in seiner Qualität gleichmäßiges Futter haben sich in bayerischen Besamungsstationen Grascobs (s. 4.5.2) erwiesen. Nachstehende bewährte Rationsbeispiele decken den Nährstoffbedarf von Besamungsbullen:

1. 7 kg Heu	**2.** 5 kg Grascobs	**3.** 3 kg Wiesenheu
7 kg Maissilage	10 kg Maissilage	8 kg Maissilage
4 kg Kraftfutter*	2 kg Stroh	2 kg Luzernecobs
	3 kg Kraftfutter*	3,5 kg Kraftfutter*

Täglich 2malige Fütterung aller Grundfuttermittel und laufende Kontrolle der Tränkebecken sind zwingende Notwendigkeiten.

Besondere Beachtung ist der ausreichenden Versorgung mit Vitamin A und den Spurenelementen Zink, Mangan und Jod zuzuwenden. Vitamin-A-Unterversorgung führt zur Abnahme des Geschlechtstriebes, der Zahl und Beweglichkeit der Spermien sowie zu gehäuftem Auftreten degenerierter Formen. In krassen Fällen degeneriert das Keimepithel, und es kommt zur Atrophie der Hoden und der akzessorischen Geschlechtsdrüsen. Der Tagesbedarf wird mit 80 000–100 000 IE Vitamin A

* Zusammensetzung:	30% Hafer	16% Kleie
	20% Mais/Weizen	10% Sojaextraktionsschrot
	20% Gerste	4% Mineralfutter, vitaminiert (A, D u. E)

Tab. 52. Richtwerte für die tägliche Nährstoffversorgung von Deckbullen

Lebendgewicht, kg	Tageszunahmen, g	Rohpr., g	StE
600	800	1065	5320
700	600	1060	5300
800	400	1040	5200
900	250	1060	5300
1000	150	1140	5700*
1100	50	1170	5850
1200	–	1220	6100

* verstärkter Besamungseinsatz

angegeben. Außerdem sollen mindestens 200 mg β-Karotin in der Tagesration enthalten sein.

Zink ist für ein gut funktionsfähiges Keimepithel im Hoden und in der Prostataflüssigkeit zur Reifung des Samens essentiell. Als Bestandteil vieler Enzyme ist es am Stoffwechsel beteiligt. Werte von 6000 mg Zn/kg Mineralfutter bei 150 g Tagesgabe sind angebracht. Mangan (ca. 3000 mg/kg Mineralfutter) fördert die Geschlechtslust und verhindert Hodendegenerationen. Jod greift indirekt über die Schilddrüsenfunktion in das wichtige Wechselspiel: Hypothalamus – Hypophysen-Vorderlappen – akzessorische Geschlechtsdrüsen, dem neurohormonellen Steuerungssystem des Geschlechtszyklus, ein. Zur richtigen Fütterung gehört tägliche Bewegung der Besamungsbullen, da dadurch die körperliche Elastizität erhalten bleibt.

8 Fütterung der Mastkälber

Die Forderung des verarbeitenden Gewerbes und der Verbraucher nach einem hellroten Kalbfleisch bestimmt die Fütterungsmethode: Mastkälber müssen während der ganzen Mastdauer getränkt werden. Von Seiten des Tierschutzes wird eine laufende Beifütterung geringer Mengen von „Strukturfutter" (Heu, Stroh u. a.) empfohlen; sie hat keinen Einfluß auf die Fleischbeschaffenheit.

8.1 Nährstoffbedarf

Die Höhe des Tageszuwachses und die Änderung der Schlachtkörperzusammensetzung sind auch beim Mastkalb maßgebend für die Feststellung des Nährstoffbedarfs. Nach Schlachtkörperuntersuchungen von ELLENBERGER bleibt der Proteinanteil im Mastkalb von Geburt bis 180 kg Lebendgwicht mit etwa 19% weitgehend gleich, während der Fettgehalt von unter 3% auf etwa 9% ansteigt.

Mit fortschreitender Mast steigen Energie- und Proteinbedarf je Zuwachseinheit durch die laufende Erhöhung des Erhaltungs- und des Leistungsbedarfes an. Der Energiebedarf wird in StE angegeben. – Umsetzbare Energie (MJ ME) ist dafür nicht praxisrelevant. – Für das nicht wiederkäuende Jungtier gilt das verdauliche Rohprotein. Tab. 53 enthält die Richtzahlen für unterschiedlichen Tageszuwachs.

In der Praxis kann mit zwei Mischfuttertypen („Milchaustauschfuttermittel I für Mastkälber" und „Milchaustauschfuttermittel II für Mastkälber von etwa 80 kg an") gearbeitet werden. Weibliche Mastkälber haben bei der Mast auf hohe Endgewichte eine um etwa 5% geringere Nährstoffaufnahme, da ihr Wachstumsvermögen gegenüber männlichen Tieren bereits abfällt.

Die Kälbermast wird mit industriell hergestellten Mischfuttermitteln durchgeführt. Angaben zum Mineralstoff- und Vitaminbedarf erübrigen sich deshalb, denn: „Mischfutter ist Lieferung wissenschaftlicher Erkenntnisse frei Haus."

Tab. 53. Richtzahlen zur täglichen Energie- und Proteinversorgung von Mastkälbern bei ... g Tageszuwachs

	mittlerer Tageszuwachs							
	1000 g		1200 g		1400 g		1600 g	
Lebend-gewicht kg	verd. Rohpr. g	StE	verd. Rohpr. g	StE	verd. Rohpr. g	StE	verd. Rohpr. g	StE
50	220	910	260	990	–	–	–	–
70	225	1180	265	1290	300	1400	–	–
90	230	1450	270	1580	305	1720	345	1860
110	240	1710	280	1770	315	2050	355	2240
130	245	1970	285	2160	320	2370	360	2570
150	250	2220	290	2440	325	2680	365	2910
170	255	2490	295	2750	330	3010	370	3270

8.2 Fütterungsmethoden in der Kälbermast

Kälbermast mit Vollmilch ist kaum mehr diskutabel, weil eine leistungsgerechte Nährstoffzufuhr nur bis etwa 125 kg Lebendgewicht möglich ist und sie normalerweise zu hohe Futterkosten verursacht. Die Kälbermast erfolgt fast nur mit zugekauften Tieren in spezialisierten Mastbetrieben. Vollmilch ist in diesen Betrieben nicht vorhanden. Das Futter der Wahl für Mastkälber ist Milchaustauschfutter.

8.2.1 Mast mit Milchaustauschfuttermittel

Kälbermast mit Milchaustauschfutter wird bis zu Mastendgewichten von 160 bis 180 kg – teilweise auch darüber – durchgeführt. Mit dem steigenden Mastgewicht ändern sich auch die Ansprüche der Masttiere an die Nährstoffzusammensetzung des Futters, und es ist in zunehmendem Maße möglich, auch milchfremde Nahrungskomponenten in dieses Mischfutter aufzunehmen. Dies erfolgt verstärkt im Futter der zweiten Maststufe, die etwa ab 90 kg beginnt. Von der Gesamtfuttermenge entfallen dann etwa 1/3 auf Milchaustauschfutter I und 2/3 auf Milchaustauschfutter II. Bei einem Futterverbrauch von 1,4 kg Mischfutter/kg Zuwachs in der ersten Maststufe und von 1,6 kg in der zweiten Stufe sind das **rund 50 kg Milchaustauschfutter I und je nach Mastende 120–150 kg Milchaustauschfutter II je Mastkalb.**

Der Energiegehalt im Milchaustauschfutter kann bei einem Fettgehalt von 17–19% mit 1000–1100 StE/kg veranschlagt werden. Milchaustauschfutter ist in seiner Zusammensetzung nährstoffmäßig weitgehend der Muttermilch angepaßt. **Eine sorgfältige Anfütterung während der ersten Mastwoche ist jedoch vielfach entscheidend für den Masterfolg.** Besonders wichtig ist dies bei Zukaufskälbern.

Am Anlieferungstag erhalten sie anstelle der Milchaustauschtränke vorteilhaft nur 1–2 Liter warmen Tee, in dem ein Vitamin-Antibiotika-Präparat nach Angaben des Tierarztes eingerührt wird. Zur zweiten Mahlzeit werden je nach Gewicht des Kalbes 1,5–2,0 Liter Tränke mit etwa 80 g Milchaustauschfutter/Liter Wasser gegeben. Im weiteren Verlauf der Anfütterungswoche wird die Tränkemenge bei täglich 2maliger Fütterung langsam bis zu 6 Liter gesteigert und die Konzentration auf 120 bis 150 g Milchaustauschfutter/Liter Wasser erhöht. Bei guter Verträglichkeit sind u.U. bereits höhere Tagesmengen möglich.

Während der ersten Woche am Mastbetrieb lohnt sich eine gewisse Zurückhaltung in der Fütterungsintensität. Sorgfältige Beobachtung der Tiere ist unbedingt erforderlich. Eine Wiederholung des Vitamin-Antibiotika-Stoßes kann vorteilhaft sein.

Nach dieser verhaltenen Anfütterungswoche beginnt die eigentliche Mast. Nun gilt es, durch einen hohen Verzehr an Milchaustauschfutter die Voraussetzungen für ein starkes Wachstum zu schaffen; denn **nur Mastkälber mit hohen Tageszunahmen liefern die vom Markt erwünschte Beschaffenheit des Kalbfleisches.**

Ausreichender Futterverzehr läßt sich grundsätzlich erreichen mit hohen täglichen Tränkemengen mittlerer Trockenfutterkonzentrationen oder auch mit mittleren Tränkemengen hoher Konzentration. Der physiologische Wasserbedarf muß sicher abgedeckt werden. Aus den zahlreichen Kälbermastversuchen an der Bayerischen Landesanstalt für Tierzucht, Grub, ist der in Tab. 54 angegebene Tränkeplan hervorgegangen. Dabei wird von einem mittleren Mastanfangsgewicht von etwa 60 kg ausgegangen, wie es sich nach der Anfütterungswoche insbesondere unter süddeutschen Verhältnissen ergibt. Die Fütterung erfolgt 2mal täglich.

Tab. 54. Orientierender Tränkeplan für die Kälbermast mit Milchaustauschfutter (MAT)

Mastwoche	g MAT je Ltr. Wasser	Wassermenge Ltr. je Tier und Tag	MAT-Menge kg je Tier und Tag	StE-Aufnahme je Tier und Tag
1.	160	6,0	1,0	1050
2.	170	6,5	1,1	1160
3.	180	7,0	1,3	1360
4.	190	8,0	1,5	1580
5.*	190	8,5	1,6	1680
6.	200	9,0	1,8	1890
7.	210	10,0	2,1	2200
8.	230	10,0	2,3	2415
9.	230	11,0	2,5	2625
10.	240	11,0	2,6	2730
11.	250	11,0	2,8	2940

* Umstellung von MAT I auf MAT II

In der angegebenen Mastzeit kann mit einem Zuwachs von 60 kg auf etwa 165 kg Lebendgewicht gerechnet werden. Das entspricht mittleren Tageszunahmen von etwa 1350 g, wobei während einiger Mastwochen der zweiten Masthälfte ein mittlerer Tageszuwachs von 1600 g notwendig ist, der mit den oben angegebenen täglichen StE-Mengen bei guten Stallverhältnissen ohne weiteres zu erreichen ist (vgl. Tab. 53). Bei der Mast besonders wüchsiger männlicher Kälber lassen sich die Milchaustauschtränkemengen noch geringfügig steigern und damit höhere Zunahmen erzielen.

Für die Verträglichkeit des Milchaustauschfutters in der erforderlichen hohen Konzentration ist äußerste Sorgfalt bei der Herstellung und Verfütterung der Tränke notwendig. Eine verläßliche Beobachtung der Tiere ist erforderlich, wobei die Kotbeschaffenheit wesentliche Aufschlüsse über den Gesundheitszustand geben kann. Beim Anrühren der Tränke sind die Herstellerangaben genau zu beachten, insbesondere im Hinblick auf die erforderliche Anrührtemperatur. Nicht nur die Fettzusammensetzung, sondern auch die Art der Fetteinbringung hat Einflüsse auf die gleichmäßige Feinverteilung des Trockenfutters im Wasser. Die Futtermittelindustrie verringert im erheblichen Maße durch laufende Verbesserung der technischen Aufbereitung und durch Zusätze von unschädlichen Hilfsstoffen (z.B. Emulgatoren) das futterbedingte Risiko. Das fütterungstechnische Risiko kann aber nur der Tierhalter vermeiden.

Die Zuwachsleistung von *Mastkälbern an Automaten* ist manchmal etwas höher gegenüber der Eimertränke, da immer ad libitum gefüttert wird. Ein stärkeres „Auseinanderwachsen" der Gruppen kann durch Aufstallung gleichmäßiger Gruppen, sorgfältiges Anfüttern und Beobachten weitgehend vermieden werden. Die Aufstallung von Kälbern in eingestreuten Laufställen bei Automatenmast wirkt sich auf die Schlachtqualität nicht nachteilig aus.

Die Anforderungen an Kalbfleisch sind Zartheit, ein neutraler Geschmack und hellrote Farbe. Zartes Fleisch ergibt sich bei hohen Zuwachsraten, der neutrale Geschmack hat seine Ursache u.a. in der geringen Verfettung. Eine helle Fleischfarbe wird dann erreicht, wenn das Mastkalb kein Trockenfutter auf Stärkebasis aufnehmen kann und das Milchaustauschfutter wenig Eisen enthält. Mit sorgfältig dosierten Eisenzulagen (min. 30 mg/kg Milchaustauschfutter I) kann die Eisenmangelanämie mit ihren nachteiligen Auswirkungen auf Gesundheit und Zuwachs verhütet werden, ohne daß die Fleischfarbe merklich beeinträchtigt wird.

8.2.2 Mast mit energieergänzter Magermilch

Vereinzelt steht Kälbermästern noch Frischmagermilch zur Verfügung. Die Unsicherheit im laufenden Magermilchbezug, der erhöhte Arbeitsaufwand und das gesteigerte fütterungstechnische Risiko haben diese Fütterungsmethode stark zurückgedrängt.

Wegen des fehlenden Milchfettes, mit dem die Hälfte der Energie entzogen wird, wäre Magermilch zu energiearm, um wirtschaftliche Zunahmen zu erreichen. Die hohe Flüssigkeitsmenge begrenzt sehr rasch die Aufnahmekapazität des Mastkalbes. Außerdem wurden mit dem Milchfett die fettlöslichen Vitamine entfernt. Diese Lücken kann „Energiereiches Ergänzungsfuttermittel zu Magermilch für Mastkälber" ausgleichen.

Dieses Ergänzungsfutter hat einen Fettgehalt von 30–60 %. Die Ergänzungsmenge liegt je nach Fettgehalt bei 40–100 g/Liter Magermilch. Berücksichtigt man die normtypgerechten Minimalforderungen, so wird mit einer Zulage von 100 g Ergänzungsfutter je Liter Magermilch etwa dieselbe Energie- und Wirkstoffkonzentration erreicht wie mit 200 g normtypgemäßem Milchaustauschfutter/Liter Wasser. Infolge des durchweg höheren Fettgehaltes liegt die mittlere Zusatzmenge bei etwa 60–70 g Ergänzungsfutter je Liter Magermilch.

Auch bei dieser Mastmethode kann bei vollständiger Beachtung aller fütterungstechnischen und hygienischen Belange bereits während der zweiten Lebenswoche von Vollmilch auf Magermilch umgestellt werden. Der **Vollmilchverbrauch** beträgt dann einschließlich Kolostralmilch nur **etwa 50 Liter.** Die tägliche Menge an aufgewerteter Magermilch steigt bei dieser Fütterungsmethode etwa von 7 Liter während der dritten Lebenswoche auf 16–17 Liter im vierten Lebensmonat. In einem Zeitraum von etwa 13 Wochen können mit dieser Fütterungsmethode bei mittleren Tageszunahmen von etwa 1200 g Mastendgewichte von ca. 150 kg erreicht werden. Der Verbrauch an Ergänzungsfutter richtet sich nach der Dosierung und kann bei **etwa 1100 Liter Magermilchverbrauch** zwischen 50 und 100 kg/Tier und Mastperiode liegen.

8.2.3 Mast mit Vollmilch sowie mit Tränke und Kraftfutter

Diese beiden Mastverfahren können nur als Ausnahmesituationen betrachtet werden. Die Diskussion um den Einsatz von Vollmilch als Mastfutter entstand neuerdings infolge der Milchkontingentierung zur Verwertung von „Übermilch". In Mastversuchen an der Bayer. Landesanstalt für Tierzucht (BURGSTALLER u. a. 1986) erhielten weibliche Fleckviehkälber (68 kg LG) nur Vollmilch (VM) ohne irgendwelche Futterzusätze im Vergleich zu einer Mastgruppe mit „Milchaustauschfuttermittel I für Mastkälber" (MAT). Der Nährstoffgehalt der VM (4% Fett) wurde mit 256 g verd. Eiweiß und 1305 StE/kg T errechnet, das MAT enthielt 219 g verd. Eiweiß und 1106 StE/kg T. Die VM-Kälber wurden bei 126 kg, 159 kg und 177 kg LG geschlachtet, die MAT-Gruppe mit 181 kg. Tab. 55 zeigt einige Ergebnisse. (MAT-Werte 1 und 2 vergleichend berechnet.)

Der VM-Verbrauch je kg Zuwachs betrug bis zum ersten Schlachttermin 9,9 kg, bis zum zweiten 11,2 kg und bis zum letzten 11,6 kg. Unter den Preisbedingungen

Tab. 55. Einige Ergebnisse zur Mast mit Vollmilch im Vergleich zur MAT-Mast

	Vollmilchgruppen			MAT-Gruppe		
Endgewicht, kg	126	159	177	(125)	(162)	181
StE-Verzehr/Tag	1925	2276	2346	(1771)	(2038)	2153
Tageszuwachs, g	1154	1180	1186	(1158)	(1223)	1236
StE-Verbrauch/kg Zuwachs	1682	1906	1999	(1537)	(1683)	1758
Hämoglobingehalt, g/100 g	10,4	11,5	11,4	11,1	10,8	11,1
Schlachtausbeute, %	60,3	61,1	61,2	–	–	62,0
Fleischhelligkeit, GÖFO	86,8	86,6	86,9	–	–	86,1
Fe-Gehalt (Oberschale), mg/kg	10,1	11,1	10,6	–	–	11,3

für „Übermilch" (0,18 DM/kg) ergab sich zur MAT-Tränke (2,50 DM/kg MAT) ein Futterkostenverhältnis von 1 : 2 in allen Mastbereichen. Mit Ausnahme der Verfütterung von über Kontingent erzeugter Vollmilch ist der Ersatz von MAT-Tränke in der Kälbermast nicht sinnvoll.

Die Mast mit MAT-Tränke und Kraftfutter hat ebenfalls keine wirtschaftliche Bedeutung. Diese Mastmethode ist infolge der unzureichenden Qualität des Kalbfleisches nicht über das Versuchsstadium hinausgekommen. Sie bringt zwar bei verringerten Futterkosten zufriedenstellende Zunahmen, die besonders bei Mast auf sehr hohe Endgewichte festgestellt werden. Die schlechte Bewertung und Bezahlung dieses Schlachtproduktes rechtfertigt unter unseren Bedingungen jedoch nicht den Aufwand. Dieses Verfahren ist teilweise von der Mast mit Kraftfutter bis zu einem Endgewicht von etwa 350 kg bei weiblichen Rindern und von etwa 400–450 kg bei Jungbullen abgelöst worden, deren Wirtschaftlichkeit jedoch ebenfalls vielfach fraglich ist (s. 9.10).

9 Fütterung der Mastbullen

Die Wirtschaftlichkeit der Jungbullenmast wird im mitteleuropäischen Bereich sehr stark durch die einsetzbaren Mengen wirtschaftseigenen Grundfutters beeinflußt. Da die moderne Mast mit jungen, wachsenden Tieren erfolgt, wird das Futteraufnahmevermögen des Mastrindes zum begrenzenden Faktor der leistungsgerechten Nährstoffversorgung. Deshalb darf die freiwillige Freßzeit beim Grundfutter nicht durch fütterungstechnische Einflüsse beschränkt werden.

9.1 Wachstumsintensität und Körperzusammensetzung

Die moderne Mast landwirtschaftlicher Nutztiere ist insbesondere auf dem Bereich des intensiven Wachstums, der bis zur Geschlechtsreife am stärksten ausgeprägt ist, begrenzt. Im Vordergrund steht die Vermehrung der Proteinsubstanz, d.h. des Fleischansatzes. Damit hebt sie sich von früheren Verfahren der „Fettmast" deutlich ab, die mit älteren, z.T. am Ende des Wachstums stehenden Tieren durchgeführt wurde.

Die optimale Versorgung mit Nähr-, Mineral- und Wirkstoffen ermöglicht eine weitgehende Ausschöpfung der „im Tier liegenden" Wachstumskapazität, wobei die genetische Bindung für den Eiweißansatz straffer ist als für die Fettbildung. Über das Optimum der Wachstumskapazität reichende Nährstoffzufuhr wird zu frühzeitiger Fetteinlagerung und zu einer verminderten Gewichtszunahme je Zeiteinheit führen.

Die biochemischen Wachstumsvorgänge werden durch Hormone reguliert. Die ungestörte Funktion der Hypophyse, der Schilddrüse und der Nebenniere ist außerordentlich wichtig. Der Hypophysen-Vorderlappen gibt drei wichtige Hormone für das normale Körperwachstum ab. Bei männlichen Tieren hat das nach Eintritt der Geschlechtsreife verstärkt von den Zwischenzellen der Hoden gebildete Hormon der Androgene, das *Testosteron,* einen positiven Einfluß auf die Muskelbildung. Es fördert den Eiweißansatz und übt eine allgemeine anabole (= wachstumsfördernde) Wirkung auf den Stoffwechsel aus.

Wachstum ist von einer relativen Abnahme des Wassergehaltes im Körpergewebe begleitet, wobei beachtliche Unterschiede zwischen einzelnen Geweben bestehen. Man spricht in diesem Zusammenhang von einer „physiologischen Austrocknung". Die relative Zusammensetzung der Trockensubstanz ist dadurch gekennzeichnet, daß im Verlauf der Mast nur die Fettfraktion zunimmt, während alle anderen Körperfraktionen mehr oder weniger abfallen. Als Beispiel sind in Abb. 55 die Veränderungen in der Zusammensetzung der T aufgezeigt, wie sie aus den umfangreichen Arbeiten von SCHULZ u.a. (1974) an der FAL Braunschweig-Völkenrode während des Mastverlaufes von 150–580 kg Lebendgewicht hervorgegangen sind. Schwarzbunte Jungbullen wurden so gefüttert, daß sie gleichmäßig 1000 g täglich zunahmen. Der Wassergehalt ist während dieser Zeit von ca. 70% auf 55% abgefallen.

Auf die frische Körpersubstanz bezogen, bleibt der Protein- und Mineralstoffgehalt (19% und 4,5%) weitgehend konstant, während der Fettgehalt von 7 auf 23%

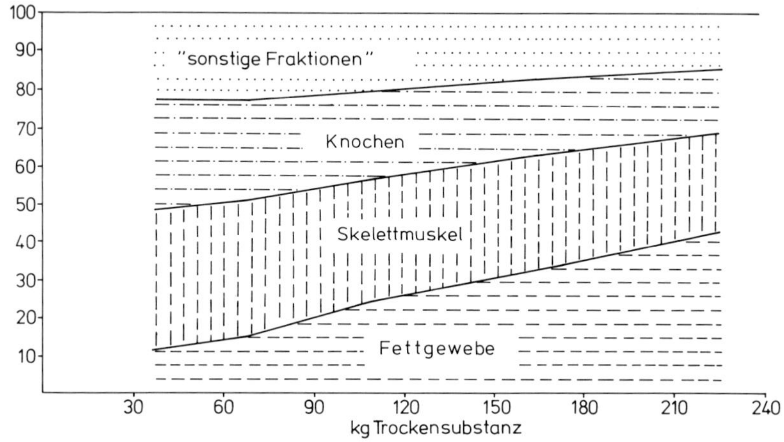

Abb. 55. Relativer Anteil der Körperfraktionen an der Trockensubstanz von schwarzbunten Jungbullen während der Mast von 150–580 kg LG.

ansteigt. In Verbindung mit dem abnehmenden Wassergehalt bewirkt dies fast eine Verdoppelung des Energiegehaltes je kg Frischsubstanz (von 6732 kJ auf 12569 kJ = kilo-Joule). Immerhin ist die Energiekonzentration je kg in der Körpersubstanz eines Mastbullen von 580 kg Lebendgewicht nicht höher als die eines 50 kg schweren Mastschweines.

In der intensiven Jungbullenmast, d.h. ohne Zwischenschalten einer sog. Läuferperiode, verläuft die tägliche Gewichtszunahme, wenn man sie gegen das Lebendgewicht aufträgt, in Form einer mehr oder weniger gekrümmten Kurve. Besonders zwei Faktoren, nämlich das genetisch fixierte Proteinbildungsvermögen und die Fütterungsintensität, beeinflussen den Wachstumsverlauf. Tiere mit hohem genetischen Niveau können je Zeiteinheit mehr Protein ansetzen, und der begleitende Fettansatz wird relativ gering sein. Darüber hinaus kann der Proteinansatz lange anhalten.

Die Untersuchungen zum Ansatzvermögen von Jungbullen der Rassen „Deutsche Schwarzbunte" (= DS) und „Deutsches Fleckvieh" (= DF) am Institut für Tierernährung der FAL Braunschweig-Völkenrode haben bei zwei Fütterungsintensitäten deutliche Unterschiede nachgewiesen (Daenicke u. Oslage 1976; Daenicke u.a. 1978). Im Bereich der Intensivmast von 160–590 kg Lebendgewicht hat sich bei 1000 g bzw. 1100 g Tageszuwachs gezeigt, daß

- DF-Jungbullen gegenüber DS-Jungbullen bei ansteigender Mastintensität einen zunehmend höheren Proteineinsatz erbringen – 9 bzw. 17% –,
- der Fettansatz beim DF-Jungbullen beachtlich niedriger ist – 17 bzw. 31% – und
- DF-Jungbullen für gleichen Tageszuwachs einen geringeren Nettoenergiebedarf haben – 3 bzw. 7%.

Bei Fütterung auf volle Zuwachsleistung – DF = 1305 g/Tag, DS = 1127 g/Tag – waren die Differenzen beachtlich größer: + 37% Proteinansatz, –19% Fettansatz, –14% StE-Aufwand/kg Zuwachs (Daenicke 1983).

Bei einer solchen Veranlagung werden auch im oberen Gewichtsbereich hohe Tageszunahmen erreicht. Grundsätzlich werden alle Masttiere auf hohe Fütterungsintensität, d.h. auf reichliche Nährstoffaufnahme, mit erhöhtem Tageszuwachs rea-

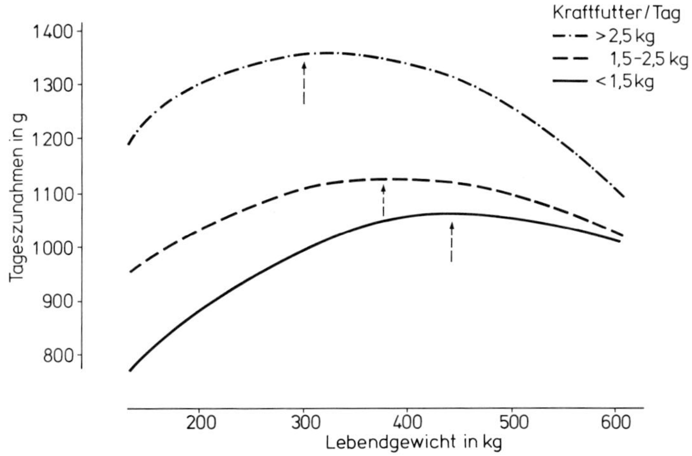

Abb. 56. Zuwachskurven bei Sattfütterung mit Maissilage in Abhängigkeit von der täglichen Kraftfuttermenge.

gieren. Der Kulminationspunkt der Zunahmekurve wird jedoch bei intensiver Fütterung früher eintreten als bei gedrosselter Nährstoffzufuhr infolge Futterbegrenzung oder geringer Nährstoffkonzentration. Als Beispiel sind in Abb. 56 die Ergebnisse von über 1000 Mastbullen der Rasse Deutsches Fleckvieh nach NEUMAIER u. a. (1969) dargestellt, deren Fütterung sich in der täglich beigefütterten Kraftfuttermenge unterscheidet.

Ein wesentlich anderes Bild entsteht bei Vorschaltung einer extensiven Vormastperiode, an die eine intensive Endmastperiode anschließt. Bei gleichem Gewicht haben ältere Tiere infolge der vorgezogenen Skelettentwicklung ein größeres Volumen des Verdauungstraktes, und sie können somit mehr Futter verzehren als gleichgewichtige, jüngere Artgenossen. Darauf beruht in erster Linie der starke Anstieg der Tageszunahmen nach erfolgter Umstellung von der Vormast auf die Hauptmastperiode. Dagegen erreichen durchgehend intensiv ernährte Tiere früher einen höheren Energieansatz je Zuwachseinheit als solche mit geringerem Ernährungsniveau, wodurch der Futterverzehr beeinflußt wird (s. Seite 44). Unabhängig davon wirkt sich bei gegebenem Ernährungsniveau die genetische Veranlagung auf die Körperzusammensetzung und damit auf den Energieansatz je Zuwachseinheit aus. Dadurch wird auch der Nährstoffbedarf für eine Zuwachseinheit beeinflußt.

9.2 Nährstoff-, Mineralstoff- und Vitaminbedarf

Die individuelle genetische Veranlagung ist eine Unbekannte, und Einflüsse der Haltung auf den Nährstoffbedarf können nicht genau erfaßt werden. Angaben zum Bedarf an Energie, Rohprotein, Mineralstoffen und Vitaminen sind deshalb als „Richtzahlen" und nicht als feststehende „Normen" zu betrachten.

9.2.1 Nährstoffbedarf

Der stark wachsende Jungbulle hat je kg metabolisches Körpergewicht (= $W^{0,75}$)

einen höheren Erhaltungsbedarf als das ausgewachsene Rind. Der Leistungsbedarf ergibt sich aus dem zu erwartenden Zuwachs und dessen Zusammensetzung, die insbesondere von Fütterungsintensität, genetischer Veranlagung und Mastabschnitt abhängig ist und die größte Differenzierung im Fettansatz aufweist.

Bisherige Empfehlungen zur StE-Versorgung der Mastbullen wurden ohne rassebedingte Unterschiede berechnet. Aufgrund der nachgewiesenen Differenzierungen zwischen den zwei wichtigsten deutschen Rassen hat eine Expertengruppe (K. ROHR, G. BURGSTALLER, R. DAENICKE, H.-H. FREESE, O. BOHNENKEMPER und G. MERZ) im Auftrag des DLG-Arbeitskreises Futter und Fütterung Richtwerte zur Energieversorgung von Mastbullen in Intensivmast ausgearbeitet. In Tab. 56 sind sie unterschiedlichen Tageszunahmen zugeordnet.

Tab. 56. Richtzahlen zur täglichen Energieversorgung von Jungbullen der Rassen Deutsches Fleckvieh (DF) und Deutsche Schwarzbunte (DS) in Intensivmast

Lebend- gewicht kg*	Stärkeeinheiten (StE) bei mittl. Tageszuwachs von 800 g		1000 g		1200 g		1400 g		1600 g	
	DF	DS	DF	DS	DF	DS	DF	DS	DF	DS
150	2100	2200	2300	2400	2550	–	–	–	–	–
200	2450	2550	2650	2800	2900	3100	3200	–	–	–
250	–	–	3050	3200	3350	3550	3700	3950	4200	–
300	–	–	3400	3600	3750	4000	4200	4500	4650	–
350	–	–	3800	4000	4150	4400	4550	4900	5050	–
400	–	–	4100	4300	4450	4750	4900	5250	5400	–
450	–	4250	4350	4600	4800	5100	5300	–	–	–
500	–	4600	4750	5000	5200	5550	5700	–	–	–
550	–	4950	5150	5400	5650	–	–	–	–	–
600	–	–	5500	–	6050	–	–	–	–	–

* = als Mittel des jeweiligen 50-kg-Bereiches

Die neuen Empfehlungen zur Energieversorgung unterscheiden sich nur unwesentlich von den bisherigen Angaben in diesem Buch, wie aus der Abb. 57 zu ersehen ist.

Mit zunehmender Mastintensität nehmen die Unterschiede in den neuen Richtwerten zwischen DF- und DS-Jungbullen zu. Die bisherigen Empfehlungen decken sich bei hoher Mastintensität mit den neuen Werten für Fleckvieh, für schwarzbunte Jungbullen waren sie in diesem Bereich zu niedrig.

Die Rohproteinzufuhr muß zum einen die N-Versorgung zur mikrobiellen Proteinsynthese im Pansen, zum anderen den Bedarf des Masttieres (Mikrobenprotein + nicht abgebautes Futterprotein) sicherstellen (s. Seite 34f.). Aus der faktoriellen Ableitung des Rohproteinbedarfes geht hervor, daß der Mastbulle bis zu einem Lebendgewicht von 300–350 kg zum Mikrobenprotein zusätzlich nicht abgebautes Futterprotein benötigt. Im höheren Gewichtsbereich entsteht bei der erforderlichen Energieversorgung bereits so viel Mikrobenprotein, daß damit die Versorgung erfolgen kann.

Die DLG-Empfehlungen haben bisher ohne Berücksichtigung der Zuwachshöhe nur einen gewichtsbezogenen Proteinwert berücksichtigt. Die neuen Empfehlungen wurden nach unterschiedlicher Zuwachsleistung differenziert, wie in der bayerischen Spezialberatung bereits seit 1979 verfahren wird. Außerdem erfolgte bereits

Abb. 57. Vergleich des StE-Bedarfes von Mastbullen.

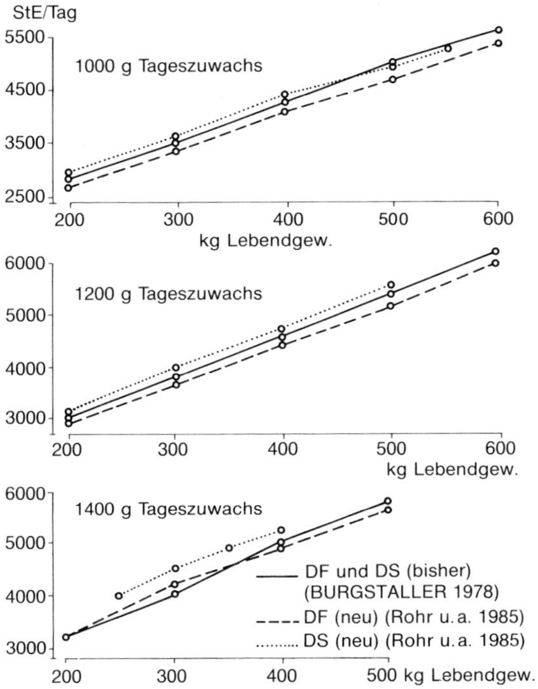

damals eine Verminderung gegenüber den DLG-Werten (BURGSTALLER 1978). In Mastversuchen konnte in der Folge nachgewiesen werden, daß unter exakten Bedingungen der Einzelfütterung die Reduzierung der Eiweißzufuhr um 20% bei gleichbleibender Energieversorgung keinen Einfluß auf die Gewichtsentwicklung der Mastbullen bei einer mittleren Mastintensität von über 1200 g Tageszuwachs hat (BURGSTALLER u. a. 1981 a). Außerdem wurde belegt, daß die reduzierten Bedarfsangaben höchsten Zuwachsleistungen gerecht werden: 1600 g mittlerer Zuwachs je Tag während der ersten Masthälfte bei sehr guter Energieversorgung und zuwachsbezogener Proteinzufuhr (BURGSTALLER u. a. 1981 b).

Die neuen Berechnungen zur Proteinversorgung für die einzelnen Intensitätsstufen haben gegenüber den bisherigen DLG-Werten zu einer möglichen Verminderung um etwa 20% geführt. In Tab. 57 sind die neuen Richtzahlen zusammengestellt.

Für Jungbullen anderer Rassen liegen keine oder zu wenig Versuchsergebnisse vor. Dem DF-Jungbullen als fleischbetonter Zweinutzungsrasse sind ähnliche Rassen (Deutsches Gelbvieh, Charolais u. a.) gleichzustellen. Dem milchbetonten DS-Jungbullen sind die Tiere des heutigen Deutschen Braunviehs zuzuordnen. Die Deutschen Rotbunten sind zwischen DF und DS einzustufen.

Die vorgestellten Richtzahlen zur Nährstoffversorgung gelten für die Intensivmast, die im süddeutschen Raum nahezu lückenlos erfolgt. In Norddeutschland werden jedoch etwa 40% der Mastbullen während einer Vormastperiode extensiver gehalten, so daß sie bei vergleichbarem Lebendgewicht älter und zu einem höheren Verzehr energieärmeren Grundfutters befähigt sind. Dadurch wird während der anschließenden Endmastperiode ein vergleichsweise höherer Tageszuwachs – von

Tab. 57. Richtzahlen zur täglichen Rohproteinversorgung für Jungbullen mit unterschiedlicher Zuwachsleistung (in g)

Lebend-gewicht kg*	T-Verzehr kg	g Rohprotein bei mittlerem Tageszuwachs von 800 g		1000 g		1200 g		1400 g		1600 g	
		DF	DS	DF	DS	DF	DS	DF	DS	DF	DS
150	3,0– 4,0	500	480	560	550	630	–	–	–	–	–
200	3,5– 5,0	530	520	610	600	690	670	750	–	–	–
250	4,0– 6,0	–	–	670	660	750	730	810	790	860	–
300	5,0– 7,0	–	–	730	720	800	780	860	840	920	–
350	6,0– 7,5	–	–	760	770	840	850	920	930	990	–
400	7,0– 8,5	–	–	790	820	880	920	980	1020	1060	–
450	7,5– 9,0	–	800	870	900	970	1010	1060	–	–	–
500	8,0–10,0	–	870	950	980	1060	1100	1140	–	–	–
550	8,5–10,0	–	940	1030	1060	1140	–	–	–	–	–
600	9,0–10,5	–	–	1100	–	1210	–	–	–	–	–

* = als Mittel des jeweiligen 50-kg-Bereiches

etwa 1300 g – erreicht. Für diese Stallmastperiode sind deshalb die Richtwerte für 1200–1400 g Tageszuwachs angezeigt.

9.2.2 Mineralstoff- und Vitaminbedarf

Mineralstoffe sind Bau- und Betriebsstoffe (vgl. 4.1.2). Während der Jugendentwicklung, insbesondere bis zur Geschlechtsreife, steht das Skelettwachstum im Vordergrund. Die Mineralisierung des Knochens ist zwar von Qualität und Quantität der Mineralstoffversorgung abhängig, wird aber vom sonstigen Stoffansatz kaum beeinflußt. Das führt dazu, daß langsamer wachsende Tiere bei gegebenem Lebendgewicht einen relativ höheren Mineralfutteranteil in ihrer Körpersubstanz angesetzt haben als Tiere mit starker Gewichtsvermehrung bei intensiver Fütterung.

In Tab. 58 sind Empfehlungen zur Mineralstoffversorgung aufgezeigt, wie sie vom Ausschuß für Bedarfsnormen der Gesellschaft für Ernährungsphysiologie (1978) in Abhängigkeit von der Gewichtsentwicklung festgelegt wurden.

Tab. 58. Empfehlungen zur Mineralstoffversorgung von Jungbullen (g/Tag) bei unterschiedlichem Tageszuwachs (... g)

Gewichts-bereich, kg	Kalzium 800	1000	1200	Phosphor 800	1000	1200	Magnesium 800–1200	Natrium 800–1200
150–200	32	38		17	19		5	4
200–250	34	40		19	21		6	4–5
250–300	40	48	56	23	25	28	7– 8	5
300–350	42	50	58	25	28	30	8– 9	6
350–400	40	46	52	27	29	31	9–10	6–7
400–450	42	48	55	29	31	34	10–11	7
450–500	44	50	56	32	34	36	11–12	7–8
über 500	46	52	58	32	33	35	12	8–9

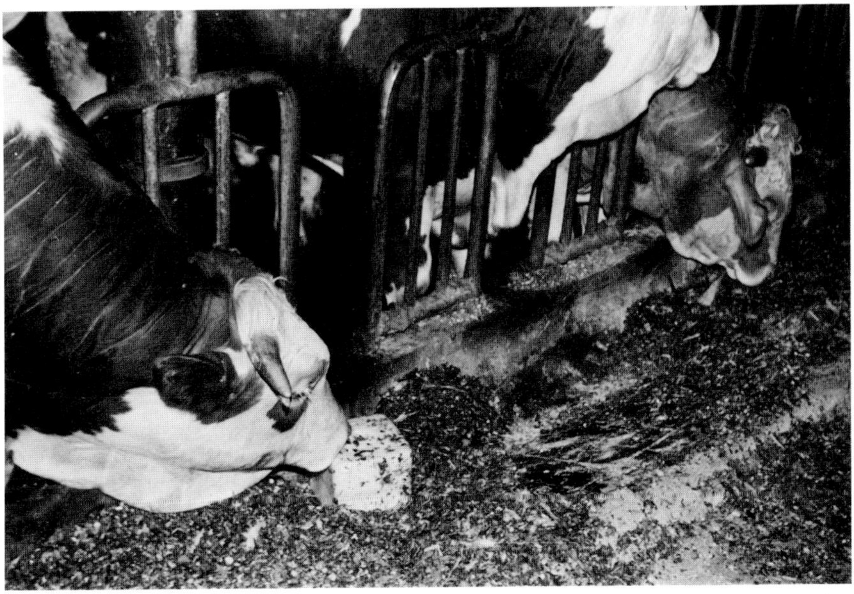

Abb. 58. Intensiv gemästete Jungbullen haben einen hohen Mineralstoffbedarf. Lecksteine werden zusätzlich gerne angenommen.

Tab. 59. Richtzahlen zur tägl. Vitaminversorgung wachsender Rinder

Vitamin	je 100 kg Lebendgewicht	je kg Futter-T
A	10 000 IE	5 000 IE
D	900 IE	500 IE
E	50 IE*	30 IE

* 1 IE Vit. E = 1 mg DL α-Tocopherolazetat

Der Spurenelementbedarf wird unter praktischen Bedingungen mit dem erforderlichen Mineralfutteranteil abgedeckt.

Die Vitaminversorgung ist über die tägliche Futterration sicherzustellen (s. 4.1.3). Zusätzliche Vitaminstöße können bei besonderen Streßsituationen (z. B. Transportbelastung bei Zukaufstieren) angebracht sein. In der Tab. 59 sind Richtzahlen zur täglichen Versorgung mit den fettlöslichen Vitaminen angegeben.

Zur Versorgung mit B-Vitaminen im allgemeinen und zur Situation mit B_1 im besondern s. Seite 22. Nur bei akuter Hirnrindennekrosegefahr ist ein vorbeugender Vitamin B_1-Einsatz sinnvoll. Vorher sind jedoch eventuelle Fütterungsmängel abzustellen.

9.3 „Zusatzstoffe, die die Futterverwertung verbessern"

In der Bundesrepublik Deutschland sind vorerst nach Anlage 3 zur FMV, 4. ÄVO vom 31.1.1985, zwei antibiotische Futterzusätze, auch „Leistungsförderer" genannt, für den Einsatz in der Rindermast zugelassen: Monensin-Na („Rumensin") mit 10–40 mg/kg Futter (88% T) und Flavophospholipol („Flavomycin") mit 2–10 mg/kg Futter. Mit 27.11.1985 kam durch Sondergenehmigung Avoparcin („Avotan") mit 15–30 mg/kg Futter hinzu.

Die Verbesserung der Futterverwertung ergibt sich zum einen durch eine vielfach nachgewiesene bessere Zuwachsleistung und zum anderen durch einen energetisch „sparsameren" Verdauungsablauf im Pansen. Dabei wird sowohl die Bildung von Methan herabgesetzt, wodurch die Energieverluste durch dieses Gärgas eingeschränkt werden, als auch – besonders durch Monensin-Na – das Verhältnis der flüchtigen Fettsäuren im Pansen positiv beeinflußt: wesentlich verminderte Essigsäurebildung, deutlich erhöhte Bildung von Propionsäure, der wichtigsten Vorstufe zur Blutzucker-Neubildung. Diese Verbesserungen im Energiewechsel während der Verdauungsvorgänge im Pansen und die Bereitstellung erhöhter Propionsäuremengen im intermediären Stoffwechsel verschaffen dem Mastrind mehr „umsetzbare" Energie für den Ansatz.

Aus zahlreichen in- und ausländischen Mastversuchen könnte der Schluß gezogen werden, daß die Wirkung dieser Zusatzstoffe um so ungünstiger sei, je höher die Energiekonzentration im Mastfutter werde. Deshalb haben wir geprüft, ob und wie sich diese Zusätze bei sehr hoher Mastintensität während der gesamten Mastdauer auswirken (BURGSTALLER u. a. 1981 b). Die Änderungen im molaren Fettsäuren-Verhältnis durch die zwei Futterzusätze, die sich mit anderen Angaben in der Literatur weitgehend decken, sind in Tab. 60 wiedergegeben, wobei sich die Gesamtmenge der flüchtigen Fettsäuren unwesentlich unterschied.

Tab. 60. Molares Fettsäuren-Verhältnis im Pansensaft, bezogen auf die gesamte Versuchsdauer

Fettsäure	Gruppe:	I (ohne Zusatz)	II („Rumensin")	III („Flavomycin")
Essigsäure,	Mol. %	66,3	63,3	65,7
Propionsäure,	Mol. %	17,7	22,7	19,1
Buttersäure,	Mol. %	16,0	14,0	15,2

Die wichtigsten Ergebnisse des Mastversuches, der im Gewichtsbereich von knapp 180–570 kg LG mit 30 Bullen der Rasse „Deutsches Fleckvieh" auf der Basis Mais- und Grascobs, je zur Hälfte zur freien Aufnahme, durchgeführt wurde, sind in Tab. 61 zusammengestellt.

Trotz des sehr hohen Niveaus der Mastleistungen ist die positive Wirkung der „Zusatzstoffe, die die Futterverwertung verbessern" deutlich. Monensin-Na („Rumensin") hatte eine wesentliche Futtereinsparung bei leichtem Anstieg der Zuwachsleistung, Flavophospholipol („Flavomycin") eine stärkere Verbesserung des Zuwachses und dadurch bedingte bessere Futterverwertung zur Folge. In den Ausschlachtungsergebnissen zeigten sich – wie in anderen Versuchen – keine wesentlichen Differenzen zur Kontrolle.

Tab. 61. Mittelwerte zu täglichem Futterverzehr, Tageszuwachs und StE-Verbrauch je kg Zuwachs

Merkmal	Gruppe:	I (ohne Zusatz)	II („Rumensin")	III („Flavomycin")
Futterverzehr,	kg TS	7,86	7,43	7,84
	in %	100	94,5	99,7
	StE	5109	4810	5106
	in %	100	94,1	99,9
Tageszuwachs,	g	1357	1394	1434
	in %	100	102,7	105,7
StE/kg Zuwachs		3779	3485	3576
	in %	100	92,0	94,5

Insgesamt lassen sich für den Einsatz der „Leistungsförderer" in der praktischen Bullenmast nach den bisherigen Ergebnissen und Erfahrungen folgende Schlußfolgerungen ziehen:

- „Zusatzstoffe, die die Futterverwertung verbessern", erfordern in der Jungbullenmast eine etwa 2wöchige Einfütterungsperiode, da die Verdauungsvorgänge im Pansen beeinflußt werden.
- Ihr Einsatz kann auch unter sehr intensiven Mastbedingungen die Leistungsfähigkeit der Jungbullen steigern, wenn diese eine sehr gute genetische Veranlagung für starkes Wachstumsvermögen (= Proteinansatz) haben. Trifft dies nicht zu, ist eine stärkere Verfettung nicht auszuschließen.
- Dem Mastbetrieb stehen diese Zusatzstoffe nur als Bestandteil im Mineralfutter oder im industriell hergestellten Ergänzungs-Kraftfutter zur Verfügung.
- Die Wirkung von Monensin-Na kommt besonders bei knappen Futtervorräten bzw. hohen Futterkosten zum Tragen, während sich Flavophospholipol vorwiegend in verbesserter Zuwachsleistung bemerkbar macht.
- Voraussetzung für den Erfolg der „Leistungsförderer" in der Jungbullenmast bleiben aber nach wie vor gesunde, wachstumsfähige Tiere, einwandfreie Futtermittel mit hoher Nährstoffkonzentration und optimale Haltungsbedingungen mit ausreichendem Luftvolumen im Stall.

9.4 Übergangsfütterung von der Aufzucht zur Intensivmast

Die Mastperiode schließt meist unmittelbar an die Aufzuchtperiode an, wenn relativ T-reiche Futtermittel mit hoher Nährstoffverdaulichkeit verfüttert werden. Diese Futtermittel werden schon während der Aufzucht so früh wie möglich eingesetzt (s. 5.2) und weiterhin zur Sättigung verabreicht. 0,5–1 kg gutes Heu sollte auch nach Beendigung der Aufzucht mit 4 Monaten noch bis in den Bereich von 200–230 kg beibehalten werden, da dies für die Pansenausbildung förderlich ist. Bis zu diesem Bereich sollte aber etwa die Hälfte der erforderlichen Energie über Kraftfutter (ohne Harnstoffanteil) verabreicht werden; das sind etwa 2 kg/Tier und Tag. Geschieht dies nicht, so verliert man im Umstellungsbereich zu leicht wertvolle

Mastzeit, die bei der Intensivmast nicht mehr aufzuholen ist. Für die Nährstoffbemessung gelten die Richtwerte in den Tabellen 56 und 57, wobei ab 150 kg Lebendgewicht die Tageszunahmen bei wüchsigen, gut weitergefütterten Tieren sehr rasch vom 1000-g- in den 1200-g-Bereich kommen. Der relativ hohe Mineralstoffbedarf (s. Tab. 58) wird am sichersten durch Einmischen von Mineralfutter in das Kraftfutter befriedigt.

Die nachstehend beschriebenen Mastmethoden sind vorwiegend durch das Futtermittel gekennzeichnet, welches den höchsten Anteil der Energieversorgung erbringt oder das Mastverfahren durch besondere Ansprüche an die Fütterungstechnik prägt.

9.5 Mast mit Maissilage

Körnerreiche, teigreife Maissilage ist für die intensive Jungbullenmast das beste Grundfutter. Maissilage erfüllt weitgehend die Anforderungen des Jungbullen hinsichtlich Nährstoffkonzentration und Futterverzehr.

Mit ansteigendem Stärkegehalt steigt die Verdaulichkeit der organischen Substanz, und der Gehalt an Nettoenergie nimmt zu. Da dies weitgehend gleichgerichtet mit dem T-Gehalt erfolgt, kann der StE-Gehalt nach folgender Formel abgeschätzt werden:

StE je kg Maissilage = T-Gehalt (%) × 7,2–23.

Aus dieser Berechnung ergeben sich beispielsweise
bei 20% T: 119 StE/kg Silage bzw. 595 StE/kg T,
bei 25% T: 151 StE/kg Silage bzw. 604 StE/kg T,
bei 30% T: 182 StE/kg Silage bzw. 607 StE/kg T.

Auch die einfache Berechnung: *T-Gehalt (%)* × 6 ergibt für den Praktiker eine gute Aussage. War die Maispflanze beim Silieren durch Frosteinwirkung bereits teilweise ausgetrocknet, so sind vorher 2–3% T-Gehalt abzuziehen.

Der Rohproteingehalt fällt im T-Bereich von 20–30% von etwa 95 g/kg T auf etwa 85 g/kg T.

Für eine zufriedenstellende Verzehrsleistung ist ein hoher T-Gehalt, der durch ansteigenden Kolbenanteil bedingt ist, erforderlich. **Mit zunehmender Reife der Maispflanze ist im Bereich von 20–30% T mit je 1% T-Zunahme eine tägliche Mehraufnahme von etwa 85 StE verbunden.** Diese Zusammenhänge können verdauungs- und stoffwechselphysiologisch schematisch so erklärt werden:

Viel Stärke in der Maissilage

↙	↘
hohe Verdaulichkeit der organischen Substanz	hohe Fermentationsrate kurzkettiger Fettsäuren mit viel Propionsäure
↓	↓
rasche Passage des Futters durch die Vormägen	beste Voraussetzungen für ausreichende Blutzuckerbildung
↓	↓
erhöhter Futterverzehr	verbesserte Energieverwertung im intermediären Stoffwechsel
↓	↓
verbesserte Nährstoffversorgung	erhöhte Ansatzleistung
↘	↙

erhöhte Gewichtszunahmen

Höhere T-Werte in der Gesamtpflanze als etwa 34% bringen jedoch weder siliertechnisch noch nährstoffmäßige Vorteile. Im Gegenteil: die Silierfähigkeit wird durch abnehmende Zuckergehalte und ansteigende „Sperrigkeit" eher ungünstiger, die „Nachgärempfindlichkeit" nimmt zu, und die Nährstoffkonzentration je kg T fällt allmählich wieder ab. Außerdem nimmt der Anteil ganzer Körner im Kot nach jüngsten Untersuchungen an der FAL Braunschweig-Völkenrode in diesem T-Bereich zu, wenn nicht zusätzlich zerkleinert (z.B. Quetsche) wird (s. Seite 87).

Werden zu guter Maissilage durchgehend 2 kg Kraftfutter beibehalten, die gleichzeitig die große Eiweißlücke der Maissilage schließen, so können mit dieser Fütterungsmethode mit wüchsigen Jungbullen sehr hohe Versorgungsstufen erreicht werden. In Abb. 59 sind diese Verhältnisse beispielhaft aufgrund zahlreicher Erhebungen unter praktischen Bedingungen wiedergegeben.

Voraussetzung für hohe Zuwachsleistungen ist gut konservierte Maissilage aus teigreifen Pflanzen. Zu Maissilage aus milchreifen Pflanzen (ca. 24% T) müssen im Vergleich zu solcher aus gut teigreifen Pflanzen (ca. 33% T) min. 1 kg energiereiches

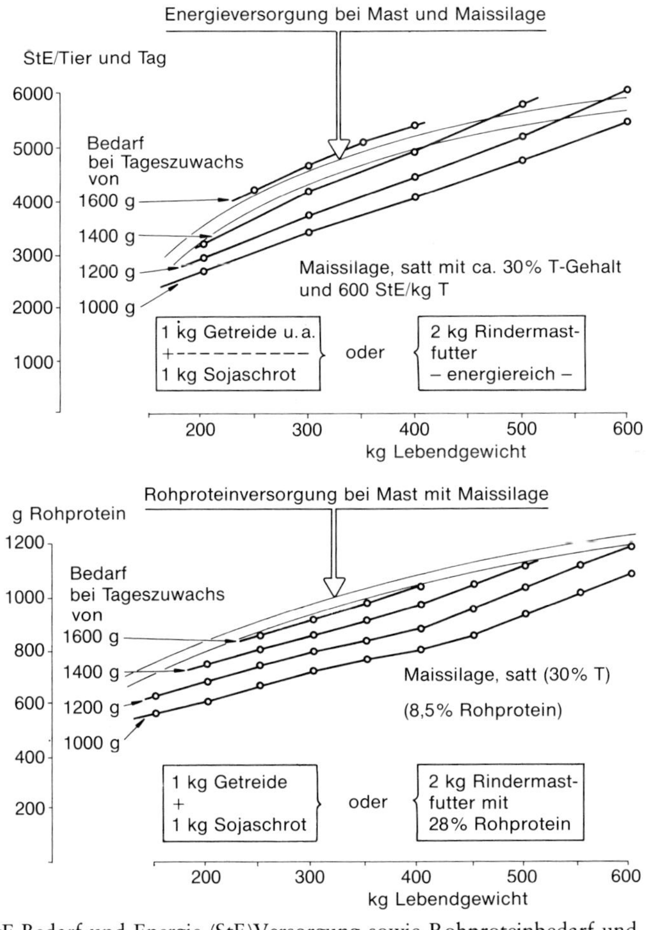

Abb. 59. StE-Bedarf und Energie-(StE)Versorgung sowie Rohproteinbedarf und -versorgung von Jungbullen bei der Intensivmast mit guter Maissilage.

Getreide zugefüttert werden, um eine annähernd vergleichbare Nährstoffversorgung zu erreichen. Daß dies trotzdem kaum gelingt, liegt an der rasch einsetzenden „Grundfutterverdrängung" bei diesen jungen Tieren. SCHWARZ u. a. (1985) stellten bei Getreidezulagen beinahe die gleiche Maissilage-T-Menge als Minderverzehr fest; in den Versuchen von GRUBER und LETTNER (1985) waren es 0,45 kg Maissilage-T durch 1 kg Getreide-T. Ein um 150 g geringerer mittlerer Tageszuwachs bedeutet für die Mast von 150 bis 600 kg LG jedoch bereits eine Mastzeitverlängerung um 60 Tage. Bei einem mittleren Erhaltungsbedarf von 2500 StE/Mastbulle und Tag ist das ein „unproduktiver" Mehraufwand von 150 kStE bzw. von 10 dt Maissilage mit 25 % T je Mastperiode. Deshalb ist eine schnelle Mast mit gut wüchsigen Tieren fast immer die wirtschaftlichste Mastform.

Während der letzten drei Mastmonate kann zum Ausgleich des schwach ansteigenden Maissilageverzehrs (s. Abb. 59) noch etwa 1 kg energiereiches Kraftfutter – insbesondere zur Verbesserung der Schlachtqualität – zugelegt werden. Vorsicht aber mit Tieren, deren Wachstumskapazität frühzeitig erschöpft ist, denn solche Tiere verfetten, verbrauchen dadurch mehr Nährstoffe je kg Zuwachs und bringen zusätzlich geringere Erlöse.

Geht man davon aus, daß ein Mastbulle im Bereich von 150–600 kg LG im Mittel 1700 kStE verbraucht und über durchgehend 2 kg Kraftfutter etwa 540 kStE zugefüttert werden, so können bei einem guten Ertrag von 7000 kStE/ha Silomais – als Energiemenge im Futtertrog! – *etwa 6 Bullen/ha Maisfläche* gemästet werden.

In letzter Zeit sind Mastversuche durchgeführt worden, die nachweisen, daß bei Ad-libitum-Fütterung von ausreichend zerkleinerter und gut konservierter Maissilage mit hohen Energiekonzentrationen von 640 bzw. 650 StE/kg T bzw. bei 33 bzw. 37 % T-Gehalt Getreidezulagen neben dem erforderlichen Protein-, Mineralstoff- und Vitaminausgleich die Wirtschaftlichkeit der Bullenmast nicht verbessern (SCHWARZ u. a. 1985). In den Versuchen von GRUBER und LETTNER (1985) ergaben sich mit steigenden Getreidezulagen von 0 bis 3 kg/Bulle und Tag stark ansteigende Futterkosten bei gleichbleibendem Zuwachs und somit ein beachtlicher Rückgang im Deckungsbeitrag.

Die Entscheidung, ob Maissilage durch Getreide oder ähnliche Energiefutter ergänzt werden soll, ist von der Silagequalität, von der verfügbaren Silagemenge, vom optimalen Mastendgewicht aufgrund der Verkaufsbedingungen u. a. m. abhängig. Sie wird von Betrieb zu Betrieb unterschiedlich sein.

Maissilage ist ein energiereiches, aber proteinarmes Futtermittel. Mit zunehmender Reife der Maissilage steigt mit dem T-Gehalt der StE-Gehalt, während der Gehalt an Rohprotein leicht abnimmt. Bei intensiver Maissilagemast kann man im Mittel davon ausgehen, daß zur freien Silageaufnahme täglich noch etwa 1 kg energiereiches Kraftfutter (Getreideschrot und dergl.) je Mastbullen zugefüttert wird. Dadurch ergibt sich bei gut wüchsigen Mastbullen **in der täglichen Proteinzufuhr ein Fehlbedarf von etwa 400 g Rohprotein.** Diese Lücke kann je nach betrieblichen Möglichkeiten auf vielfältige Art geschlossen werden.

Eine einfache und bewährte Ergänzungsmethode ist bei konkurrenzfähigen Preisen die tägliche Beifütterung bis zu 1,0 kg *Sojaextraktionsschrot,* gleichbleibend von Mastbeginn bis Mastende. Dieses Futtermittel wird bei einwandfreier Beschaffenheit sehr gerne gefressen. Wird ein Gemisch von verschiedenen Extraktionsschroten verfüttert, sollte aus mehreren Gründen (Toxingehalt, ungünstiger Geschmack u. a.) von *Erdnuß-* und *Rapsextraktionsschrot* nicht mehr als je $^1/_3$ im Eiweißfutter enthalten sein. Erfolge der Pflanzenzüchter lassen jedoch eine verbesserte Einschätzung von Rapsschrot in der Rinderfütterung erwarten: Verdrängung der Erucasäure aus

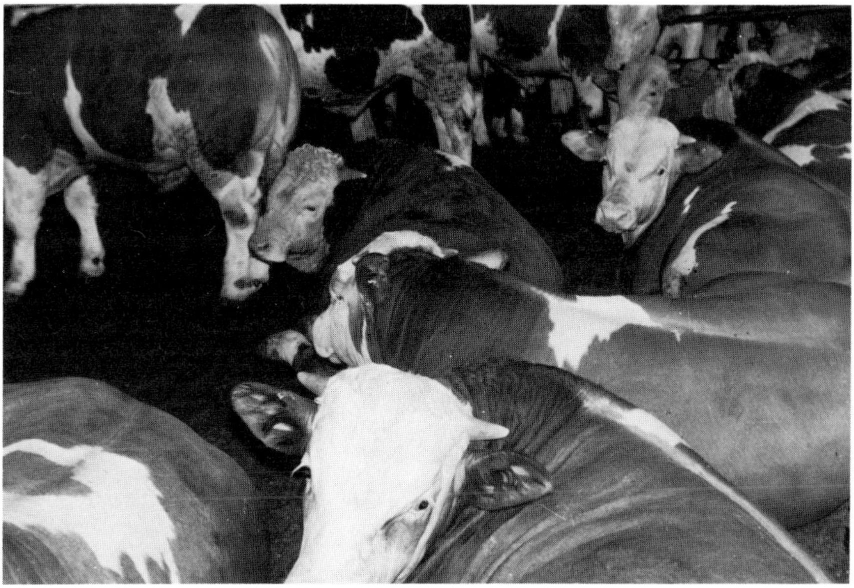

Abb. 60. Das sind „Maismast-Bullen“, wie sie der Markt wünscht: 14–16 Monate alt, 560–580 kg schwer, fleischreicher und leicht marmorierter Schlachtkörper.

dem Rapsfett – diese Säure bewirkt pathologische Fetteinlagerungen im Muskelgewebe, insbesondere in den kontraktilen Elementen des Herzmuskels – und Verringerung der Glukosinolate, die toxisch auf die Schilddrüse wirken. Allerdings muß die Umstellung von Sojaextraktionsschrot auf andere Eiweißfuttermittel langsam erfolgen, da sonst ein geringerer Futterverzehr unweigerlich zu einem Rückgang des täglichen Zuwachses bei dieser intensiven Mastform führt.

Sorgfältig getrocknete *Ackerbohnen* und Erbsen können diese Lücke voll ausfüllen. Der geringere Proteingehalt (etwa 260 g Rohprotein/kg Ackerbohnen bzw. 220 g/kg Erbsen) ist dabei zu berücksichtigen.

Frische oder silierte *Biertreber* in täglichen Mengen von etwa 2 kg je 100 kg Lebendgewicht können anfangs bis zur Hälfte, gegen Ende der Mast vollständig den Eiweißbedarf decken. Allerdings wird durch so hohe Mengen die energiereichere Maissilage (etwa 50 StE/kg T mehr als Biertreber-T) teilweise verdrängt, so daß als Ausgleich zusätzlich Getreideschrot oder ähnliches für hohe Tageszunahmen erforderlich wird.

Frische *Bierhefe* steht in brauereinahen Mastbetrieben vereinzelt zur Verfügung (s. Seite 96). Der T-Gehalt dieses wasserreichen Futtermittels muß aber bekannt sein. **Mit etwa 2 kg Bierhefe/100 kg Lebendgewicht** kann bereits zu Beginn der Mast min. die Hälfte der Eiweißlücke geschlossen werden. Der geringe Energiegehalt macht eine Energieergänzung notwendig. Frische Bierhefe ist nur bedingt lagerungsfähig. Sie soll auch bei kühler Lagerung innerhalb von 3–4 Tagen verfüttert werden. Ein Rührwerk im Transportfaß ist notwendig, da sich Hefe rasch absetzt.

Futterharnstoff kann bei der Maissilierung mit 0,5% Gewichtsanteil der Frischmasse zugemischt werden. – Von Kombinationsprodukten mit 50% Harnstoff ist 1% zuzugeben. – Die aufgezeigte Proteinergänzung über Kraftfutter kann dadurch auf die Hälfte reduziert werden. Höhere Harnstoffanteile in der Maissilage sind bei diesem intensiven Mastverfahren unzweckmäßig. Die fehlende Energie wird nicht über zusätzliche Silageaufnahme ausgeglichen, sondern muß über energiereiches Kraftfutter ergänzt werden.

Zu den ab Seite 20 ausführlich beschriebenen Vorgängen soll hier **zusammenfassend** festgehalten werden, daß

- eine langsame, 2–3 wöchige Gewöhnung an Harnstoff wegen der erforderlichen Umstellung der Mikroorganismen im Pansen notwendig ist,
- Harnstoff selbst keine Energie hat und zur Umsetzung im Pansen Energie verbraucht wird,
- ein hohe Verdaulichkeit des Harnstoffs nur wenig über die tatsächliche Verwertung aussagt,
- ein gleichmäßiges Einmischen von Futterharnstoff durch Dosiergerät unbedingt gewährleistet sein muß und
- Harnstoff nur zu Siliergut mit mehr als 27% T beigemischt werden soll, um ein Wandern mit dem sonst auftretenden Sickersaft zu vermeiden.

Industriell hergestelltes Rindermastfutter enthält als Normtyp entweder 15–25% Rohprotein (= I) oder 30–40% Rohprotein (= II). Die Tagesmenge richtet sich nach dem Proteingehalt und nach den Betriebsvorräten an anderen Kraftfutterkomponenten. Als Ergänzungsfutter sind ihm normalerweise die bedarfsgerechten Mineralstoff- und Vitaminmengen zugesetzt. Sollte das nicht der Fall sein, so ist, wie bei den aufgezeigten übrigen Ergänzungsmöglichkeiten, die zusätzliche Verfütterung eines vitaminierten Mineralfutters notwendig.

Die zum Grundfutter ergänzende Mineralstoff- und Vitaminversorgung der Mastrinder kann also auf zwei Wegen erfolgen: Entweder über das industrielle „Rindermastfutter", oder über das Mineralfutter (Beispiel s. Tab. 62).

Der äußerst große und bisher in diesem Ausmaß kaum bekannte Fehlbedarf an Kalzium ist besonders auffallend. Durch den zunehmenden Kornanteil in gut ausgereifter Maissilage und den äußerst geringen Ca-Gehalt im Maiskorn (0,4 g/kg T) fällt der Ca-Gehalt in T-reichen Silagen sehr stark ab. Das Ca : P-Verhältnis in der Futterration beträgt nur 0,7 : 1. In der Gesamtversorgung muß es aber mindestens 1,5 : 1 erreichen. Die Futtermittelindustrie hat sich auf diese Situation eingestellt. Mineralfutter mit einem Ca : P-Verhältnis von 4 : 1, die außerdem mind. 500000 IE Vitamin A neben D und E enthalten, schließen mit 100 g Tagesgabe die Lücke, wenn ein Teil der Energieergänzung Trockenschnitzel sind. Der mit zunehmendem Lebendgewicht ansteigende Mineralstoffbedarf wird mit dem zunehmenden Maissilageverzehr abgedeckt.

Tab. 62. Mineralstoffgehalt in einer Tagesration mit Maissilage (30% T) für einen 200 kg schweren Mastbullen und erforderliche Mineralstoffergänzung (in g)

	Ca	P	Mg	Na
10 kg Maissilage	8,4	6,6	6,0	1,2
1 kg Weizen/Gerste	0,6	3,4	1,2	0,2
1 kg Sojaextraktionsschrot	2,7	6,2	2,7	0,2
Gehalt der Tagesration	11,7	16,2	9,9	1,6
Fehlbedarf (zu Tab. 58)	28,3	4,8	–	2,4

Maiskolbensilage mit Hüllblättern, also das Gemisch aus Korn, Spindel, Lieschen und geringen Restpflanzenteilen (= LKS, s. Seite 89) wird vereinzelt – meist ergänzend zu Maissilage – in der intensiven Jungbullenmast eingesetzt. In seiner T-bezogenen Nährstoffkonzentration liegt dieses Futtermittel etwa zwischen Hafer und Gerste (s. Anhangstabelle, Seite 185). Es erfüllt somit die Forderung nach einer energiereichen Mastration noch besser als Maissilage, da die nährstoffärmere, rohfaserreichere Restpflanze wegfällt. Zur Aufrechterhaltung normaler Verdauungsabläufe in den Vormägen ist es allerdings notwendig, die weggefallene Struktur der Mais-Restpflanze durch anderes Futter (Maissilage in Ergänzung mit geringen Heu- oder Strohmengen) auszugleichen. Die Gesamtration ist gegenüber der alleinigen Maissilage (mit Kraftfutterergänzung) je nach LKS-Anteil mehr oder weniger höher konzentriert, so daß bei leistungsgerechter Eiweiß-, Mineralstoff- und Vitaminergänzung die Zuwachsleistung geeigneter Mastbullen ohne stärkere Verfettung erhöht werden kann. Diese Mastmethode rückt bezüglich Intensität in die Nähe der reinen Kraftfuttermast, so daß eventuell ein vorgezogenes Mastendgewicht zu berücksichtigen ist (vergl. Abb. 56).

Die betriebswirtschaftliche Kalkulation muß zeigen, ob die erhöhten variablen Kosten der LKS Produktion gegenüber der Erzeugung von Futtergetreide durch eine höhere Ertragsleistung ausgeglichen werden, wobei weitere Bedingungen (s. Seite 89) zu berücksichtigen sind.

Zusammenfassend möchte ich **folgende Punkte zur Maissilagemast** hervorheben, da ein hoher Silageverzehr die Wirtschaftlichkeit dieses Verfahrens günstig beeinflußt:

- Gleichmäßig kurzes Häckseln der Maispflanze (0,6 cm theoretische Häcksellänge) neben Beachtung der übrigen gärtechnischen Bedingungen führt zu einwandfreien, stabilen Maissilagen, die gerne gefressen werden.
- Täglich 2malige Futtervorlage in ausreichender Menge, damit keine größeren Hungerperioden zwischen den Fütterungszeiten entstehen. Die Tagesration soll aber auf jeden Fall bis zur nächsten Abendfütterung aufgefressen sein. Einmalige Maissilagefütterung pro Tag ist bei ausreichendem Trogvolumen und stabiler Silage möglich, wirkt sich auf den Futterverzehr jedoch eher negativ aus.
- Ausreichende Barrenlänge, damit alle Tiere einer Gruppe gleichzeitig fressen können. Bei nicht ausreichendem Freßplatz werden rangniedrigere Tiere immer abgedrängt und erhalten minderwertigeres Futter bzw. ungleiche Kraftfuttergaben (Ausnahme bei Einsatz des Futtermischwagens, wenn Kraftfutter mit eingemischt wird und selektives Fressen nicht möglich ist).
- Tägliche Kraftfuttergabe auf zwei Futterzeiten verteilt, damit weitgehend gleichmäßige Bedingungen für die Verdauungsvorgänge im Pansen aufrecht erhalten bleiben; oder Futtermischwagen einsetzen (s. 4.6).
- Laufende Kontrolle des Tränkebeckens, damit immer frisches, sauberes Wasser zur Verfügung steht. Durst ist eine rasch wirkende Futterbremse bei T-reichen Maissilagen.

Maissilage kann nicht wirkungsgleich durch Getreide-Ganzpflanzen-Silage (GPS) ersetzt werden. Ihre Energiekonzentration liegt je nach Korn : Stroh-Verhältnis mit etwa 500–540 StE/kg T um 10 bis 20% unter der von Maissilage. Voraussetzung für diese Energiewerte ist außerdem eine ausreichende Zerkleinerung der Körner. GPS ist ein Korn-Stroh-Gemisch und auf mehr als 1 kg Stroh je Tag reagiert der intensiv gemästete Jungbulle mit geringerem Tageszuwachs. Es kann in diesem Rahmen eine sinnvolle Strukturergänzung zu T-reicher Maissilage sein. Im Endeffekt werden jedoch in erster Linie ernte-, konservierungs- und fütterungstechnische Gründe neben der wirtschaftlich sinnvollen Ausdehnung des Zwischenfruchtbaues ausschlaggebend für die Entscheidung zu diesem Verfahren sein.

9.6 Mast auf der Weide und mit konserviertem Grünfutter

Grünfutter – das ist natürlicher Aufwuchs von Dauergrünland oder Klee/Gras vom Feldfutterbau – muß als Grundfutter für die Jungbullenmast frühzeitig genutzt werden (vgl. 3 und 4.4.1).

9.6.1 Weidemast

In Grünlandgebieten des nordwestdeutschen Raumes ist die Weidemast nach wie vor bedeutend; in Mittelgebirgslagen nimmt sie mit der Intensivierung der Grünlandbewirtschaftung teilweise zu. Dabei hat der rascher wachsende Jungbulle den Ochsen mehr und mehr verdrängt. Für die Bullenmast auf der Weide gelten aber andere Regeln als für die bekannte Ochsenmast: **Der Jungbulle stellt aufgrund seines besseren Proteinansatzvermögens erhöhte Anforderungen an die Nährstoffversorgung.** Zufütterung auf der Weide kann erforderlich sein, wenn „marktreife" Jungbullen von der Weide abgegeben werden sollen. Bei gleicher Energieversorgung kann der Mastbulle nur fettarme Verarbeitungswerte, der schlachtreife Ochse jedoch bereits Ladenfleisch mit guter Fettabdeckung und Marmorierung liefern. Mastbullen müssen deshalb vielfach im Stall ausgemästet werden. Schließlich ist der

Abb. 61. Futterwagen und Spaltenboden haben den Arbeitsaufwand in der Bullenmast stark gemindert. Für die Tierbeobachtung, besonders nach dem Einfüttern, muß trotzdem Zeit sein.

Jungbulle wesentlich witterungsempfindlicher als der Jungochse, und er stellt in verkehrsreichen Gebieten erhöhte Anforderungen an die Einfriedung. Eine laufende Untersuchung auf Weideparasitenbefall und evtl. Behandlung sind generell bei allen Weidemasttieren notwendig.

Jungbullenmast auf der Weide verlangt eine geregelte Weideführung. Besatzdichten von 15 GV/ha bei Besatzstärken von 3,0–3,5 GV/ha und Jahr (s. Seite 67) sind nur bei entsprechendem Umtrieb und intensiver Düngung möglich. Der Auftrieb sollte im Zustand der „Weidereife" (s. Seite 69f.) erfolgen. Der Grünmasseertrag kann dann mit über 100 dt/ha angenommen werden. Der Endmastbulle benötigt etwa 60–80 m^2 pro Tag. Ein Weiderest von ca. 30% muß insbesondere bei knaulgrasreichen Beständen in Kauf genommen werden, um einen ausreichenden Futterverzehr zu erreichen. Bei früherem Weideauftrieb sinkt der Grünmasseertrag stark ab, und es sind weder eine ausreichende Düngerwirkung noch eine vernünftige Besatzdichte und ausreichende Nährstoffsättigung möglich.

Je nach Intensität des Graswuchses sollte der Weidekoppelwechsel alle 10–15 Tage erfolgen, wobei sich eine nochmalige Unterteilung durch E-Zaun vorteilhaft auswirkt. Der Weideumtrieb sollte auf weitgehend arrondierten Flächen möglich sein, denn Jungbullen reagieren auf größere Ortsveränderungen mit Unruhe und vermindertem Zuwachs. Begrenzte Weidezeiten von z.B. 2mal 3 Stunden/Tag sind abzulehnen, da sie in den meisten Fällen zu unzureichender Futteraufnahme und vermindertem Zuwachs führen.

Die ständige bedarfsgerechte Nährstoffversorgung wird bereits ab Anfang Juni durch den entgegengesetzten Verlauf des Aufwuchses zum Nährstoffbedarf der Weidetiere erschwert. Während dieser laufend ansteigt, geht die Ertragskraft der Grünlandflächen mit fortschreitender Jahreszeit im Aufwuchs und in der Nährstoffkonzentration zurück. Diese Zusammenhänge sind in Abb. 62 nach von Bothmer und Ernst (1973) wiedergegeben.

Für ein gleichmäßiges Futterangebot gibt es im allgemeinen zwei Wege:

- Während der stärkeren Aufwuchsphase werden Flächen zur Winterfuttererzeugung abgezweigt, so daß diese mit nachlassendem Aufwuchs erst allmählich in die Weidenutzung mit einbezogen werden. Einer gegebenen Tierzahl steht anfangs weniger Weidefläche zur Verfügung.
- Der Verkauf schlachtreifer Bullen beginnt bereits Ende Juli, eine Maßnahme, die mit 2jährigen und älteren Tieren möglich ist und vielfach zu dieser Zeit noch mit höheren Erlösen je Gewichtseinheit honoriert wird.

Der Ablauf im Weidemastbetrieb wird vom Geburtszeitraum der Kälber beeinflußt. Im Oktober/November eingekaufte Kälber können nach der 3–4monatigen Aufzuchtperiode, die meist mit verkürzter Tränkezeit (s. 5.2.1.1) erfolgt, noch 2–3 Monate auf die Weide vorbereitet werden: neben etwa 1,5 kg Kraftfutter und 1–2 kg Heu werden Silagen in steigenden Mengen verabreicht. Beim Einkauf im Februar/März ergibt sich noch eine kurze Weideperiode im Geburtsjahr; für die Überwinterung sind größere Futtervorräte erforderlich, da diese Tiere gegenüber Herbstkälbern jeweils um etwa 100 kg schwerer sind. Allerdings sind damit auch höhere Mastendgewichte auf der Weide bzw. frühere Verkaufstermine zu erreichen.

Während der Winterperiode bekommen nur junge Tiere Kraftfutter, damit das kompensatorische Wachstum in der folgenden Weideperiode voll genutzt werden kann. Auf den Jahreszuwachs berechnet, bleiben Jungbullen bei sehr knapper Winterfütterung – etwa 300 g Tageszuwachs – jedoch beachtlich hinter denen zurück, die mit sehr gutem Grundfutter etwa 600 g täglich zunehmen. Aus den Angaben in

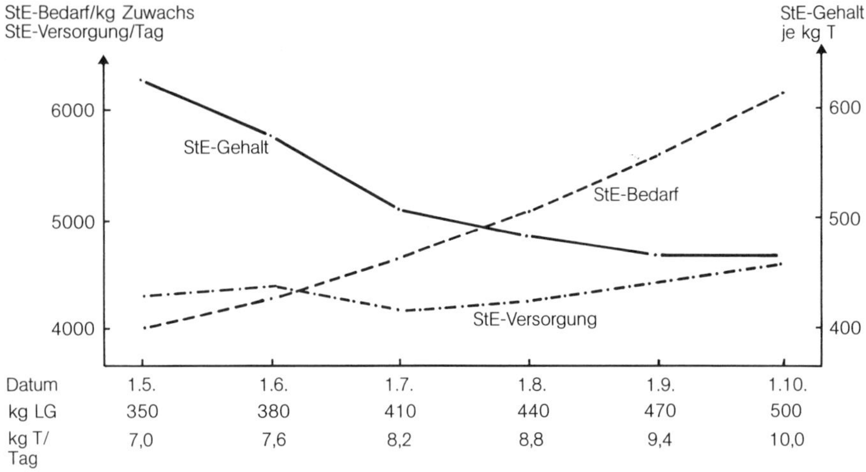

Abb. 62. StE-Gehalt des Weidegrases (Weser-Ems, 728 Proben), StE-Bedarf und -Versorgung von Weidebullen in der Endmast.

Tab. 56 läßt sich ableiten, daß für diesen Zuwachs bei 300 kg Lebendgewicht etwa 2800 StE und bei 400 kg etwa 3500 StE pro Tier und Tag notwendig sind. Eine Tagesration mit guter Grassilage für einen 300 kg schweren Bullen könnte wie folgt aussehen:

17,0 kg Grassilage (35% T)[1] = 2822 StE mit 833 g Rohprotein,

dazu 60 g Mineralfutter (20% Ca, 10% P, 5% Na, Vitamin A und D).

Von mäßiger Grassilage mit nur etwa 400 StE/kg T wird weniger gefressen, und es werden dadurch bis zu 1000 StE täglich weniger aufgenommen. Für dieselben Tageszunahmen von etwa 500 g sind dann mindestens 1 kg Getreideschrot oder Trockenschnitzel und Sojaextraktionsschrot bzw. „Ergänzungsfutter für Mastrinder" zusätzlich notwendig. Zu geringer Zuwachs während der Winterperiode kann die Erzeugung marktgerechter Schlachtqualität von Weidemast-Jungbullen beachtlich erschweren.

Die Beifütterung von Kraftfutter auf der Weide ist meist schwer durchführbar und in ihrer Wirtschaftlichkeit sehr umstritten. Etwas günstiger ist diese Zufütterung während der Endmastperiode auf der Weide zu beurteilen, wenn man damit die Schlachtqualität so sehr verbessert, daß gutes Ladenfleisch erzeugt wird. Nach Versuchen von HADENFELDT (1972) sind für diese Beifütterung etwa 2 dt Kraftfutter/Endmastbulle notwendig.

Die Schlachtreife von Weidebullen wird jedoch meistens nicht erreicht. Es muß sich eine Stallendmast anschließen, während der in möglichst kurzer Zeit ein hoher Ausmästungsgrad erzielt werden soll. Dies kann auch im Weidebetrieb erfolgen, wenn das entsprechende Grundfutter vorhanden ist. Zu bester Grassilage und gu-

[1] Grassilage, 1. Schnitt, Beginn bis Mitte der Blüte, Wiese grasreich

tem Rauhfutter sind Kraftfuttergaben bis zu 4 kg je Tier und Tag notwendig. Häufiger wird jedoch sog. Halbmastvieh mit etwa 300–400 kg (Herbst- bzw. Frühjahrskälber) mit Maissilage, Zuckerrübenblattsilage oder im Schlempebetrieb während einer etwa halbjährigen, intensiven Mastperiode schlachtreif gemacht. Geweidete Mastbullen können im Vergleich zu Bullen aus der Intensivmast bei gleichem Lebendgewicht während der Endmastperiode mehr Grundfutter verzehren, da der Verdauungstrakt dieser älteren Tiere größer ist (s. Seite 151). Im vergleichbaren Endmastbereich sind deshalb höhere Tageszunahmen zu erwarten, die insbesondere durch einen starken Anstieg zu Beginn der Endmast zustande kommen. Nähere Angaben zur Fütterung sind den folgenden Abschnitten zu entnehmen.

9.6.2 Mast mit Grassilage (Grünfuttersilage)

Die Jungbullenmast stellt besonders hohe Anforderungen an die Nährstoffkonzentration und an die Qualität der Silage (s. 4.5.1.1). Bei unbegrenzter Silageaufnahme können bei etwa 1000 g Tageszuwachs ca. 1/2 bis zu 3/4 der erforderlichen Nährstoffmenge aus diesem Grundfutter stammen. **Zufriedenstellende Masterfolge wird man nur erreichen, wenn der Energiegehalt mindestens 500 StE/kg Silage-T beträgt.** Es bleibt aber immer noch bei gleichen Kraftfuttermengen je Tier und Tag ein beachtlicher Unterschied im Tageszuwachs der Mastbullen, gemessen am Grundfutter Maissilage, wie die Auswertung von etwa 3000 Futterrationen aus bayerischen Erzeugerringen in Tab. 63 nach BURGSTALLER u.a. (1970) zeigt.

Im allgemeinen müssen infolge der geringeren Energiekonzentration in Grassilagen gegenüber guten Maissilagen täglich 1–2 kg Kraftfutter mehr je Mastbulle verfüttert werden, um an die gleiche Zuwachsleistung heranzukommen. Dieses Kraftfutter kann sich vorwiegend aus Energieträgern, wie Getreideschrot, Trockenschnitzel u.ä. zusammensetzen, da Grünlandprodukte relativ proteinreich sind. Ein Rohproteingehalt von 15% ist unter diesen Umständen ausreichend, der StE-Gehalt soll möglichst 650/kg betragen. Eine Vormastperiode, z.B. als Weideperiode, ist von Vorteil, da der Silageverzehr der inzwischen älteren Tiere dann größer ist.

Ein Beispiel der Rationszusammenstellung für Mastbullen mit 450 kg LG und im Mittel 1200 g Tageszuwachs während der Endmast gibt Tab. 64. Der etwa 1 1/2jährige Mastbulle kann bis 9 kg T täglich verzehren und braucht für die genannte Zuwachsleistung je nach Rasse 4800–5100 StE und 970–1010 g Rohprotein (s. Tab. 56 und 57). In die Rationsberechnung wurde die Mineralstoffversorgung mit einbezogen (Tab. 58).

Tab. 63. Mittlere Tageszunahme bei der Mast mit Mais- bzw. Grünfuttersilage in Abhängigkeit von der tägl. Kraftfuttermenge

Kraftfutter kg	Silage aus	Tageszunahme in g im Gewichtsbereich ... kg 201–300	301–400	401–500	501–600
bis 1,5	Mais	978	1060	992	984
	Grünfutter	837	963	860	847
1,5 – 2,5	Mais	1154	1160	1059	1049
	Grünfutter	1034	1124	1032	996
über 2,5	Mais	1421	1341	1265	1165
	Grünfutter	1246	1202	1181	1094

Tab. 64. Beispielration für einen Mastbullen mit 450 kg LG für 1200 g Tageszuwachs

Futtermittel	T kg	Rohpr. g	StE	Ca g	P g	Na g
18 kg Grassilage (35 % T) 1. Schnitt, im Ähren-/Rispen-schieben (547 StE/kg T)	6,3	1008	3438	41,5	20,7	8,7
1,5 kg Trockenschnitzel (melassiert)	1,3	150	957	10,5	1,3	3,4
1,0 kg Getreideschrot	0,9	100	700	1	4	0,2
	8,5	1258	5095	53	26	12,3

Zum Ausgleich der P-Lücke sowie zur Sicherung der Vitaminversorgung sind täglich etwa 50 g eines P-reichen „Mineralfuttermittels I für Rinder" mit möglichst 1 Mio. IE Vitamin A/kg notwendig.

9.7 Mast mit Zuckerrübenblattsilage und extrahierten Schnitzeln

Zuckerrübenblattsilage ist ein sehr gutes Mastfutter, wenn die Blätter bei der Ernte möglichst rasch und vor allem sauber siliert werden. Leider führen Herbstwitterung und Ernteverfahren häufig zu sehr hohen Schmutzanteilen (s. Seite 78). Die starke Verschmutzung des Rübenblattes kann zu schlechter Konservierung führen: hoher Essigsäure- und Buttersäuregehalt, starke Verluste. Außerdem kommt es bei verstärkter Silagefütterung und hohem Schmutzanteil bei den Tieren häufig zu Verdauungsstörungen mit Durchfällen. Dadurch werden die Futterverwertung verschlechtert und die Widerstandsfähigkeit der Masttiere gegen Belastungen geschwächt.

Der Futterwert von Silage aus sauberem Rübenblatt ist hinsichtlich der Energiekonzentration in der Trockensubstanz etwa guter Maissilage gleichzusetzen. Mit zunehmendem Erdeanteil in der T und dadurch bedingt schlechterer Gärfähigkeit fällt der Nährstoffgehalt jedoch sehr rasch ab (s. Anhangstabelle, Seite 186). Das Nährstoffverhältnis (Rohprotein : StE) von etwa 1 : 4–5 ist weitgehend dem Bedarf der Endmastbullen angepaßt.

Zuckerrübenblattsilage wird im allgemeinen gerne gefressen. Da ältere Tiere größere Mengen dieses billigen Futters verzehren können, ist eine Arbeitsteilung zwischen Vormast auf der Weide und Stallendmast mit Blattsilage sehr vorteilhaft. **Im Gewichtsbereich von etwa 300–550 kg Lebendgewicht bringt der tägliche Silageverzehr von 25–35 kg knapp zwei Drittel der erforderlichen Nährstoffmengen, wenn mittlere Tageszunahmen von 1200 g erreicht werden sollen.** Deshalb sind ergänzend neben 1–2 kg Heu hohe Kraftfuttermengen von 2–3 kg/Tier und Tag, bestehend aus 50 % Trockenschnitzel, 35 % Getreideschrot und 15 % Sojaextraktionsschrot, während der etwa 200tägigen Mastperiode notwendig. Der mittlere Futterverbrauch je Mastbulle beträgt etwa 3 dt Heu, 5 dt Kraftfutter und 60–65 dt Blattsilage. Es können demnach *4–5 Bullen/ha Rüben* gemästet werden. Wesentlich höhere Mastendgewichte als 600 kg sind selbst bei wüchsigen Jungbullen kaum lohnend, da der Kraftfutteraufwand hoch ist und der Nährstoffbedarf je kg Zuwachs stark ansteigt. Durch Zufütterung von ca. 10 kg guter Maissilage anstelle des Heues

Abb. 63. Rübenblattsilage ist ein sehr gutes Mastfutter in der Endmast.

können bei unverändertem Blattsilageverzehr etwa die Hälfte des Kraftfutters ersetzt und das Endmastgewicht u. U. über 600 kg erhöht werden.

Zuckerrübenblattsilage hat ein extrem weites Ca:P-Verhältnis von 5,4:1 (s. Tab. 32). Auch von dieser Seite ergänzen sich Mais- und Rübenblattsilage. Im allgemeinen ergibt sich eine P-Lücke, wie das Beispiel in Tab. 65 zeigt.

Die große Lücke in der P-Versorgung muß bei kalziumreichen Grundfuttergaben mit täglich etwa 80 g eines „Mineralfuttermittels I für Rinder" (13% P) ausgeglichen werden, das außerdem vitaminiert ist.

Im Rübenbaubetrieb sind Trockenschnitzel (s. Seite 95) ein kostengünstiges Ergänzungsfutter. Ihr höherer Energiewert für Wiederkäuer gegenüber früheren An-

Tab. 65. Rübenblattsilage als Grundfutter für 300-kg-DF-Mastbullen mit 1300 g Tageszuwachs

Futtermittel	T kg	Rohpr. g	StE	Ca g	P g	Na g
20,0 kg Zuckerrübenblattsilage, sauber	3,2	420	1980	51,6	9,6	25,4
1,0 kg Wiesenheu, Ende d. Bl.	0,8	107	291	7,2	2,7	0,7
1,5 kg Trockenschnitzel	1,3	132	995	10,5	1,3	3,4
1,0 kg Weizen/Gerste	0,9	115	725	0,6	3,1	0,1
0,2 kg Sojaextr. Schrot	0,2	90	145	0,6	1,4	0,1
Gehaltswerte der Ration	6,4	820	4136	70,5	18,1	29,7
„Richtzahlen" (s. Tab. 56, 57 u. 58)		830	3975	58	30	6

gaben ist berücksichtigt (s. Seite 190). Unter praktischen Verhältnissen werden zu Blattsilage vielfach täglich bis zu 3 kg Trockenschnitzel je Mastbulle verfüttert. Solche Futterrationen bedürfen unbedingt einer Ergänzung mit etwa 2 kg Heu täglich, da der relativ hohe Rohfasergehalt der Silage und der Schnitzel „pansenmotorisch" wenig wirksam ist. Gutes Futterstroh erfüllt bei Nährstoffausgleich durch Kraftfutter gleichfalls diese Forderungen. Ein chemischer Aufschluß des Futterstrohes (s. Seite 99f.) kann besonders bei größeren Einsatzmengen von bis zu 3 kg/Tier und Tag wirtschaftlich sinnvoll sein. Durchfallhemmende Bestandteile im Mineralfutter sind empfehlenswert, sie stellen aber keinen „Freibrief" für eine sorglose Blattbergung und für nicht „wiederkäuergerechte" Futterrationen dar.

Abgepreßte extrahierte Schnitzel, sog. *Preßschnitzel mit min. 18% T-Gehalt*, werden seit der Rübenkampagne 1980 in der Wiederkäuerfütterung eingesetzt (s. Seite 94). Ihre Energiekonzentration liegt bei einem Nährstoffverhältnis von 1 : 6 im Mittel bei 740 StE/kg T und somit ca. 20% über der von guter Maissilage. Werden Maisprodukte in der Bullenmast durch Preßschnitzelsilage ersetzt, so ist bei gleichbleibendem T-Verzehr ein zunehmender Gewichtszuwachs zu erwarten, wenn dadurch nicht der Fettansatz erhöht wird. Im exakten Mastversuch hat sich diese Annahme bestätigt, wie die Zahlen in Tab. 66 zeigen (BURGSTALLER u.a. 1982). Neben 1,5 kg ergänzendem Kraftfutter je Tier und Tag bestand das Grundfutter bei ad libitum-Fütterung zur Hälfte aus Grascobs, die in allen Gruppen beibehalten wurden und zur Hälfte aus Maiscobs, die in Gruppe II zur Hälfte, in Gruppe III ganz durch Preßschnitzelsilage ersetzt wurden.

In der Endmast wurden durch vollständigen Austausch der Maissilage durch Preßschnitzelsilage, die nur durch geringe Rauhfuttermengen ergänzt wurde, ebenfalls gute Mastergebnisse erzielt, die zum einen in Tageszuwachs, Futterverwertung und Futterkosten je kg Zuwachs zugunsten der Maissilage (WIENERS 1981), zum anderen zugunsten der Preßschnitzelsilage (GAEDE 1981) ausfielen. Auch im Austausch von der Hälfte des Kraftfutters haben sich silierte Preßschnitzel in der Kraftfuttermast (260–410 kg LG) bewährt (GAEDE 1982).

Insgesamt kann gesagt werden, daß
- Preßschnitzel ein hoch konzentriertes, gerne gefressenes Mastfutter ergeben, wenn sie sofort fabrikwarm siliert und gasdicht abgedeckt werden,
- Preßschnitzelsilage besonders während der warmen Jahreszeit mit ausreichendem täglichen „Vorschub" von etwa 10 cm entnommen werden soll, um ihre relativ geringe Haltbarkeit nach dem Öffnen des Behälters zu kompensieren (s. Seite 94),
- Preßschnitzelsilage in der Intensivmast von Jungbullen etwa die Hälfte der Grundfutter-T gut ersetzen kann,

Tab. 66. Mittelwerte zum täglichen Futter- und Energieverzehr, Zuwachs und Energieverbrauch je kg Zuwachs beim Austausch von Maiscobs (MC) durch Preßschnitzelsilage (PSS)

Merkmal Gruppe:	I (MC)	II (1/2 MC + 1/2 PSS)	III (PSS)
Futterverzehr, kg T	7,26	7,25	7,30
Energieverzehr, StE	4577	4642	4860
Tageszuwachs, g	1202	1220	1255
StE-Verbrauch/kg Zuwachs	3654	3665	3695

- Preßschnitzelsilage während der Endmastperiode auch in größeren Mengen bei Strukturfutter-Ergänzung einsetzbar ist und
- Preßschnitzelsilage sich aufgrund ihres relativ hohen Ca-, jedoch sehr geringen P-Gehaltes mit Maissilage gut ergänzt, eine bedarfsgerechte Mineralstoff- und besonders Vitamin-Ergänzung aber nicht vernachlässigt werden darf.

9.8 Mast mit Schlempe

Schlempe muß am Brennereibetrieb verfüttert werden. Die täglichen Schlempemengen sollen jedoch **nicht über 10 l/100 kg Lebendgewicht** reichen. Infolge des geringen Nährstoffgehaltes – 58 StE mit 19 g Rohprotein/kg Maisschlempe, 27 StE mit 15 g Rohprotein/kg Kartoffelschlempe – kann jedoch selbst bei diesen hohen Futtermengen **mit Maisschlempe nur gut 1/3, mit Kartoffelschlempe sogar nur 1/4 des Energiebedarfs gedeckt** werden. Der Versorgungsanteil an Rohprotein (Nährstoffverhältnis 1:2–3) ist dagegen wesentlich höher.

Schlempemast mit Rauhfutterergänzung (bis 5 kg/Tier und Tag), wie sie früher durchgeführt wurde, bringt bei wüchsigen Jungbullen nicht den erforderlichen Zuwachs und die notwendige Schlachtqualität, da die Nährstoffversorgung unzureichend ist. Für mittlere Zunahmen von 1000 g wären täglich zusätzlich etwa 3–4 kg Kraftfutter („Rindermastfutter I" mit 15% Rohprotein oder ähnliche Hofmischung) notwendig.

Körnerreiche Maissilage zur freien Aufnahme ist als ergänzendes Grundfutter wesentlich besser. Der notwendige Eiweißausgleich ist in diesem Falle durch etwa 0,5 kg Sojaextraktionsschrot abgedeckt. Als Energieergänzung ist etwa 1,0 kg Getreideschrot o.ä. günstig. Selbstverständlich kann die Fütterungsintensität durch Kraftfutter gesteigert werden, was jedoch bei zwar höherer Zuwachsrate meist auf Kosten des Schlempeverzehrs geht. Auf jeden Fall muß über ausreichende Mineralstoff- und Vitamingaben gesundheitlichen Störungen vorgebeugt werden. Die Mast soll möglichst mit dem Ende der Brennkampagne beendet sein, damit keine nachträgliche Futterumstellung erforderlich ist. Eine günstigere Verwertung ergibt sich, wenn die täglichen Schlempemengen auf knapp die Hälfte begrenzt werden können. Dann ist dieses Futtermittel eine sehr passende Eiweiß- und Energieergänzung ohne Minderung der übrigen Grund- und Kraftfutteraufnahme. Auch der Übergang auf die sonstige Fütterung nach Wegfall der Schlempe ist ohne Störungen zu schaffen.

Während einer etwa 8monatigen Brennkampagne kann ein Mastbulle im Gewichtsbereich von 300–550 kg Lebendgewicht knapp 100 hl Schlempe verzehren. Rechnet man in Kartoffelbrennereien mit 15 hl Schlempeanfall/hl Brennrecht, so muß *für etwa 6 hl Brennrecht ein Mastbulle in der Endmast* zur Verfügung stehen. Daraus ist der Mindestbullenbestand je Brennereibetrieb zu errechnen. Werden jüngere Tiere mit Schlempe gefüttert oder wird nur die vorteilhafte halbe Menge je Bulle eingesetzt, so sind nur 2,5–3 hl Brennrecht je Mastbulle zu veranschlagen.

9.9 Mast mit Biertreber

Frische oder silierte Biertreber sind, besonders in brauereinahen Betrieben, ein kostengünstiges, zusätzliches Futter in der Bullenmast. Mit einem Nährstoffverhältnis von etwa 1:2,3 sind sie bei einem Energiegehalt von etwa 560 StE/kg Silage-T ein gutes Ergänzungsfutter zu körnerreicher Maissilage (s. Seite 161). Bei **maximalen Zuteilungsmengen von täglich 4 kg/100 kg Lebendgewicht** decken sie etwa die Hälfte des täglichen Bedarfes bei ausreichender Rohproteinzufuhr. In diesem Falle werden für den Zunahmebereich von etwa 175–575 kg und 1000 g Tageszuwachs **ca. 60 dt pro Mastbulle** verbraucht.

9.10 Mast mit Kraftfutter

Die Jungbullenmast mit Kraftfutter stellt bezüglich der Nährstoffkonzentration die intensivste Fütterungsform dar. Sie tritt in gewissem Sinne in Konkurrenz zur Schweinemast, ermöglicht jedoch in größerem Ausmaß die Verwendung minderwertiger, rohfaserreicher Nebenprodukte aus Lebensmittelverarbeitungsbereichen. Ferner sind es arbeitswirtschaftliche und absatzmäßige Gesichtspunkte, die für diese Mastform ausschlaggebend sein können. **Kraftfuttermast mit Wiederkäuern bewegt sich jedoch fast am Rande der „verdauungsphysiologischen Legalität"**, so daß der Verdauungsablauf im Pansen unbedingt durch richtige Rationsgestaltung unterstützt werden muß. Das Futteraufnahmevermögen wird bei diesem hochverdaulichen Futter zunehmend durch chemo- und thermostatische Regulation beeinflußt (s. Seite 40), so daß eine leistungsgerechte Nährstoffaufnahme in höheren Gewichtsbereichen erschwert wird. Außerdem sind Verdauungsstörungen vielfach nicht ganz auszuschließen. Insbesondere ist die Gefahr einer latenten, metabolischen Azidose mit ihren vielfältigen schädigenden Einflüssen (s. 4.8.2) immer vorhanden. **Täglich 1 kg Heu/Tier ist ein gutes Vorbeugemittel.**

Die Kraftfuttermast wird bei eigener Aufzucht der Bullenkälber mit gleitendem Übergang vom Kälberaufzuchtkraftfutter zum Mastkraftfutter durchgeführt. Da außer etwa 1 kg Heu/Tag kein weiteres Grundfutter zugefüttert wird, erhöht sich der tägliche Kraftfutterverzehr sehr rasch. Ein 5 Monate altes Bullenkalb hat bereits einen Tagesverzehr von etwa 4,5 kg, mit 400 kg Lebendgewicht ist mit der fast doppelten Menge jedoch der höchste Tagesverzehr meist erreicht, so daß bei absinkenden Tageszunahmen die Futterverwertung rasch ungünstiger wird. **Im Gewichtsbereich über 450 kg Lebendgewicht ist bereits mit einem Kraftfutterverzehr von 8 kg und mehr je kg Zuwachs zu rechnen.** Das ergibt einen mit zunehmendem Mastendgewicht progressiv ansteigenden Futterverbrauch, wie ihn STEINHAUSER und STROBL (1972) nachgewiesen haben (Tab. 67).

Mit Trockenschnitzeln, Schälkleien, Maisspindelmehl u. a. geringer konzentrierten Komponenten im Mischfutter können die Futterkosten meist günstig beeinflußt werden. Fällt der Energiegehalt jedoch unter 500 StE/kg, so wird die Energiediffe-

Tab. 67. Futterverbrauch (einschließlich Aufzucht ab 75 kg LG) bei unterschiedlichen Endgewichten

Endgewicht, kg	Kraftfutter, dt	Heu, dt
400	14,0	2,4
425	15,6	2,6
450	17,3	2,8
475	19,1	3,0
500	21,0	3,2
525	23,3	3,5

renz im allgemeinen nicht mehr durch höheren Futterverzehr ausgeglichen. Deshalb wird manchmal kostengünstiges Futterfett eingearbeitet, um den StE-Gehalt zu erhöhen. 5% Futterfettanteil sollten jedoch möglichst nicht überschritten werden, da je nach Fettsäuren-Zusammensetzung und Frischezustand neben negativen Einflüssen auf die Verdauungsvorgänge (s. Seite 18) auch solche auf die Schlachtkörperbeschaffenheit auftreten können.

Grundsätzlich kann die Kraftfuttermast nach mehreren Fütterungsmethoden durchgeführt werden:

Zum überwiegenden Teil wird mit jeweils einer Futtermischung gearbeitet. Spätestens ab 150 kg Lebendgewicht wird das Aufzuchtfutter durch das Mastkraftfutter ersetzt, das mindestens 15% Rohprotein enthalten soll, also ein „Rindermastfutter I" darstellt. Mit etwa 4,5 kg werden Nährstoffe für etwa 1200 g Tageszunahmen verzehrt. Ab Mastmitte reicht ein Proteingehalt von mindestens 12%. Bei kostengünstigen Eiweißfuttermitteln bleibt dies unberücksichtigt. Ebenso kann das „Rindermastfutter I" als Kompromiß für die gesamte Mast betrachtet werden. Der Anteil „Rindermastfutter II" in der Kombination mit energiereichen Komponenten richtet sich nach dessen Eiweißgehalt. Beim Mindestanteil von 30% Rohprotein müssen etwa 40% in der ersten und 30% in der zweiten Masthälfte eingemischt werden. Auf den Mineralstoff- und Vitaminausgleich ist selbstverständlich zu achten. Ein Anteil von 1–2% $NaHCO_3$ im Mastfutter wirkt bei der verminderten Wiederkäutätigkeit hemmend auf den pH-Abfall im Pansen.

Kraftfutter soll den Mastbullen bei mindestens 2 maliger Futtervorlage und freiem Zugang zum Futtertrog möglichst ad libitum verabreicht werden. Dadurch wird, wie durch die Fütterungsfolge Heu–Kraftfutter, erfahrungsgemäß einem zu hastigem Fressen vorgebeugt. Konzentrierte Mischungen (über 650 StE/kg) sind häufiger Ursache von Verdauungsstörungen (Blähungen) als rohfaserreichere, da sie verstärkt den Stoffwechsel durch extreme pH-Schwankungen im Pansen belasten. Zu Mastbeginn kann eine rationierte Fütterung notwendig sein, da ansonsten der Futterverzehr zu rasch ansteigt.

Eine „abgeschwächte" Art der Kraftfuttermast stellt die Kombination Maissilage zur freien Aufnahme und tägliche Kraftfuttergaben von etwa 3–6 kg pro Tier und Tag dar. Dadurch werden bei einem Maissilageverzehr bis zu 4 kg T in bestimmten Bereichen aber noch mehr als die Hälfte der Nährstoffe über Kraftfutter verabreicht. Eine „Strukturfutterbeigabe" ist nicht mehr notwendig, und wüchsige Jungbullen erreichen nach eigenen Versuchen bei dieser Fütterungsmethode etwa die Zunahmen der „reinen" Kraftfuttermast.

Eine solche Mastmethode kann gerade für Betriebe mit begrenzter Maisanbaufläche, jedoch freier Stall- und Arbeitskapazität eine interessante Lösung sein. Bezüglich des optimalen Mastendgewichtes steht sie zwischen Maissilage- und Kraftfuttermast. Begrenzte Maissilagegaben von etwa 3 kg T/Tier und Tag ersetzen ebenfalls die sonst immer notwendige Heuzufütterung und ca. $^1/_3$ der Kraftfuttermenge. Auf die Nachgärempfindlichkeit (Erwärmung) der Maissilagen bei geringen Entnahmemengen sei jedoch ausdrücklich hingewiesen.

10 Fütterung der Mastochsen

Der Jungbulle hat unter den Bedingungen in der Bundesrepublik Deutschland den Jungochsen weitgehend aus der Rindfleischproduktion verdrängt. – In den angelsächsischen Ländern und in den USA verhält sich dies nicht so. – Durch die Kastration vor der Geschlechtsreife (2. Hälfte des 1. Lebensjahres) unterbleibt die Androgenbildung (s. Seite 149). Das Wachstum wird verlangsamt, durch den verzögerten Epiphysenschluß hält das Knochenwachstum länger an. Die Entfernung der Hoden setzt die Schilddrüsenfunktion herab und verstärkt die Neigung zu erhöhtem Fettansatz bei gleichzeitig verminderter Fleischbildung.

Synthetische Hormone, wie z.B. Diäthylstilböstrol, werden in einigen Ländern eingesetzt. Besonders in der Ochsenmast kann dadurch mit etwa 10% Verbesserung des Zuwachses und der Futterverwertung gerechnet werden. In der Bundesrepublik Deutschland sind solche Futterzusätze zum Schutze des Verbrauchers verboten.

Die Notwendigkeit zur Mast von Jungochsen muß sich entweder aus besonderen Futter- und Haltungsbedingungen ergeben, oder die um 10–15% höheren Futteraufwendungen und die verlängerte Mastdauer werden durch höhere Erlöse des Produktes abgegolten. Während der zweite Fall allein marktwirtschaftlichen Bedingungen unterliegt und von den Verzehrgewohnheiten der Verbraucher abhängig ist, kann die Mast von Jungochsen in Grünlandgebieten, insbesondere in Verbindung mit Alpweiden, Vorteile gegenüber der Mast von Jungbullen bringen. Der fehlende Geschlechtstrieb wirkt beruhigend auf das Temperament der Tiere, wodurch das Weiderisiko vermindert wird. Ferner kann der Jungochse bei der begrenzten Energiezufuhr von der Weide ohne Beifütterung eher einen „marktfertigen“ Schlachtkörper erbringen als der Jungbulle.

Jungochsenmast ist im Vergleich zur Jungbullenmast im allgemeinen mit geringeren Kraftfuttermengen durchzuführen. In der Nutzung von Grundfutter geringerer Nährstoffkonzentration, wie es im Grünlandbetrieb sowohl im frischen als auch im konservierten Zustand vorliegt, kann der Jungochse dem Jungbullen überlegen sein. Ausschlaggebend für die Mast von Jungochsen ist aber vielfach die problemlose Weidehaltung. Bei richtiger Weidenutzung (s. 9.6.1) ist eine Kraftfutterzufütterung überflüssig. Die Weiden müssen aber parasitenfrei sein, bzw. die Tiere sind auf Magen- und Lungenwürmer zu untersuchen und gegebenenfalls zu behandeln, da ein Befall die Zuwachsleistung bis auf die Hälfte reduzieren kann.

Eine Stallmast mit Jungochsen nach der Aufzuchtperiode wird im allgemeinen infolge höherer Arbeits-, Futter- und Stallkosten ausscheiden, wenn auch damit im Vergleich zur Weidevormast-Stallendmast-Kombination höhere Zunahmen und eine Verkürzung der gesamten Mastdauer erreicht werden kann.

11 Fütterung weiblicher Mastrinder

Weibliche Jungrinder haben gegenüber männlichen ein geringeres Eiweißansatzvermögen und neigen zu früher Verfettung. Fütterungsintensität und Mastdauer werden dadurch entscheidend beeinflußt. In Vergleichsuntersuchungen von HERZIG und KARAKOS erbrachten im Gewichtsbereich 200–500 kg Färsen 940 g, Jungochsen 1030 g und Jungbullen 1180 mittleren Tageszuwachs. Die Futterverwertung war bei Ochsen und Färsen gleich, bei Bullen beachtlich besser.

Die Futterverwertung wird um so schlechter, je länger Färsen gemästet werden, da die Verfettung des Schlachtkörpers in Abhängigkeit von der genetischen Veranlagung rapide ansteigt. Auf der Basis „wirtschaftseigenes Grundfutter satt und 1,5 kg Kraftfutter pro Tier und Tag" von SCHWARK u.a. (1972) durchgeführte Mastversuche mit schwarzbunten Färsen erbrachten in Abhängigkeit vom Mastendgewicht die in Tab. 68 gezeigten Ergebnisse.

Tab. 68. Mastleistung weiblicher Jungrinder von 70 kg bis ... kg Mastendgewicht

Mastendgewicht	tägliche Zunahmen		Energieverzehr/Tag		Energieaufwand/kg		Innenfettanteil	
kg	g	%*	StE	%*	StE	%*	kg	%*
300	678	100	2558	100	3744	100	14,5	100
350	664	98	2706	106	4073	109	18,3	126
400	654	97	2864	112	4403	118	26,7	184
450	645	95	2979	116	4640	124	31,8	219
500	593	88	3283	128	5591	149	43,2	298

* 300 kg Mastendgewicht = 100

Der rasche Abfall der Mastleistungen im Bereich 70–500 kg ist durch die enorme Verschlechterung im Abschnitt 450–500 kg bedingt: 500 g mittlere Zunahmen bei einem Nährstoffverbrauch von 9415 StE/kg Zuwachs. Der Innenfettanteil steigt sprunghaft an. Aus diesen Ergebnissen wird geschlossen, daß bei Intensivmast für schwarzbunte Färsen 350 kg das optimale Mastendgewicht ist. Es ist anzunehmen, daß mit dem heutigen Typ des schwarzbunten Rindes durch die starke HF-Einkreuzung der Verfettungszeitpunkt geringfügig verschoben ist, so daß auch das optimale Mastendgewicht, besonders bei Grünlandnutzung, im Bereich von ca. 400 bis 425 kg liegen dürfte.

Mit der Färsenmast wird in erster Linie Grünland genutzt. Bei Kälberaufzucht im Frühjahr sind zwei Weideperioden möglich: Erster Weidesommer nach der Aufzuchtperiode ab Juni/Juli von etwa 125–175 kg Lebendgewicht mit Beifütterung von etwa 1 kg Kraftfutter, um etwa 500 g Tageszunahme zu erreichen. Überwinterung vorwiegend mit Fütterung von Rauhfutter und Grassilage bei mittleren Tageszunahmen von etwa 400 g. Ausmast der etwa 250 kg schweren Tiere auf der Weide mit Verkauf im Spätsommer in einem Alter von etwa 1¹/₂ Jahren und mit 380–420 kg Lebendgewicht. Herbstkälber passen sich dem Futteranfall besser an, wenn außer absolutem Grünland noch „Nebenfutter" des Ackerbaues nach der

Weideperiode zum Ausmästen der 1jährigen Tiere verwertet werden kann. Die tägliche Kraftfuttergabe ist gegenüber der Jungbullenmast um etwa die Hälfte zu reduzieren (zu starke Verfettung der Schlachtkörper!). Das je nach Rassenzugehörigkeit schwankende wirtschaftliche Verkaufsgewicht wird nach einer 3–5monatigen Ausmast erreicht.

Die erfolgte EG-Milchkontingentierung kann mancherorts Rückwirkungen auf die Grünlandnutzung durch Mastfärsen haben. Aus diesem Grunde wurde vor fünf Jahren an der Bayerischen Landesanstalt für Tierzucht, Grub, mit umfassenden Versuchen zur Weidemast auf intensiv genutztem Grünland begonnen. Drei Versuche mit je 24 Fleckviehfärsen sind inzwischen abgeschlossen worden (BURGSTALLER 1985). Mit zwei Versuchen wurde geprüft, wie sich eine unterschiedliche Fütterungsintensität während der Vorperiode im Stall auf den Gewichtszuwachs während der Weideperiode auswirkt. In Abb. 64 ist das Ergebnis dargestellt.

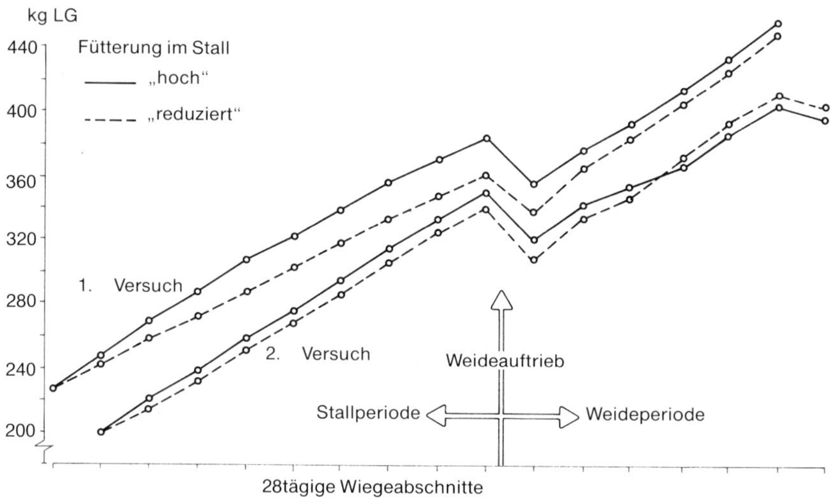

Abb. 64. Gewichtsverlauf während Stall- und Weideperiode von Färsen der Rasse Deutsches Fleckvieh.

In beiden Versuchen hat sich der übergangslose Wechsel von der Stall- zur Weideperiode nachteilig auf die Gewichtsentwicklung ausgewirkt. Eine Weidevorbereitung war infolge der weiten Entfernung der Weideflächen vom Stall nicht möglich. Der unterschiedliche Zuwachs während der vorangegangenen Stallperiode wurde auf der Weide voll kompensiert. Im zweiten Versuch hat sich die zu lange Herbstweide trotz relativ gutem Graswuchs und sehr schöner Witterung nachteilig ausgewirkt. Mastfärsen sind gleichzeitig mit guten Milchkühen von der Weide zu nehmen, da ihr hoher Nährstoffbedarf durch das Herbstgras nicht mehr befriedigt werden kann.

Im dritten Versuch erhielten die im Herbst geborenen Kälber mit Weidebeginn in einem Weideunterstand NH_3-aufgeschlossenes W-Weizenstroh zur freien Aufnahme angeboten und während der ersten Weidetage Grascobs zugefüttert. Dadurch konnte ein Gewichtsverlust mit diesem Übergang vermieden werden.

Die mittleren Tageszunahmen während der einzelnen Perioden sind für die drei Versuche in Tab. 69 angegeben.

Tab. 69. Mittlerer Tageszuwachs der weiblichen Fleckviehtiere in den einzelnen Perioden

	1. Versuch	2. Versuch	3. Versuch
Aufzuchtperiode, von–bis kg	78–226	78–193	78–248
Tageszuwachs, g	964	791	827
Stall- und Weideperiode, von–bis	226–459	193–400	248–344*
Tageszuwachs, g	554	498	599

* nur Weideperiode

Die Färsen des ersten Versuches wurden ab Weide mit einem mittleren Alter von 21 Monaten geschlachtet. Ihre Schlachtkörper wiesen einen zu geringen Verfettungsgrad auf. Die Tiere der beiden anderen Versuche wurden deshalb auf unterschiedliche Versuchsendgewichte gemästet: 479 kg bzw. 512 kg im zweiten und 473 kg bzw. 521 kg im dritten Versuch. Während der Stallendmast mit Grascobs, zugeteilt, NH_3-Stroh zur freien Aufnahme und bis 2 kg Trochenschnitzel je Tier und Tag betrug der mittlere Tageszuwachs 701 g und 725 g. Zum Schlachttermin waren die Versuchstiere 22,7 bzw. 23,4 Monate im 2. Versuch und 19,6 bzw. 21 Monate im 3. Versuch alt.

Die subjektive Beurteilung der Schlachtkörper ergab für die leichteren Tiere einen mittleren Verfettungsgrad bei geringer bis mittlerer Marmorierung des Rückenmuskels, die schweren Färsen wurden überwiegend mit „mittel", einige mit „stark" beurteilt. Sehr starke Fetteinlagerung wurde bei keinem der Versuchstiere festgestellt. Daraus kann abgeleitet werden, daß Fleckviehfärsen ohne Beeinträchtigung der Schlachtkörperqualität bei Weidemast über 500 kg schwer werden können, wenn sie bei diesem Verkaufsgewicht noch unter 2 Jahre alt sind. Das optimale Mastendgewicht ist ansonsten keine feststehende Größe. Es richtet sich nach dem Tiermaterial, der Mastintensität – rascher wachsende und damit jüngere Tiere können vergleichsweise schwerer werden – und nach dem Abnehmer.

Die Schlachtkörper so gemästeter Färsen liefern beste Qualität. Diese Tiere, die auf wirtschaftseigener Futterbasis mit knapp 2 Jahren 500 kg Lebendgewicht auf die Waage bringen, sind bislang unterbewertet. Die von Experten des Fleischergewerbes anerkannte gute Schlachtkörperqualität rechtfertigt die Forderung nach besserer Bezahlung dieses Produktes.

Durch die sog. *Färsenvornutzung oder verlängerte Färsenmast* wird neben dem Schlachttier noch ein Kalb produziert. Dieses Verfahren kann im Milchviehbetrieb mit freier Futter- und Stallkapazität außerdem einer verstärkten züchterischen Selektion dienen. Beim Einsatz von Gebrauchskreuzungen entfällt diese Maßnahme. Vom gewöhnlichen Aufzuchtbetrieb unterscheidet sich die Färsenvornutzung durch ein frühzeitigeres Decken im Alter von 13–15 Monaten, damit die Tiere spätestens mit 2 Jahren abkalben. Die Vatertiere sind nach Leichtkalbigkeit auszuwählen.

Bei Abkalbung im Stall ist die Säugedauer auf möglichst 2 Wochen zu begrenzen und die Jungkuh ohne Ausmast zu verkaufen, da jede Weiterfütterung einen hohen Futteraufwand fordert.

Abb. 65. Den relativ geringen Ansprüchen der Mastfärsen an die Nährstoffversorgung entspricht eine gute Weide.

Im Weidebetrieb kann die Frühjahrs- und Frühsommerkalbung einige Vorteile bringen: Das Kalb weidet mit der Jungkuh und saugt an ihr. In diesem Fall kann eine Ausmast der Jungkühe ohne Beifütterung auf der Weide erfolgen, nachdem die Kälber nach etwa 3 monatiger Säugezeit von der Mutter getrennt wurden. Die abgesetzten Kälber sind für eine Weitermast sehr gut geeignet.

Der hohe Futterverbrauch und die Einstufung der Jungkühe in niedrigere Schlachtwertklassen gegenüber Jungbullen lassen die Zweckmäßigkeit der Färsenvornutzung in vielen Fällen jedoch fragwürdig erscheinen.

12 Fütterung der „Mutterkühe"

Die Mutterkuhhaltung dient dem Zweck, ohne Milchanfall für den Markt Jungtiere zur Rindermast zu erzeugen. Im Rahmen des EG-weiten Milchüberschusses sollte diese Produktion mehr Bedeutung bekommen.

Die Mutterkuh soll ihre Milchleistung vorwiegend durch Nährstoffe der Weide abdecken können, da diese Fütterungsart sowohl für die Milchbildung als auch für das heranwachsende Kalb wesentlich günstiger als über konserviertes Futter ist. Deshalb wird der Grünlandbetrieb die Frühjahrsabkalbung anstreben. Im Ackerbaubetrieb können Restgrünland und billiges wirtschaftseigenes „Nebenfutter" bei ausreichend vorhandenem Stallraum gut verwertet werden. Die Abkalbung um die Jahreswende bringt unter diesen Bedingungen Vorteile, da die Kälber – allerdings durch Beifütterung von Kraftfutter und gutem Heu im Stall – im weidefähigen Zustand aufgetrieben werden und dadurch hohe Absatzgewichte erreichen können. Solche Herden dürfen jedoch nicht bis zum Schluß der Weideperiode zusammen weiden, da die Jungtiere bei dieser intensiven Fütterung bereits in einem Alter von 6–8 Monaten geschlechtsreif sein können.

Die Milchleistung der Mutterkuh wird im Zuwachs des Kalbes während der etwa 300tägigen Säugeperiode sichtbar. Die Fütterung im Stall soll auf durchschnittlich 10 Liter Tagesmilch ausgerichtet sein. Die tägliche Futtermenge muß demnach etwa 1275 g Rohprotein in 65 MJ NEL enthalten (s. Tab. 15). Bei Stallhaltung kann je nach Grundfutterqualität eine Kraftfutterergänzung notwendig sein. Die Zusammensetzung des zur Ergänzung verwendeten Kraftfutters ist nach dem Nährstoffverhältnis im Grundfutter auszurichten.

Kraftfutter soll nach dem Absetzen der Kälber nur bei sehr schlechtem Grundfutter verfütter werden; die Wirtschaftlichkeit dieses Betriebszweiges wird dadurch jedoch belastet. Die laufende Mineralstoff- und Vitaminversorgung in täglichen Mengen von etwa 100 g Mineralfutter ist aber notwendig. Zusätzliche Salzlecksteine bewähren sich gut, da der Natriumbedarf tragender und laktierender Rinder hoch, der Gehalt im Grünfutter jedoch meist sehr gering ist. Dies trifft für Nebenprodukte des Zuckerrübenbaues nicht zu. Eine geringe Gewichtsabnahme während der ersten Säugemonate im Stall kann ohne weiteres in Kauf genommen werden, solange dadurch nicht die Fruchtbarkeit leidet (s. 4.7). Gewichtszunahmen der laktierenden Mutterkühe im Stall sind ein deutliches Zeichen zu hoher Kraftfuttergaben.

Die Weideführung für Mutterkühe soll sich an einer mittleren Intensität orientieren. Es ist nicht notwendig und auch arbeitswirtschaftlich nicht vertretbar, den Weideumtrieb der intensiven Mähweidewirtschaft für Milchkühe anzugleichen. Intensive Standweiden (s. Seite 67) können die Ansprüche der Mutterkuhhaltung erfüllen. Der Rohfasergehalt in der Trockensubstanz des Weidegrases sollte je nach Bestandszusammensetzung bei 22–25% liegen. Mit einem solchen Futter wird im allgemeinen ein „Luxuskonsum" vermieden. Die Beifütterung von Kraftfutter auf der Weide entfällt. Gewichtszunahmen der Mutterkuh von 50 kg und etwas mehr als Ausgleich zu Verlusten im Stall sind normal.

Das Hauptfutter der Kälber ist die Muttermilch. Die Beifütterung im Stall erfolgt in einem für die Kälber frei zugängigen Abteil, in dem sie ansteigende Mengen bis

Abb. 66. Mutterkuhhaltung ist Grünlandverwertung ohne Belastung des Milchmarktes – doch wie steht es mit ihrer Wirtschaftlichkeit?

etwa 1,5 kg Kraftfutter täglich aufnehmen können. Es ist ein Kälberaufzuchtfutter industrieller oder betriebseigener Herstellung zu verwenden, sein Rohproteingehalt soll mindestens 18% betragen. Getreidereiche Mischungen werden bevorzugt angenommen (s. Seite 127). Heubeifütterung ist zur raschen Entwicklung der Vormägen notwendig. Beim gemeinsamen Weidegang mit den Mutterkühen wird bei der vorher beschriebenen Weideführung kein konserviertes Grundfutter oder Kraftfutter zugefüttert.

Die Weitermast der männlichen Kälber erfolgt normalerweise in Betrieben mit geeigneter Futtergrundlage für die intensive Rindermast; dem Mutterkuhbetrieb steht solches Futter nur in den seltensten Fällen zur Verfügung. Eine Ausmast der nicht für die Bestandsergänzung erforderlichen weiblichen Jungrinder ist bei vorhandener Stallkapazität eher möglich, da die Ansprüche an die Energiekonzentration des Mastfutters gering sind.

Schlußbemerkung

Mehr als 70% der Brutto-Bodenproduktion werden in der Bundesrepublik Deutschland verfüttert, nur etwa 20% gehen unmittelbar oder als Rohstoff in die menschliche Ernährung. – Die Differenz entfällt auf Saatgut, Schwund u. a. – Die größte Bedeutung der inländischen Futterproduktion kommt dem „wirtschaftseigenen Grundfutter" zu, das nicht nur der dominierende Nährstofflieferant für die Rinderfütterung, sondern auch unersetzlich für eine „wiederkäuergerechte" Rationsgestaltung ist. Getreide aus der betriebseigenen Produktion wird in zunehmendem Maße zum Kraftfutter im Rinderstall. Aufbauend auf den Gehaltswerten des „Grundfutters" ergänzt es zusammen mit dem Zukaufsfutter (Einzel- oder Mischfuttermittel) die leistungsgerechte Futterration. Richtig füttern setzt demnach voraus, daß die Kenntnisse über die Verdauungsvorgänge im Wiederkäuer zur Grundlage der Rationsgestaltung gemacht werden, der Futterwert richtig eingeschätzt wird und die angestrebte Leistung als Richtlinie der Nährstoff-, Mineralstoff- und Vitaminversorgung dient.

In unserem technischen Zeitalter wird viel über das „Know-how", das „Gewußt wie", gesprochen und geschrieben. Diese „Praktische Rinderfütterung" hat in ihrer überarbeiteten vierten Auflage wiederum eine Reihe gesicherter wissenschaftlicher Erkenntnisse, die inzwischen praxiserprobt sind, aufgenommen. Außerdem konnte die jahrelange Diskussion um die „richtige" Proteinbewertung und Bedarfsermittlung zumindest teilweise abgeschlossen werden. So möge die vorliegende Auflage – wie ihre „Vorläufer" – neue Ergebnisse der angewandten Forschung zur Kenntnis, vorwiegend aber bereits Bekanntes in Erinnerung bringen und somit das „Gewußt wie" in der Ernährung und Fütterung unserer Nutztiere verbessern. Wie auch Futter durch Nachbearbeitung bekömmlicher und in seinem Wert gesteigert werden kann, wird es ab und zu von Vorteil sein, in den – sehr kurz gefaßten – Grundlagen etwas nachzuschlagen, zum besseren Verständnis der praktischen Nutzanwendung. In diesem Sinne wurde der Inhalt gestaltet.

Vergessen wir aber insbesondere zwei biologische Grundsätze nicht. Zum einen: Wir füttern zwar den Wiederkäuer, ernährt wird er aber zum überwiegenden Teil durch eine funktionsfähige Lebensgemeinschaft zwischen ihm und den unzähligen Kleinlebewesen in den Vormägen. In der Nichtbeachtung dieser Zusammenhänge liegen die größten Fütterungsfehler und die stärksten wirtschaftlichen Einbußen begründet. Zum anderen: Der tierische Organismus kann so manche kurzfristige Unzulänglichkeit der „Bau- und Betriebsstoffversorgung" überbrücken. Auch das zeichnet ihn gegenüber der leblosen Technik, die beim geringsten Fehler stillsteht, besonders aus. Vermeiden wir aber jeden Mißbrauch dieses natürlichen Regulationsvermögens. Anhaltende Unterversorgung oder Störungen im intermediären Stoffwechsel führen zu verminderter Leistungsfähigkeit und zu gesundheitlichen Schäden. Erwerben von Kenntnissen und ihre richtige Anwendung ist deshalb das billigste Betriebsmittel, dies gilt besonders unter dem Gesichtspunkt der Erzeugung einwandfreier Nahrungsmittel für die menschliche Ernährung.

Abkürzungsverzeichnis

T	=	Trockensubstanz
XP	=	Rohprotein
XL	=	Rohfett
XF	=	Rohfaser
XX	=	N-freie Extraktstoffe (NfE)
VQ	=	Verdauungsquotient
DP	=	verdauliches Rohprotein
DL	=	verdauliches Rohfett
DF	=	verdauliche Rohfaser
DX	=	verdauliche N-freie Extraktstoffe
GE	=	Bruttoenergie
DE	=	verdauliche Energie
ME	=	umsetzbare Energie
NE	=	Nettoenergie
NEL	=	Netto-Energie-Laktation
q	=	Umsetzbarkeit $\left(\frac{\text{ME mal 100}}{\text{GE}}\right)$
MJ	=	Mega-Joule (1 cal = 4,186 J)
$W^{0,75}$	=	metabolische Körpermasse
HFT	=	Hohenheimer Futterwert-Test
FPM	=	Freiwillige Produktinformation Mischfutter
Ca	=	Kalzium
P	=	Phosphor
Na	=	Natrium

Auszug aus den DLG-Futterwerttabellen (Anhangstabelle)

(DLG-Futterwerttabelle für Wiederkäuer, 5. erweiterte und neugestaltete Auflage, DLG-Verlag, Frankfurt/Main, 1982)
(DLG-Futterwerttabellen Mineralstoffgehalte in Futtermitteln, 2. erweiterte und neugestaltete Auflage, DLG-Verlag, Frankfurt/Main, 1973)
– Mineralstoffwerte auf Gehalt im Futtermittel umgerechnet –

Futtermittel	1000 g Futtermittel enthalten									1000 g T enthalten	
	T	Roh-faser	Roh-prot.	verd. Rpr.	NEL	StE	Ca	P	Na	NEL	StE
	g	g	g	g	MJ		g	g	g	MJ	
1. Grünfutter, frisch											
Ackerbohne, Beginn bis Mitte Blüte	165	39	36	27	0,92	90	2,6	0,6	0,3	5,56	541
–, Ende d. Blüte bis Samenbildung	170	45	26	19	0,82	78	–	–	–	4,82	460
Alexandrinerklee, Beg. b. Mitte Blüte	157	20	32	24	0,85	83	2,6	0,6	–	5,41	526
Esparsette, Beginn b. Mitte d. Blüte	230	52	43	31	1,39	135	2,8	0,7	0,2	6,05	586
Futtererbse, Beg. b. Mitte d. Blüte	145	33	30	25	0,88	86	2,3	0,5	0,1	6,09	591
Futterrübenblätter, gehaltvoll, saub.	127	18	20	15	0,81	79	2,6	0,3	0,8	6,35	624
Hafer, im Rispenschieben	164	45	17	12	1,04	101	0,7	0,4	0,2	6,36	613
–, in der Milchreife	264	93	20	11	1,31	118	1,2	0,7	0,2	4,95	448
Kohlrübenblätter	129	16	26	22	0,90	87	3,0	0,5	0,2	6,93	675
Landsberger Gemenge, Beginn bis Mitte der Blüte	165	44	27	19	0,91	90	1,4	0,5	0,1	5,56	544
Luzerne, 1. Schnitt, vor d. Knospe	176	31	46	39	1,09	108	–	–	–	6,21	615
–, –, in der Knospe	193	46	43	34	1,14	110	3,6	0,6	0,1	5,91	573
–, –, Beginn b. Mitte d. Blüte	210	60	39	31	1,14	107	4,4	0,6	0,2	5,42	510
–, –, Ende der Blüte	240	80	41	31	1,14	102	4,0	0,6	0,6	4,76	425
–, 2. u. weitere Schnitte, i. d. Knospe	220	55	47	37	1,18	113	4,1	0,7	0,1	5,36	515
–, –, Beginn bis Mitte der Blüte	230	70	45	34	1,13	103	4,3	0,6	0,2	4,90	449
Mais, Beginn des Kolbenbildens	160	41	17	11	0,93	92	0,8	0,5	0,1	5,84	574
–, in der Milchreife	220	53	21	12	1,31	129	0,8	0,7	0,1	5,94	585
–, in der Teigreife	270	58	25	13	1,68	164	1,0	0,6	–	6,24	607
–, Ende der Teigreife	320	62	27	14	2,10	203	–	–	–	6,55	631
–, Restpflanze von CCM-Ernte	350	103	24	10	1,83	162	–	–	–	5,22	464
Maiskolben, mit Hüllblätter	500	62	52	34	4,15	366	–	–	–	8,30	733
–, ohne Hüllblätter	600	44	59	37	5,20	460	–	–	–	8,67	767
Markstammkohl, früh geerntet	124	18	21	16	0,82	79	2,4	0,4	0,2	6,57	640
–, spät geerntet	135	28	15	7	0,79	77	–	–	–	5,84	568
Raps (Futterraps), vor der Blüte	110	15	25	22	0,84	81	1,8	0,5	0,1	7,60	740
–, Beginn der Blüte	118	22	23	20	0,84	82	–	–	–	7,14	694
Rotklee, 1. Schnitt, in der Knospe	207	44	37	27	1,26	124	3,4	0,6	0,1	6,09	599
–, –, Beginn bis Mitte d. Blüte	220	55	36	26	1,24	120	3,4	0,6	0,1	5,63	545
–, –, Ende der Blüte	235	69	35	24	1,21	114	3,9	0,4	–	5,14	484
–, 2. u. weitere Schnitte, vor d. Knospe	187	33	42	33	1,18	117	–	–	–	6,30	625
–, –, in der Knospe	200	45	39	27	1,17	115	3,7	0,6	0,1	5,84	574
–, –, Beginn bis Mitte d. Blüte	220	65	38	26	1,17	110	3,8	0,7	0,3	5,30	502

Futtermittel	1000 g Futtermittel enthalten T g	Roh-faser g	Roh-prot. g	verd. Rpr. g	NEL MJ	StE	Ca g	P g	Na g	1000 g T enthalten NEL MJ	StE
Rotkleegrasgemenge, 1. Schnitt, i. d. Knospe	182	38	33	25	1,17	114	2,4	0,6	–	6,42	628
–, –, Beginn bis Mitte d. Blüte	212	54	31	22	1,23	119	2,8	1,3	–	5,80	561
–, –, Ende der Blüte	226	71	30	21	1,14	105	–	–	–	5,04	466
–, 2. u. weitere Schnitte, in d. Knospe	184	44	33	26	1,22	118	2,6	1,0	0,3	6,65	640
–, –, Beginn bis Mitte der Blüte	221	63	37	24	1,21	115	–	–	–	5,48	520
Rübsen (Winter), vor der Blüte	99	15	22	19	0,71	69	1,5	0,5	0,5	7,20	698
–, Beginn der Blüte	102	20	18	15	0,70	67	–	–	–	6,86	661
Sonnenblume, Beginn b. Mitte d. Blüte	128	28	18	11	0,70	68	1,9	0,3	0,1	5,45	530
Weide (extensiv), 1. Aufwuchs, vor Ähren-/Rispenschieben	170	35	24	16	1,13	111	–	–	–	6,65	650
–, –, im Ähren-/Rispenschieben	185	44	23	14	1,16	113	1,2	0,7	0,2	6,26	613
–, –, Beginn bis Mitte d. Blüte	220	60	25	14	1,23	118	1,5	0,9	0,2	5,58	534
–, –, Ende der Blüte	240	75	23	13	1,18	109	–	–	–	4,93	455
–, 2. u. weitere Aufwüchse, unt. 4 Wochen	170	38	23	15	1,03	102	1,0	0,6	0,1	6,06	597
–, –, 4–6 Wochen	200	51	25	15	1,14	111	–	–	–	5,72	556
–, –, über 6 Wochen	230	68	24	14	1,15	109	1,7	0,9	0,1	5,02	473
Weide (intensiv – Mähweide), 1. Aufw. vor Ähren-/Rispenschieben	160	30	37	29	1,09	107	–	–	–	6,81	667
–, –, im Ähren-/Rispenschieben	175	41	35	26	1,10	109	–	–	–	6,31	620
–, –, Beginn bis Mitte d. Blüte	220	58	42	31	1,24	119	1,1	0,8	0,2	5,65	542
–, –, Ende der Blüte	240	76	37	25	1,19	109	–	–	–	4,94	453
–, 2. u. weitere Aufwüchse, unt. 4 Wochen	160	33	38	31	0,98	97	1,2	0,7	0,2	6,12	604
–, –, 4–6 Wochen	180	45	40	30	1,05	103	0,8	0,8	0,1	5,83	572
–, –, über 6 Wochen	200	55	38	27	1,03	100	–	–	–	5,17	500
Weidelgras (Deutsches), 1. Schnitt, im Ährenschieben	175	36	32	25	1,20	117	1,0	0,6	0,3	6,85	670
–, –, Beginn bis Mitte d. Blüte	210	54	29	20	1,27	123	1,1	0,7	0,5	6,07	585
–, –, Ende der Blüte	230	74	28	16	1,12	103	–	–	–	4,85	446
–, 2. u. weitere Schnitte, unt. 4 Wochen	193	38	33	26	1,21	119	–	–	–	6,26	617
–, –, 4–6 Wochen	220	52	31	22	1,22	119	1,3	0,8	0,3	5,56	542
–, –, über 6 Wochen	250	77	34	18	1,15	106	1,5	0,9	0,3	4,62	424
Wiese (grasreich), 1. Schnitt, im Ähren-/Rispenschieben	180	43	31	21	1,14	112	1,2	0,7	0,1	6,34	622
–, –, Beginn bis Mitte der Blüte	210	57	31	20	1,17	112	1,9	0,6	0,1	5,57	535
–, –, Ende der Blüte	230	72	28	17	1,13	105	1,8	0,8	0,1	4,92	456
–, 2. u. weitere Schnitte, unt. 4 Wochen	180	38	31	22	1,07	106	–	–	–	5,94	587
–, –, 4–6 Wochen	200	51	32	22	1,16	113	1,6	0,6	0,1	5,78	563
–, –, über 6 Wochen	220	65	31	20	1,15	110	–	–	–	5,25	498
Wiese (klee- u. kräuterreich), 1. Schnitt im Ähren-/Rispenschieben	175	41	38	29	1,11	109	1,2	0,6	0,1	6,32	621
–, –, Beginn bis Mitte der Blüte	200	54	37	26	1,12	108	1,8	0,5	0,1	5,58	539
–, –, Ende der Blüte	220	68	34	22	1,09	102	1,7	0,8	0,1	4,97	464
–, 2. u. weitere Schnitte, unt. 4 Wochen	170	37	41	32	1,06	104	–	–	–	6,21	614
–, –, 4–6 Wochen	190	48	40	30	1,13	110	1,7	0,7	0,2	5,92	579
–, –, über 6 Wochen	210	60	39	28	1,17	112	–	–	–	5,56	533
Zuckerrübenblätter, verschmutzt	178	22	25	17	0,96	95	–	–	–	5,40	534
–, sauber	145	18	21	16	1,00	97	1,8	0,4	1,4	6,91	671

Futtermittel	1000 g Futtermittel enthalten T g	Roh-faser g	Roh-prot. g	verd. Rpr. g	NEL MJ	StE	Ca g	P g	Na g	1000 g T enthalten NEL MJ	StE
2. Grünfutter, siliert											
Hafer, im Rispenschieben	170	52	18	11	1,07	102	0,8	0,5	0,1	6,31	600
–, Ende der Blüte	265	98	22	12	1,23	116	1,1	0,7	0,1	4,66	438
Landsberger Gemenge, Beg. d. Blüte	350	83	59	42	1,97	189	3,0	1,1	0,2	5,64	539
–, Mitte der Blüte	350	106	54	37	1,83	168	–	–	–	5,23	480
Luzerne, 1. Schnitt, in der Knospe	350	91	71	52	1,87	177	5,4	1,1	–	5,34	504
–, –, Beginn bis Mitte der Blüte	350	104	61	44	1,78	163	5,1	1,1	–	5,08	465
–, –, Ende der Blüte	350	128	60	40	1,56	142	–	–	–	4,47	408
–, 2. u. weitere Schnitte, i. d. Knospe	350	96	74	54	1,84	171	4,8	1,0	–	5,25	488
–, –, Beginn bis Mitte der Blüte	350	121	71	50	1,65	146	5,0	1,2	–	4,70	419
Mais, in der Milchreife	220	55	21	12	1,33	129	0,9	0,6	0,1	6,06	585
–, in der Teigreife	270	61	24	13	1,70	163	0,8	0,6	0,1	6,30	605
, Ende der Teigreife	320	65	27	14	2,12	204	0,7	0,6	–	6,61	639
Maiskolben, mit Hüllblätter	500	73	49	30	4,02	359	–	–	–	8,03	718
–, ohne Hüllblätter	600	44	58	38	5,16	457	0,2	1,8	0,1	8,60	762
Raps (Futterraps), vor der Blüte	125	20	22	16	0,76	74	–	–	–	6,06	594
–, Beginn der Blüte	130	27	22	15	0,77	75	0,7	0,3	0,2	5,90	578
Rotklee, 1. Schnitt, in d. Knospe	350	83	62	43	2,00	193	5,4	0,9	–	5,72	551
–, –, Beginn bis Mitte d. Blüte	350	97	58	39	1,91	180	5,1	1,1	–	5,46	513
–, –, Ende der Blüte	350	112	52	32	1,71	153	–	–	–	4,88	436
–, 2. u. weitere Schnitte, i. d. Knospe	350	91	60	39	1,85	174	4,8	1,0	–	5,29	498
–, –, Beginn bis Mitte d. Blüte	350	112	59	38	1,57	140	5,0	1,2	–	4,49	400
Rotkleegrasgemenge, 1. Schn., v. d. Knospe	350	69	69	52	2,14	207	–	–	–	6,11	591
–, –, in der Knospe	350	85	60	43	1,98	189	3,8	1,2	0,2	5,65	541
–, –, Beginn bis Mitte d. Blüte	350	99	51	33	1,93	180	5,0	1,1	–	5,53	515
–, 2. u. weitere Schnitte, in d. Knospe	350	91	63	45	2,04	193	4,2	1,2	0,6	6,99	673
Rübsen (Winter), vor der Blüte	126	24	24	20	0,87	84	1,6	0,6	0,5	6,87	670
–, Ende der Blüte	140	41	19	15	0,85	81	–	–	–	6,09	580
Stoppelrüben mit Blättern	130	23	21	16	0,76	72	–	–	–	5,85	557
Weide (extensiv), 1. Aufwuchs im Ähren-/Rispenschieben	350	91	44	27	1,99	190	–	–	–	5,70	543
–, –, Beginn bis Mitte der Blüte	350	103	40	23	1,76	164	2,6	1,2	0,1	5,04	568
–, –, Ende der Blüte	350	121	33	18	1,60	144	–	–	–	4,57	414
–, 2. u. weit. Aufwüchse, unt. 4 Woch.	350	86	47	29	1,79	174	4,2	1,2	0,1	5,12	497
–, –, 4–6 Wochen	350	96	41	24	1,73	164	–	–	–	4,94	468
–, –, über 6 Wochen	350	113	35	19	1,53	137	–	–	–	4,37	391
Weide (intensiv, Mähweide), 1. Aufw., vor Ähren-/Rispenschieben	350	79	65	48	2,17	210	2,8	1,3	0,2	6,19	599
–, –, im Ähren-/Rispenschieben	350	90	57	39	2,03	194	3,0	1,3	0,3	5,79	554
–, –, Beginn bis Mitte d. Blüte	350	100	53	34	1,79	167	2,7	1,2	0,1	5,11	478
–, –, Ende der Blüte	350	117	43	25	1,61	144	–	–	–	4,61	412
–, 2. u. weit. Aufwüchse, unt. 4 Wochen	350	84	58	40	1,83	178	3,9	1,4	–	5,22	509
–, –, 4–6 Wochen	350	96	55	37	1,79	170	–	–	–	5,11	484
–, –, über 6 Wochen	350	109	50	31	1,59	145	–	–	–	4,55	415

Futtermittel	1000 g Futtermittel enthalten									1000 g T enthalten	
	T g	Roh-faser g	Roh-prot. g	verd. Rpr. g	NEL MJ	StE	Ca g	P g	Na g	NEL MJ	StE
Weidelgras, Deutsches, 1. Schnitt, im Ährenschieben	350	79	65	49	2,18	211	1,4	1,3	0,2	6,23	603
–, –, Beginn bis Mitte d. Blüte	350	96	45	29	1,94	184	1,8	1,2	–	5,55	525
Wiese, grasreich, 1. Schnitt, vor Ähren-/Rispenschieben	350	78	61	44	2,15	208	–	–	–	6,13	594
–, –, im Ähren-/Rispenschieben	350	90	56	38	2,00	191	2,3	1,2	0,4	5,72	547
–, –, Beginn bis Mitte der Blüte	350	101	49	31	1,78	166	–	–	–	5,08	474
–, –, Ende der Blüte	350	117	41	23	1,60	142	–	–	–	4,57	408
–, 2. u. weitere Schnitte, unt. 4 Wochen	350	84	55	37	1,83	179	2,6	1,2	0,6	5,23	511
–, –, 4–6 Wochen	350	98	50	32	1,77	168	–	–	–	5,06	479
–, –, über 6 Wochen	350	111	46	28	1,56	141	–	–	–	4,46	404
Wiese, klee- u. kräuterreich, 1. Schnitt, vor Ähren-/Rispenschieben	350	79	76	61	2,22	214	–	–	–	6,34	612
–, –, im Ähren-/Rispenschieben	350	90	68	51	2,04	195	2,3	1,2	0,5	5,83	558
–, –, Beginn bis Mitte d. Blüte	350	101	60	42	1,80	168	2,6	1,2	0,6	5,15	481
–, –, Ende der Blüte	350	116	51	33	1,63	145	2,7	1,1	–	4,67	415
–, 2. u. weit. Schnitte, unter 4 Wochen	350	86	76	61	1,95	190	–	–	–	5,58	543
–, –, 4–6 Wochen	350	96	64	46	1,82	173	2,6	1,2	0,6	5,21	494
–, –, über 6 Wochen	350	107	61	43	1,64	151	4,2	1,2	–	4,68	431
Zuckerrübenblätter, verschmutzt	200	27	26	17	1,00	99	–	–	–	5,02	497
–, sauber	160	24	21	15	1,00	98	4,5	0,8	2,2	6,26	615

3. Grünfutter, künstlich getrocknet

Grasgrünmehl, bis 15% Rohprotein	913	229	141	87	4,74	453	–	–	–	5,18	496
–, 15,1–17% Rohprotein	910	198	158	101	5,18	516	7,7	3,6	0,2	5,69	567
–, 17,1–19% Rohprotein	927	197	179	121	5,56	548	8,6	3,7	0,3	6,00	591
–, über 19% Rohprotein	918	194	193	139	5,82	571	–	–	–	6,34	622
Weide/Wiese (intensiv), Cobs 1. Schnitt, vor Ähren-/Rispenschieb.	860	177	175	124	5,58	547	–	–	–	6,49	636
–, –, im Ähren-/Rispenschieben	860	209	141	88	5,11	487	6,8	3,2	0,5	5,94	566
–, –, Beginn bis Mitte d. Blüte	860	224	115	66	4,95	460	6,4	2,8	–	5,76	535
–, 2. und weit. Schnitte unt. 4 Wochen	860	176	143	91	4,94	486	6,5	3,0	1,4	5,75	565
–, –, 4–6 Wochen	860	204	139	85	4,57	442	5,9	2,9	1,0	5,32	514
Luzernegrünmehl/-cobs/-briketts, bis 15% Rohprotein	893	263	140	96	4,12	349	–	–	–	4,61	390
–, 15,1–17% Rohprotein	907	257	162	117	4,40	385	18,3	2,9	1,8	4,85	425
–, 17,1–19% Rohprotein	906	239	178	130	4,95	459	–	–	–	5,47	506
–, 19,1–21% Rohprotein	905	222	200	153	5,28	505	–	–	–	5,84	558
–, über 21% Rohprotein	899	207	217	175	5,74	558	–	–	–	6,38	621
Rotkleegrünmehl/-cobs/-briketts, bis 15% Rohprotein	870	222	143	92	3,87	363	–	–	–	4,45	417
–, 15,1–17% Rohprotein	885	212	164	109	4,65	446	9,7	2,5	0,8	5,26	504
–, 17,1–19% Rohprotein	901	210	179	125	4,98	483	–	–	–	5,53	536
–, über 19% Rohprotein	880	182	198	156	5,27	518	–	–	–	5,98	588

Futtermittel	1000 g Futtermittel enthalten									1000 g T enthalten	
	T	Roh-faser	Roh-prot.	verd. Rpr.	NEL	StE	Ca	P	Na	NEL	StE
	g	g	g	g	MJ		g	g	g	MJ	
Grünhafer-Cobs,*											
im Rispenschieben	900	235	121	88	5,41	522	3,6	2,3	–	6,01	580
Grünmais-Cobs,*											
in Milchreife	900	248	87	50	5,22	513	3,4	2,8	0,1	5,80	570
–, in Teigreife	900	210	71	39	5,69	555	–	–	–	6,32	617
Luzernegras-Cobs,*											
in der Knospe	900	176	164	123	5,42	532	8,0	2,6	0,4	6,02	591
–, vor der Blüte	900	179	150	109	5,20	505	–	–	–	5,78	561

4. Grünfutter, natürl. getrocknet

Landsberger Gemenge,											
Beginn der Blüte	860	226	143	100	4,71	395	–	–	–	5,48	459
–, Mitte der Blüte	860	265	116	77	4,30	341	8,0	2,8	0,6	5,00	396
–, Ende der Blüte	860	306	114	72	3,85	302	–	–	–	4,48	352
Luzerne, 1. Schnitt,											
in der Knospe	860	249	162	119	4,53	365	14,0	2,7	0,7	5,27	425
–, –, Beginn bis Mitte der Blüte	860	283	145	102	4,03	303	13,5	2,3	0,4	4,69	352
–, –, Ende der Blüte	860	330	140	92	3,55	279	14,4	2,0	1,0	4,13	325
–, 2. u. weitere Schnitte,											
in der Knospe	860	240	166	118	4,08	326	15,7	2,6	2,0	4,74	379
–, –, Beginn bis Mitte d. Blüte	860	309	151	103	3,70	282	16,3	2,2	2,7	4,30	328
Rotklee, 1. Schnitt,											
in der Knospe	860	219	137	92	4,76	403	16,2	2,2	0,7	5,53	468
–, –, Beginn bis Mitte d. Blüte	860	253	123	81	4,44	360	13,2	2,2	0,3	5,16	418
–, –, Ende der Blüte	860	304	118	71	3,86	301	9,7	2,1	–	4,49	351
–, 2. u. weitere Schnitte,											
in der Knospe	860	258	138	91	4,18	332	14,2	2,2	0,6	4,86	387
–, –, Beginn bis Mitte d. Blüte	860	301	121	73	3,80	292	16,8	3,0	–	4,42	340
Rotkleegrasgemenge, 1. Schnitt,											
in der Knospe	860	212	118	73	4,59	390	6,5	2,6	0,3	5,33	454
–, –, Beginn bis Mitte d. Blüte	860	259	113	69	4,31	346	9,3	2,3	0,1	5,01	403
–, –, Ende der Blüte	860	303	100	58	3,89	304	–	–	–	4,52	354
–, 2. u. weitere Schnitte in der Knospe	860	244	150	101	4,70	390	6,9	2,6	–	5,47	454
–, –, Beginn bis Mitte d. Blüte	860	276	132	81	3,91	298	8,9	2,5	0,2	4,55	347
Weide (extensiv), 1. Aufwuchs,											
vor Ähren-/Rispenschieben	860	211	105	62	5,02	434	–	–	–	5,83	504
–, –, im Ähren-/Rispenschieben	860	239	91	49	4,53	376	–	–	–	5,27	437
–, –, Beginn bis Mitte d. Blüte	860	267	80	40	4,03	316	7,1	1,6	0,3	4,69	367
–, –, Ende der Blüte	860	299	71	33	3,71	286	–	–	–	4,31	333

* BLT Grub-5.3-11.81

Futtermittel	1000 g Futtermittel enthalten									1000 g T enthalten	
	T g	Roh-faser g	Roh-prot. g	verd. Rpr. g	NEL MJ	StE	Ca g	P g	Na g	NEL MJ	StE
Weide (extensiv), 2. u. weit. Aufw., unt. 4 Wochen	860	220	111	68	4,35	366	–	–	–	5,05	425
–, –, 4–6 Wochen	860	254	96	54	4,13	332	8,0	1,2	0,3	4,80	387
–, –, über 6 Wochen	860	286	81	41	3,33	239	–	–	–	3,87	279
Weide (intensiv-/Mähweide), 1. Aufw., im Ähren-/Rispenschieben	860	240	110	66	4,57	380	–	–	–	5,32	442
–, –, Beginn bis Mitte d. Blüte	860	265	97	54	4,07	321	4,9	2,7	0,4	4,73	374
–, –, Ende der Blüte	860	297	86	45	3,73	287	5,7	2,3	–	4,34	334
–, 2. u. weit. Aufwüchse, unt. 4 Woch.	860	220	135	93	4,45	376	–	–	–	5,18	437
–, –, 4–6 Wochen	860	253	119	75	4,22	342	6,0	2,9	0,6	4,91	398
–, –, über 6 Wochen	860	283	101	58	3,40	247	–	–	–	3,96	287
Wiese, grasreich, 1. Schnitt, vor Ähren-/Rispenschieben	860	209	124	81	5,00	433	–	–	–	5,82	503
–, –, im Ähren-/Rispenschieben	860	238	107	64	4,56	379	5,5	2,2	0,6	5,30	441
–, –, Beginn bis Mitte d. Blüte	860	267	95	53	4,04	318	6,3	2,1	0,6	4,70	369
–, –, Ende der Blüte	860	302	82	42	3,71	287	6,5	1,8	0,5	4,31	334
–, 2. u. weit. Schnitte, unt. 4 Wochen	860	220	128	85	4,42	373	5,2	2,7	0,7	5,14	434
–, –, 4–6 Wochen	860	251	115	72	4,18	338	4,1	2,1	0,6	4,85	393
–, –, über 6 Wochen	860	281	107	64	3,39	246	–	–	–	3,94	286
Wiese, klee- u. kräuterreich, 1. Schnitt, vor Ähren-/Rispenschieben	860	205	159	123	5,17	450	–	–	–	6,01	523
–, –, im Ähren-/Rispenschieben	860	238	141	101	4,64	387	7,8	2,4	0,5	5,40	450
–, –, Beginn bis Mitte d. Blüte	860	262	118	75	4,06	321	6,2	2,3	0,6	4,73	373
–, –, Ende der Blüte	860	301	107	63	3,76	291	5,2	2,1	0,5	4,37	339
–, 2. u. weit. Schnitte, unt. 4 Wochen	860	217	163	128	4,60	391	9,8	2,7	0,7	5,35	455
–, –, 4–6 Wochen	860	249	138	96	4,43	355	4,8	2,4	0,4	5,05	412
–, –, über 6 Wochen	860	273	117	73	3,43	254	8,5	2,0	0,2	3,99	295

5. Stroh, natürl. getrocknet

Gerste	860	377	33	6	3,35	292	2,6	0,7	–	3,89	340
–, Natronlauge aufgeschlossen	860	329	33	1	3,62	294	–	–	–	4,21	343
–, Ammoniak aufgeschlossen	860	349	61	18	3,69	316	–	–	–	4,29	368
Hafer	860	384	30	7	3,07	267	3,5	1,2	2,0	3,57	311
–, Ammoniak aufgeschlossen	860	364	68	24	3,47	301	–	–	–	4,04	351
Roggen	860	419	23	3	2,90	270	2,5	0,9	1,3	3,38	315
Weizen	860	388	28	6	3,10	272	2,7	0,7	1,1	3,61	317
–, Natronlauge aufgeschlossen	860	372	35	13	3,95	353	–	–	–	4,59	411
–, Ammoniak aufgeschlossen	860	368	64	22	3,67	325	–	–	–	4,27	378
Weidelgras, Deutsches	860	329	49	24	3,36	268	4,0	1,4	–	3,91	312

6. Hackfrüchte

Futterrübe, gehaltvolle	146	10	12	6	1,11	103	0,4	0,4	0,6	7,62	702
–, Massenrübe	112	9	11	7	0,84	77	0,3	0,3	0,4	7,54	693
Kartoffel	219	6	20	10	1,77	173	0,1	0,5	0,1	8,08	791
–, gedämpft	221	6	21	9	1,66	165	0,2	0,6	0,1	7,50	747

Futtermittel	1000 g Futtermittel enthalten									1000 g T enthalten	
	T	Roh-faser	Roh-prot.	verd. Rpr.	NEL	StE	Ca	P	Na	NEL	StE
	g	g	g	g	MJ		g	g	g	MJ	
Kartoffelschrot bzw. -schnitzel	883	26	81	36	7,49	705	0,4	2,3	–	8,48	798
Kohlrübe	110	12	12	9	0,93	82	0,6	0,4	0,2	8,43	751
Mohrrübe	119	11	11	8	0,92	85	0,5	0,4	0,3	7,72	711
Stoppelrübe	81	9	11	8	0,61	57	0,5	0,5	0,2	7,54	700
Zuckerrübe	232	12	14	7	1,88	170	0,5	0,3	0,2	8,11	735
7. Körner, Samen, getrocknet											
Ackerbohne	873	79	263	220	7,14	701	1,4	4,2	0,2	8,17	803
Erbse	871	58	226	193	7,54	734	0,8	4,2	0,2	8,66	843
Gerste (Sommer)	870	46	104	77	7,25	696	0,7	3,4	0,3	8,33	800
Gerste (Winter)	880	60	105	78	7,22	696	0,6	3,6	0,8	8,20	792
Hafer	884	103	110	82	6,27	617	1,1	3,1	0,3	7,10	698
Lein	910	66	230	193	10,51	1097	2,5	4,9	0,8	11,55	1206
Mais	879	23	95	65	8,37	799	0,4	2,8	0,2	9,53	909
Maiskolbenschrot, m. Hüllblätter	860	109	76	43	5,88	536	–	–	–	6,84	623
–, ohne Hüllblätter	869	65	83	50	6,97	626	0,4	2,6	0,1	8,03	721
Milo	878	24	103	61	7,36	692	0,8	2,7	0,6	8,38	788
Roggen	871	24	98	64	7,57	724	0,8	2,9	0,2	8,69	831
Sojabohne	912	59	365	335	8,17	855	2,6	6,4	–	8,96	938
Sonnenblume	918	198	193	163	9,13	944	2,6	3,5	–	9,95	1028
Weizen (Sommer)	867	22	117	88	7,97	755	0,6	3,6	–	9,19	871
– (Winter)	876	26	119	89	8,02	761	0,6	3,3	0,1	9,16	869
– (Hart)	885	25	132	106	7,87	752	0,4	3,7	0,1	8,89	849
Wicke	892	55	273	235	7,12	700	–	–	–	7,98	785
8. Industrielle Nebenprodukte											
... des Gärungsgewerbes											
Bierhefe, frisch*	150	0	93	84	1,12	116	0,4	2,6	0,4	7,51	773
–, getrocknet	893	16	448	369	6,25	643	2,3	15,2	2,2	7,00	720
Biertreber, frisch	237	44	59	47	1,48	142	0,9	1,6	0,1	6,26	598
–, siliert	262	52	65	52	1,61	147	0,9	1,5	0,1	6,12	561
–, getrocknet	904	155	227	167	5,28	492	4,1	6,5	0,6	5,84	544
Malzkeime	920	132	278	216	5,64	477	2,4	7,4	0,6	6,13	519
Obsttrester (Apfel), frisch	253	62	10	–	1,74	147	2,0	0,7	0,4	6,87	581
–, (Apfel), getrocknet	908	277	68	–	5,40	479	–	–	–	5,95	528
–, (Birne), getrocknet	897	288	38	–	3,91	323	–	–	–	4,36	360
Schlempe (Kartoffel), frisch	55	5	15	8	0,28	27	0,2	0,4	–	5,08	495
–, –, getrocknet	902	88	247	125	4,61	454	1,4	6,9	0,5	5,11	503
–, (Mais), frisch	85	10	19	12	0,62	58	0,2	0,7	0,1	7,25	677
–, –, getrocknet	903	108	252	184	6,44	598	1,2	7,2	1,8	7,13	663
–, (Weizen), frisch	56	6	20	11	0,27	28	0,2	0,3	–	4,90	499
–, –, getrocknet	910	58	292	160	4,58	459	–	–	–	5,03	505

* Burgstaller, 1978

Futtermittel	1000 g Futtermittel enthalten									1000 g T enthalten	
	T	Rohfaser	Rohprot.	verd. Rpr.	NEL	StE	Ca	P	Na	NEL	StE
	g	g	g	g	MJ		g	g	g	MJ	
... der Zucker- und Stärkeherstellung											
Melasse (Zuckerrübe)	770	–	101	58	5,83	509	4,2	0,2	5,6	7,58	661
Melasseschnitzel	896	108	100	61	6,66	638	7,3	0,9	2,4	7,43	712
–, zuckerarm	910	156	108	72	6,96	665	–	–	–	7,65	731
–, zuckerreich	907	124	112	74	6,86	651	–	–	–	7,56	717
Naßschnitzel, frisch	120*	25	12	6	0,86	84	1,2	0,2	0,3	7,20	700
–, siliert	130	29	13	7	0,78	79	1,3	0,1	0,5	6,01	604
Preßschnitzel, 18–22% T	184	38	22	14	1,42	137	2,1**	0,2**	0,5**	7,71	742
–, 22–26% T	258	52	32	20	1,96	190	–	–	–	7,60	736
Trockenschnitzel	906	183	88	52	6,93	663	8,8	0,1	2,2	7,64	731
Kartoffelpülpe, frisch	134	21	7	1	0,90	90	–	–	–	6,69	669
–, siliert	208	36	10	–	1,77	170	–	–	–	8,55	819
–, getrocknet	879	169	50	5	5,57	531	–	–	–	6,34	604
Kartoffelstärke	836	–	2	–	8,05	759	0,2	0,5	0,2	9,62	908
Maiskleber, getrocknet	905	14	645	625	8,19	787	0,8	3,7	0,5	9,05	870
Maiskleberfutter, bis 23% Prot.	895	78	210	176	6,94	674	–	–	–	7,75	753
–, 23,1–30% Protein	887	82	241	204	6,78	662	1,3	8,4	2,4	7,64	747
–, eiweißreich	896	46	364	322	7,07	671	–	–	–	7,89	749
... der Müllerei											
Gerstenfuttermehl	873	64	117	89	6,62	649	–	–	–	7,58	743
Gerstenkleie	886	106	124	96	6,27	601	–	–	–	7,08	679
Haferfuttermehl	909	48	135	109	8,94	813	1,0	5,2	–	9,84	894
Haferschälkleie	908	234	73	43	4,12	417	1,3	1,5	–	4,54	460
Maisfuttermehl	886	50	103	69	7,83	704	0,7	4,4	0,4	8,83	795
Maiskleie	894	109	111	71	6,92	642	1,5	5,0	–	7,74	718
Reisfuttermehl, gelb	903	79	131	82	6,84	652	0,8	6,0	0,5	7,57	721
–, weiß	892	38	126	89	8,20	780	1,3	13,1	0,2	9,19	875
Reiskleie	910	138	118	77	5,62	507	1,0	5,0	–	6,18	558
Roggenfuttermehl	875	29	149	112	7,17	704	1,1	8,1	0,2	8,19	804
Roggengrießkleie	878	51	144	109	6,52	653	2,6	9,4	0,5	7,43	744
Roggenkleie	881	70	143	103	5,97	549	1,5	10,0	0,7	6,77	623
Roggennachmehl	878	22	150	114	7,54	736	0,8	4,6	0,1	8,59	839
Weizenfuttermehl	882	42	179	144	7,80	716	1,1	7,1	0,3	8,84	811
Weizengrießkleie	878	82	158	121	6,32	540	1,2	9,0	0,5	7,19	615
Weizenkleie	880	108	143	106	5,32	436	1,6	11,4	0,5	6,05	495
Weizennachmehl	881	29	176	148	8,04	786	0,8	6,5	0,1	9,12	892
Weizenschälkleie	891	141	131	96	5,04	404	1,9	9,6	0,5	5,65	453
... der Ölgewinnung											
Baumwollsaatextraktionsschrot aus geschälter Saat	900	79	464	356	5,61	586	3,6	10,1	0,1	6,24	652
–, aus teilgeschälter Saat	897	172	375	306	5,53	516	1,9	10,6	0,1	6,17	575
–, aus ungeschälter Saat	905	219	330	235	4,51	406	1,7	9,7	0,5	4,98	449

* in DLG-Tabelle: 156 g T/kg   ** Burgstaller u. a. 1982

Futtermittel	1000 g Futtermittel enthalten T g	Rohfaser g	Rohprot. g	verd. Rpr. g	NEL MJ	StE	Ca g	P g	Na g	1000 g T enthalten NEL MJ	StE
Erdnußextraktionsschrot aus enthülster Saat	886	57	499	453	6,76	689	1,4	5,9	0,4	7,63	778
–, aus teilenthülster Saat	908	97	466	421	6,59	658	2,3	5,3	0,3	7,26	724
–, aus unenthülster Saat	903	248	324	283	4,79	427	1,7	5,4	0,6	5,31	472
Kokosextraktionsschrot	894	145	212	168	6,57	660	1,5	5,7	0,9	7,36	739
–, aufgefettet	895	136	208	165	6,95	693	–	–	–	7,76	774
Kokoskuchen/-expeller 4–7,9% Fett	899	136	207	164	7,17	737	1,6	5,4	0,9	7,97	820
Leinextraktionsschrot	886	91	343	289	6,62	662	4,0	8,4	1,0	7,48	747
Leinkuchen/-expeller, 4–7,9% Fett	899	97	336	283	7,12	725	3,8	7,4	0,9	7,92	806
Palmkernextraktionsschrot	886	175	169	123	6,18	639	2,6	6,4	0,1	6,98	722
Palmkernkuchen/-expeller, 4-7,9% Fett	908	150	187	137	6,80	706	2,1	5,9	1,0	7,49	777
Rapsextraktionsschrot	886	124	349	293	5,77	580	6,1	10,5	0,1	6,52	655
Rapskuchen/-expeller, 4–7,9% Fett	902	117	338	284	6,46	654	5,7	9,0	0,7	7,16	725
Sojaextraktionsschrot, aus ungeschälter Saat	883	59	454	416	7,13	710	2,7	6,2	0,2	8,07	804
–, aus geschälter Saat	889	33	501	459	7,22	715	2,8	6,8	0,3	8,12	804
Sonnenblumenextraktionsschrot, aus geschälter Saat	894	135	384	339	5,63	577	3,9	8,9	0,1	6,30	645
–, aus teilgeschälter Saat	899	200	347	301	5,55	526	3,6	9,6	0,4	6,17	585
–, aus ungeschälter Saat	887	300	261	200	3,88	301	4,9	6,2	0,2	4,37	340
Sonnenblumenkuchen/-expeller aus teilgeschält. Saat, 4–7,9% Fett	915	188	386	335	6,10	578	2,3	11,4	0,1	6,67	633
... Tierische u. sonstige Futtermittel											
Blutmehl	893	3	825	636	5,70	612	1,6	1,4	7,3	6,39	685
Fischmehl, 55–60% Prot., 3–7,9% Fett	898	6	582	525	6,40	666	48,9	32,0	6,1	7,12	742
–, 60–65% Protein, 3–7,9% Fett	906	4	625	563	6,61	687	43,0	25,5	8,8	7,29	758
–, 65–70% Protein, 3–7,9% Fett	915	2	667	601	6,88	714	39,1	24,9	7,8	7,52	780
–, Dorschmehl, 60–65% Protein	892	–	631	568	5,95	617	70,2	38,6	13,4	6,67	691
–, –, 65–70% Protein	898	1	664	598	6,15	637	67,9	38,8	15,1	6,84	710
Milchprodukte, Buttermilchpulver	947	–	306	275	8,75	752	24,1	10,1	–	9,24	794
–, Magermilch, frisch	86	–	32	30	0,73	61	1,2	0,9	0,3	8,52	714
–, Magermilchpulver	941	1	341	313	7,91	678	13,2	10,2	5,1	8,41	721
–, Süßmolke, frisch	62	–	8	7	0,57	43	0,4	0,4	0,4	9,23	703
–, Vollmilch, frisch	134	–	35	33	1,75	167	1,2	1,0	0,4	13,06	1253
Backabfälle	877	10	106	88	8,90	841	–	–	–	10,16	959

Bildquellen

Abb. 20, 47, 54 Dr. M. Mack, Aulendorf
Abb. 31, 42, 50, 61 Dr. H. Pirkelmann, Freising
Abb. 41 Dr. H. Schulz, Freising
Abb. 32 Feldsaaten Freudenberger GmbH & Co. KG, Krefeld
Die übrigen Abbildungen stammen vom Autor oder werden im Text zitiert.

Literaturverzeichnis

Ausschuß für Bedarfsnormen der Gesellschaft für Ernährungsphysiologie der Haustiere: Energie- und Nährstoffbedarf landw. Nutztiere, Nr. 1. Empfehlungen zur Mineralstoffversorgung. DLG-Verlag, Frankfurt am Main, 1978

Ausschuß für Bedarfsnormen der Gesellschaft für Ernährungsphysiologie der Haustiere: Methode zur Schätzung des NEL-Gehaltes im Milchleistungsfutter. DLG-Forschungsberichte über Tierernährung Nr. 538 014, 1981

BECK, H., GÖDDE, M. und GROPP, J.: Kalttränke in der Kälberernährung. Aktuelle Themen der Tierernährung und Veredelungswirtschaft. Lohmann, 1978

BERGNER, H. und GÖRSCH, R.: NPN-Verbindungen und NPN-Strohpellets. VEB Deutscher Landwirtschaftsverlag, Berlin, 1974

BERNER, W. D.: Milchaustauschfutter für Sauertränke und ihre Problematik, in: Neuzeitliche Fütterungsmethoden in der Kälberaufzucht. Wiss. Mitt. d. Vit.-Abt. ROCHE, 14–23, 1982

BLUM, J. W.: Pathogenese der Gebärparese. Schweiz, Landw. Mh., **58**, 429–440, 1980

BÖHM, M., KIRCHGESSNER, M. und SCHWARZ, F. J.: Maissilage als energiereiches Grundfutter für hochlaktierende Kühe. Züchtungskunde, **57**, 58–68, 1985

BOTHMER, E. VON: Kälberaufzucht für Milch und Mast. DLG-Verlag, Frankfurt/M., 1985

BOTHMER, E. VON und ERNST, JR. P.: Kraftfutter an Weidebullen lohnend? D. Milchpraxis, **11**, H. 2, 7–10, 1973

BRÜGGEMANN, J. und NIESAR, K.-H.: Über die Beziehungen der Vitamine A und E und des β-Carotins zum weiblichen Sexualzyklus des Rindes und Schweines unter besonderer Berücksichtigung der Zyklussterilität. Vitamine und Hormone, **7**, 10–25, 1957

Bundesministerium f. Ernährung, Landw. u. Forsten (Herausgeber): Statistisches Jahrbuch über Ernährung, Landwirtschaft und Forsten der Bundesrepublik Deutschland 1981. Landw. Verlag GmbH, Münster–Hiltrup, **26**, 1982

BURGSTALLER, G.: Ernährungsphysiologische Grundlagen und Fütterung. In: BOGNER, H. (Hrsg.): Rindfleischproduktion. Verlag Eugen Ulmer, Stuttgart, 1978

BURGSTALLER, G.: Zum Grundfutterverzehr durch Milchkühe bei alleiniger und kombinierter Silagefütterung. Bayer. Landw. Jahrb., **62**, 595–600, 1985 a

BURGSTALLER, G.: Kalbinnenmast – eine Alternative im Rahmen der Milchmengenregulierung? Mitt. über Tierzucht und Fütterung, **38**, 7–19, Nd.österr. Land.-LWK, Wien, 1985 b

BURGSTALLER, G., NEUMAIER, J. und KIRCHGESSNER, M.: Zum Nährstoffverbrauch in der Jungbullenmast bei unterschiedlicher Fütterungsintensität. D. wirtsch. Futter, **16**, 120–128, 1970

BURGSTALLER, G., KOCH, G. und AVERDUNK, G.: Zur Erzeugung und Verwertung von heißluftgetrocknetem Grünfutter. 3. Mitt.: Nährstoffbewertung von Briketts und Cobs. Das wirtsch. Futter, **20**, 204–215, 1974

BURGSTALLER, G., GEDEK, B., GEDEK, W., GÜNZLER, D., HOFFMANN, R., HOLLWICH, W., KLEE, W. und PLANK, P.: Maisbeulenbrand (Ustilago zeae) – Einfluß auf Futterwert der Silage und Tiergesundheit. D. wirtsch. Futter, **23**, 60–76, 1977

BURGSTALLER, G. und AVERDUNK, G.: Vergleichende Untersuchungen zum Futterverzehr und zur Milchleistung bei freier Aufnahme von Anwelksilage, Briketts oder Cobs aus gleichem Mähweidegras an Kühen. Bayer. Landw. Jahrb. **54**, 1006–1016, 1977

BURGSTALLER, G., MADER, K. und KÖGEL, J.: Zur Eiweißversorgung der Mastbullen in Intensivmast 1. Mitt.: Unterschiedliche Eiweißversorgung von Jungbullen der Rasse Deutsches Braunvieh. Bayer. Landw. Jahrb., **58**, 233–243, 1981 a

BURGSTALLER, G., MADER, K. und HUBER, A.: Rumensin und Flavomycin in der Intensivmast von Jungbullen. Bayer. Landw. Jahrb., **58**, 622–634, 1981 b

BURGSTALLER, G., MADER, K. HUBER, A. und FUSSEDER, J.: Zuckerrüben-Preßschnitzelsilage in der intensiven Jungbullenmast. Bayer. Landw. Jahrb., **59**, 876–885, 1982

BURGSTALLER, G., FERSTL, R. und SIMSON, G.: Kälbermast mit Vollmilch ohne Zusatzstoffe bei unterschiedlichen Mastendgewichten im Vergleich mit Milchaustauschtränke. Bayer. Landw. Jahrb., **63**, 243–251, 1986

CONNELL, J.: Dried forages in dairy cow feeding. 1. Int. Green Crop. Drying Congr., Sess. 3. Oxford, 1973

DAENICKE, R.: Aufzucht älterer Zukaufs-Kälber der Rasse Deutsches Fleckvieh nach dem Kalttränkeverfahren. Der Tierzüchter, **33**, 511–513, 1981

DAENICKE, R. und OSLAGE, H. J.: Nährstoffbedarf und Rationsgestaltung in der Rindermast. Landbauforschung Völkenrode, **26**, 85–90, 1976

DAENICKE, R. ROHR, K., SCHULZ, E. und OSLAGE, J. H.: Mastleistung und Zusammensetzung der Körpersubstanz bei Bullen der Rassen „Deutsche Schwarzbunte" und „Deutsches Fleckvieh" in Abhängigkeit von Energiezufuhr und Endgewicht (Tagungsbericht). Z. Tierphysiol. Tierernährg. u. Futtermittelkde., **40**, 128–129, 1978

Das geltende Futtermittelrecht mit Typenliste für Einzel- und Mischfuttermittel – Stand Januar 1985 – zus.gestellt von K. SÜLFLOHN. ASR-Verlag GmbH, Rheinbach, 1985

DIRKSEN, G.: Neuere Beobachtungen und Entwicklungen auf dem Gebiet der Stoffwechselstörungen der Hochleistungskuh. Hülsenberger Gespräche 1969, 55–64

EKERN, A.: Meldinger fra Norges Landbrukshogskole, **51**, Nr. 31, 1972

ERBERSDOBLER, H. F., ECKART, K. u. ZUCKER, H.: Harnstoffanalysen in der Milch unterschiedlich versorgter Kühe. Landw. Forschg., **33**, SH 36, 98–103, 1980

ES, A. J. H. VAN: Livestock Production Science, **5**, S 334, 1978

FARRIES, E.: Fruchtbarkeit als ernährungsabhängiger Leistungsbereich bei der Milchkuh. Landbauforschg. Völkenrode, **29**, 69–80, 1979

GABEL, M.: Zum Einsatz von Harnstoff in der Fütterung von Mastbullen. Tierzucht, **31**, 226–229, 1977

GAEDE, E., A.: Silierte Preßschnitzel – ein vorzügliches Futter für das Rindvieh. Pfälzer Bauer, Nr. 38, 20, 1981

GAEDE, E., A.: Silierte Preßschnitzel ersetzen Kraftfutter. Pfälzer Bauer, Nr. 2, 38 u. 40, 1982

GIESECKE, D.: Die funktionelle Vormagenentwicklung des Wiederkäuers. Tierärztl. Umschau, **22**, 398–403, 1967

GIESECKE, D.: Persönl. Mitteilung, 1978

GIESECKE, D. und HENDRICKX, K. H.: Biologie und Biochemie der mikrobiellen Verdauung. BLV-Verlagsges. mbH, München, Bern, Wien, 1973

GOTTSCHALK, A.: Persönl. Mitteilung, 1986

GRUBER, L. und LETTNER, F.: Einfluß verschieden hoher Kraftfuttergaben in der Rindermast mit energiereicher Maissilage auf Mast- und Schlachtleistung und Wirtschaftlichkeit. D. wirtsch. Futter, **31**, 243–272, 1985

GÜNTHER, K. D.: Fütterung und Fruchtbarkeit – Mineralstoffe und Spurenelemente. Hülsenberger Gespräche 1976, 85–91. Verlagsges. f. tierzücht. Nachrichten mbH, Hamburg, 1976

GÜRTLER, H.: Die Verdauungsvorgänge beim Wiederkäuer. In: KOLB, E. und GÜRTLER, H.: Ernährungsphysiologie der landwirtschaftlichen Nutztiere. VEB Gustav Fischer Verlag, Jena, 1971

HADENFELDT, H. P.: Zufütterung von Mastbullen auf der Weide. D. Milchpraxis und Rindermast, **10**, H. 2, 20–21, 1972

HARMEYER, J.: Protozoologie des Pansens. In: GIESECKE, D. und HENDRICKX, K. H.: a.a.O., 1973

HELLER, D.: Milchleistungsfutter während der Grünfutterperiode – wie sollte es beschaffen sein? Der Tierzüchter, **28**, 176–177, 1976

HENNIG, A.: Mineralstoffe, Vitamine, Ergotropika. VEB Deutscher Landw. Verlag Berlin, 1972

HOFFMANN, M.: Bemerkungen zur Karotinversorgung der Milchkühe. Mh. Vet.-Med., **21**, 427–431, 1966

HOFFMANN, L., JENTSCH, W., WITTENBURG, H. und SCHIEMANN, R.: Verwertung der Futterenergie für die Milchproduktion 5. Mitt.: Zusammenfassende Auswertung der im Oskar-Kellner-Institut durchgeführten Milchviehversuche zur Abhängigkeit der Energieverwer-

tung von der Nährstoffzusammensetzung der Rationen. Arch. Tierernährung **22**, 721–742, 1972
HONIG, H. und ROHR, K.: Der Einfluß der Häcksellänge auf den Siliervorgang. mais, H. 4, 8–10, 1982
HUSS, W.: Futtermittel als Nährstoffträger. In: MENKE, K.-H. und HUSS, W., a.a.O., 1980
JANS, F., DACCORD, R. und KESSLER, J.: Fütterungsnormen für die Milchkuh. In: Fütterungsnormen und Nährwerttabellen für Wiederkäuer. 1. Aufl., Verlag LMZ Landw. Lernmittelzentrale 3052 Zollikofen, 25–41, 1979
KARG, H.: Fruchtbarkeit und Fütterung. Der Tierzüchter, **18**, 766–767, 1966
KAUFMANN, W.: Physiologische Aspekte der Propionsäureanwendung in der Tierernährung. BASF-Mitt. f. d. Landbau, 18–27, 1970 a
KAUFMANN, W.: Füttern mit Verstand. LWK Schleswig-Holstein, Kiel, 1970 b
KAUFMANN, W.: Über die Regulierung des pH-Wertes im Hauben-Pansenraum der Wiederkäuer. Tierärztl. Umschau, **27**, 324–328, 1972
KAUFMANN, W.: Versuche zur Entwicklung biologisch-technischer Fütterungssysteme zur Steuerung der Fermentationsvorgänge in den Vormägen. Sdrh. Ber. Landw., **191**, 296–300, 1975
KAUFMANN, W.: Persönl. Mitteilung, 1979
KAUFMANN, W. und HAGEMEISTER, H.: Zur Verwertung von Harnstoff (NPN) beim Wiederkäuer. Übersicht Tierernährung, **3**, 33–65, 1975
KELLNER, O., DREPPER, K. und ROHR, K.: Grundzüge der Fütterungslehre. 16. Aufl., Verlag Paul Parey, Hamburg und Berlin, 1984
KIM, J. W., SCHMIDT, F.-W., LANGHOLZ, H.-J. und DERENBACH, J.: Kolostralmilchaufnahme neugeborener Kälber in der Mutterkuhhaltung. II. Entwicklung des Immunglobulingehaltes im Blutserum der Kälber. Z. Tierzüchtg. u. Züchtungsbiologie, **100**, 187–195, 1983
KIRSCHGESSNER, M.: Tierernährung. 5. neubearbeitete Auflage, DLG-Verlag, Frankfurt am Main, 1982
KIRCHGESSNER, M. und SCHWARZ, F. J.: Einflußfaktoren auf die Grundfutteraufnahme bei Milchkühen. Übers. Tierernährung, **12**, 187–214, 1984
KOLB, E.: Die Regulierung und Beeinflußung der Futteraufnahme. In: KOLB, E. und GÜRTLER, H.: Ernährungsphysiologie der landwirtschaftlichen Nutztiere. VEB Gustav Fischer Verlag, Jena, 1971
LINDNER, J. P.: Experimentelle Versuche zum Einfluß der Fütterungstechnik auf Futteraufnahme und Leistung bei Milchkühen. Agrarwiss. Dissertation, TU München, 1978
LOTTHAMMER, K.-H.: Fütterung und Fruchtbarkeit – Carotin. Hülsenberger Gespräche 1976, 92–98. Verlagsges. f. tierzücht. Nachrichten mbH, Hamburg 1976
LOTTHAMMER, K.-H. und JANSSEN, J.: Macht Silomais unfruchtbar? Hann. Land- u. Forstw. Z., Nr. 8, 4–8, 1975
MAYER, J.: Persönl. Mitt. nach Bundesverband landw. Trocknungswerke e. V., 1986
MENKE, K.-H. und HUSS, W.: Tierernährung und Futtermittelkunde. 2. neubearbeitete Auflage, Verlag Eugen Ulmer, Stuttgart, 1980
MEYER, H., LUSTERMANN, H., STEINBACH, G., LEIRER, R., TETTENBORN, W. und REICHARD, S.: Konservierung von Rinderkolostrum. Mh. Vet.-Med., **37**, 27–33, 1982
MOTT, N., (1974) zit. bei VOIGTLÄNDER, G.: Einflußfaktoren und Schwankungsbereiche in der Trockensubstanzaufnahme aus Weidegras durch Milchkühe. Der Tierzüchter, **29**, 116–118, 1977
NEUMAIER, J., BURGSTALLER, G., AVERDUNK, G. und KIRCHGESSNER, M.: Zur Jungbullenmast im landwirtschaftlichen Betrieb bei verschiedenen Mastmethoden. Bayer. Landw. Jahrb., **46**, 912–922, 1969
ORTH, A. und KAUFMANN, W.: Die Verdauung im Pansen und ihre Bedeutung für die Fütterung der Wiederkäuer. Verlag Paul Parey, Berlin, 1971
PABST, K., GRAVERT, H. O., KAUFMANN, W. und HAGEMEISTER, H.: Eiweißgehalt der Milch und Fruchtbarkeit der Kühe. Kieler Milchw. Forschungsberichte, **33**, 227–233, 1981
PIATKOWSKI, B.: Regulation der Futteraufnahme beim Wiederkäuer. Fortschrittsberichte Landw., Dt. Akad. Landw. Wiss., Berlin **6** (9) 1968
PIATKOWSKI, B., VOIGT, J. und GIRSCHEWSKI, H.: Zur Wirkung einer hohen Kohlenhydratgabe

in Form der Zuckerrüben auf den Glukose- und Ketonkörperspiegel im Serum der hochträchtigen und frischlaktierenden Kühe. Arch. Tierernährung, **27**, 731–735, 1977

POTTHAST, V., HEITING, N. und NASSER, S. S.: Silierte Preßschnitzel in der Fütterung von Milchkühen. Der Tierzüchter, **32**, 421–423, 1980

RODRIGUE, C. B. und ALLEN, N. N.: The effect of fine grinding of hay and ration digestibility rate of passage and fat content of milk. Can. J. Anim. Sci., **40**, 23–29, 1960

ROHR, K.: Grenzen der Grundfutteraufnahme bei Milchkühen. Der Tierzüchter, **24**, 663–665, 1972

ROHR, K.: Futteraufnahme und Nährstoffversorgung von Milchkühen bei Weidegang bzw. Grünfütterung. Übers. Tierernährung, **4**, 133–154, 1976

ROHR, K.: Die Verzehrsleistung von Wiederkäuern in Abhängigkeit von verschiedenen Einflußfaktoren. Übers. Tierernährung, **5**, 75–102, 1977

ROHR, K.: Zum Einsatz von geschütztem Protein bzw. Methionin bei hochleistenden Milchkühen. Der Tierzüchter, **34**, 94–96, 1982

ROHR, K.: Neue Bedarfswerte für die Eiweißversorgung. DLG-Mitt., H. 9, 494–496, 1985

ROHR, K., DAENICKE, R. und OSLAGE, H.-J.: Untersuchungen über den Einfluß verschiedener Fettbeimischungen zum Futter auf Stoffwechsel und Leistung von Milchkühen. Landbauforschg. Völkenrode, **28**, 139–150, 1978

ROHR, K., DAENICKE, R. und SCHAFFT, H.: Auswirkungen steigender Getreideanteile im Kraftfutter auf die Vormagenverdauung und die Leistungsparameter bei Milchkühen. Z. Tierphysiol., Tierernährg. u. Futtermittelkde., **54**, 57–58, 1985

ROSSOW, N.: Störungen bei der N-Verwertung beim Wiederkäuer. Mh. Vet.-Med., **35**, 338–342, 1980

ROSSOW, N. und EDVI, P.: Die latente alimentäre metabolische Azidose des Wiederkäuers. Mh. Vet.-Med., **31**, 226–230, 1976

ROSSOW, N. und JACOBI, U.: Bekämpfung fütterungsbedingter Stoffwechselstörungen beim Milchvieh. Tierzucht, **34**, 68–70, 1980

ROSSOW, N., BERGNER, H. und JACOBI, U.: Patophysiologische Aspekte der Kohlenhydratverwertung beim Wiederkäuer. Mh. Vet.-Med., **35**, 866–872, 1980

RUTZMOSER, K. und GFRÖRER, F.: Vorsicht – Augen auf beim Sojakauf. Bayer. Lw. Wobl., **175**, H. 38, 24–26, 1985

SCHELLER, W.: Untersuchungen über Fruchtbarkeitsstörungen beim Rind im Weidebetrieb. D. wirtsch. Futter, **12**, 110–140, 1966

SCHIEMANN, R., NEHRING, K., HOFFMANN, P., JENTSCH, W. und CHUDY, A.: Energetische Futterbewertung und Energienormen. VEB Deutscher Landwirtschaftverlag, Berlin, 1971

SCHNEEBERGER, H.: Möglichkeiten und Grenzen des Rauhfuttereinsatzes in der Rinderfütterung. Schweiz. Landw. Mh., **57**, 1–20, 1979

SCHULZ, E., OSLAGE, H. J. und DAENICKE, R.: Untersuchungen über die Zusammensetzung der Körpersubstanz sowie den Stoff- und Energieansatz bei wachsenden Mastbullen. Z. Tierphysiol., Tierernährg. u. Futtermittelkde., Beiheft 4, 1974

SCHWARK, H. J., HASSMANN, S. und KUNERT, G.: Mast weiblicher Jungrinder auf unterschiedliche Endmassen – Ergebnisse und Schlußfolgerungen. Tierzucht, **26**, 172–174, 1972

SCHWARZ, F. J.: Zum Einfluß der Fütterungstechnik unter Verwendung von Futtermischungen auf die Futteraufnahme und Milchleistung. Fütterungstechnik in der Rinderhaltung, 25–29, Schriftenreihe der Landtechnik Weihenstephan, 1982

SCHWARZ, F. J., KIRCHGESSNER, M. und BECKENBAUER, M. A.: Zur Ermittlung von Mastleistungskriterien von Jungbullen im Laufstall bei Einzeltierfütterung – dargestellt anhand von Ergebnissen zur Maissilagefütterung mit und ohne Energieergänzung. Züchtungskunde, 57, 141–150, 1985

SCHWERG, H.-P.: Fütterungsabhängiges Mastitisgeschehen in einer Milchviehanlage. Mh. Vet.-Med., **36**, 901–903, 1981

SONDEREGGER, H. und SCHÜRCH, A.: Der Einfluß der Ernährung auf die Fruchtbarkeit der Milchkuh. Schweiz. Landw. Mh., **54**, 373–384, 1976

STEINHAUSER, H. und STROBL, G.: Ökonomik der Mast von Jungbullen mit Kraftfutter. Ber. Landw., **50**, 809–827, 1972

STEINWENDER, R.: Probleme der Milchviehfütterung im intensiven Mähweidebetrieb. D. Förderungsdienst **21**, 114–119, 1973

STREIT, N.: zit. A. SALEWSKI: Zur Verbesserung der Eiweißversorgung von Milchkühen. Der Tierzüchter, **33**, 437–439, 1981

TAGWERKER, F. J.: Vitaminversorgung und Fortpflanzungsstörungen des Rindes. Schweiz. Arch. f. Tierheilkde., **110**, 372–385, 1968

THIER, E.: Erfahrungen und Empfehlungen zum Einsatz von Preßschnitzeln in der Fütterung. D. Zuckerindustrie, **107**, 223–230, 1982, sowie persönl. Mitteilungen

UNTERPERTINGER, G.: Die neue Methode zur raschen Berechnung der AK-Menge. Der Landwirt, H. 1, 29–31, 1981

WEISSBACH, F. und HEIN, E.: Fütterungsschäden durch nitrathaltige Futtermittel und ihre Verhütung. Tierzucht, **30**, 29–34, 1977

WIENERS, K.-A.: Wie gut Preßschnitzel mästen. Lw. Wo.-Bl. Westf.-Lippe, Nr. 43, 23, 1981

WIESNER, E.: Fütterung und Fruchtbarkeit. VEB Gustav Fischer Verlag, Jena, 1972

ZSCHEISCHLER, J., ESTLER, C., GROSS, F., NEUMANN, H. und GEISSLER, B.: Mais – Anbau und Verwertung. DLG-Verlag, Frankfurt am Main, 1979

ZUCKER, H., KREUTZBERG, O., HOLLWICH, W., MATZKE, D., KÖGEL, J. und BURGSTALLER, G.: Untersuchungen zur Versorgung von Milchkühen mit β-Carotin und Vitamin A. 2. Mitt.: Einfluß auf Konzentration in Milch sowie klinischgynäkologische und hormonanalytische Befunde. Zbl. Vet. Med. A, **27**, 525–533, 1980

Sachregister

Rinderzucht. Herausgegben von ➝ **Prof. Dr. H. Kräusslich,** München, unter Mitarbeit vieler Wissenschaftler. Völlig neu bearbeitete und erweiterte 6. Auflage. 562 Seiten mit 247 Abb. und 215 Tab. Kst. ➝ **DM 98,-** (Tierzuchtbücherei).

Rindfleischproduktion. Herausgegeben von ➝ **Prof. Dr. H. Bogner,** Grub, unter Mitarbeit vieler Wissenschaftler. 485 Seiten mit 145 Abbildungen und 172 Tabellen. Kst. ➝ **DM 88,-** (Tierzuchtbücherei).

Biotechnik der Milchgewinnung. Gesunde Kühe, richtiges Melken, mehr Milch. Von ➝ **Prof. Dr. K. Rabold, Dipl.-Ing. E. Lanser, Dipl.-Ing. agr. M. Mayntz und Dr. L. Paizs,** S-Hohenheim. 138 Seiten mit 97 Abbildungen und 25 Tabellen. Kst. ➝ **DM 48,-** (Tierzuchtbücherei).

Tierzüchtungslehre. Begründet von ➝ **Prof. Dr. Dr. h. c. W. Zorn** †, Neubearbeitete und erweiterte 3. Auflage von ➝ **Prof. Dr. G. Comberg,** Hannover, unter Mitarbeit vieler Wissenschaftler. 624 Seiten mit 152 Abbildungen und 143 Tabellen. Kst. ➝ **DM 112,-** (Ticrzucht-bücherei).

Tierhaltungslehre. Herausgegeben von ➝ **Prof. Dr. G. Comberg,** Hannover und **Prof. Dr. J. K. Hinrichsen,** Hohenheim, unter Mitarbeit vieler Wissenschaftler. 464 Seiten mit 177 Abbildungen und 102 Tabellen. Pp. ➝ **DM 88,-** (Tierzuchtbücherei).

Taschenhandbuch Tierproduktion. Herausgegeben von ➝ **Dr. H. Bogner,** Grub, und **Dr. H. C. Ritter,** Landsberg. Neubearbeitete 2. Auflage. 434 Seiten mit 95 Abb. und zahlreichen Tabellen. Kt. ➝ **DM 28,-** (Ulmer Taschenhandbuch).

Bewirtschaftung von Wiesen und Weiden. Von ➝ **Dr. F. Brünner,** Aulendorf. Neubearbeitet 2. Auflage von ➝ **Dr. J. Schöllhorn,** Aulendorf. 166 Seiten mit 57 Abbildungen, 63 Pflanzenzeichnungen und 40 Tabellen. Pp. ➝ **DM 24,-** (Tierzuchtbücherei).

Abfälle aus der Tierhaltung. Anfall – Umweltbelastung – Behandlung – Verwertung. Herausgegeben von ➝ **Prof. Dr. D. Strauch,** S-Hohenheim, **Prof. Dr.-Ing. W. Baader und Dr. C. Tietjen,** Braunschweig-Volkenrode, und Mitarbeitern. 391 Seiten mit 165 Abbildungen und 97 Tabellen. Pp. ➝ **DM 78,-** (Tierzuchtbücherei).

Erhältlich in Ihrer
Buch(Fach)handlung
oder
Verlag Eugen Ulmer,
Postfach 70 05 61,
7000 Stuttgart 70